••• Títulos relacionados

MANTENIMIENTO DE SISTEMAS AUXILIARES DEL MOTOR DE CICLO OTTO

DAVID GONZÁLEZ CALLEJA

ISBN: 978-84-283-3764-9

Solicítalos en

- Librería
- www.paraninfo.es
- Solicitudes nacionales 902 995 240
- Solicitudes fuera de España +34 913 308 907
  +34 913 308 919

Mantenimiento de sistemas auxiliares del motor de ciclo diésel

UF1217

David González Calleja

TRANSVERSAL

Paraninfo

Paraninfo

Mantenimiento de sistemas auxiliares del motor de ciclo diésel

Gerente Editorial
María José López Raso

Equipo Técnico Editorial
Alicia Cerviño González
Paola Paz Otero

Editora de Adquisiciones
Carmen Lara Carmona

Producción
Nacho Cabal Ramos

Diseño de cubierta
Ediciones Nobel

Preimpresión
Artedís

1ª edición, 2015

Velázquez 31, 3° D / 28001 Madrid, ESPAÑA
Teléfono: 902 995 240 / Fax: 914 456 218
clientes@paraninfo.es / www.paraninfo.es

ISBN: 978-84-283-3784-7
Depósito legal: M-11441-2015

(35851)

Impreso en España / *Printed in Spain*
Ulzama Digital

Índice

Agradecimientos

Por las facilidades dadas para la elaboración de esta obra, así como por las imágenes cedidas para su inclusión en la misma, quiero agradecer su colaboración a las siguientes empresas:

Audi-Volkswagen

BMW

DaimlerChrysler España S.A

Renault

Citroën

Seat

Fiat

Festo Ibérica

Bosch

Lancia

Mazda

Opel

Toyota

Introducción normativa

La Ley Orgánica 5/2002, de 19 de junio, de las Cualificaciones y de la Formación Profesional fue el primer texto legislativo que reguló de forma exclusiva las enseñanzas profesionales en España. Relaciona directamente la formación con el empleo, permitiendo las convalidaciones y equivalencias entre la Formación Profesional del sistema educativo, la Formación Profesional para el empleo y experiencia laboral. Para poder desarrollar estas medidas se creó el Sistema Nacional de Cualificaciones Profesionales y dos instrumentos básicos: el Catálogo Nacional de Cualificaciones Profesionales y el Catálogo Modular de Formación Profesional.

Las Cualificaciones profesionales responden a la iniciativa que impulsa el Marco Europeo de las Cualificaciones (MEC) para el aprendizaje permanente (EQF), que aspira a facilitar un espacio abierto de aprendizaje y de empleo, así como la adecuación entre oferta y demanda no solo a nivel estatal, sino entre los distintos países.

El Catálogo Nacional de Cualificaciones Profesionales ordena las cualificaciones profesionales, incluyendo el contenido de la formación profesional asociada a cada cualificación, de acuerdo con una estructura de módulos formativos articulados en un Catálogo Modular de Formación Profesional. Entre sus principales objetivos tiene el posibilitar la integración de las ofertas de formación profesional, adecuándolas a las características y demandas del sistema productivo.

Para conseguirlo, este Catálogo, además de identificar y definir las cualificaciones profesionales que requiere el sistema productivo, establece los contenidos formativos básicos que resultan necesarios para que las ofertas formativas garanticen la adquisición de las competencias profesionales apropiadas para el desempeño profesional.

Las Cualificaciones profesionales se acreditan mediante «Títulos» de Formación Profesional del sistema educativo, y Certificados de Profesionalidad de Formación para el Empleo. Ambas acreditaciones tienen carácter oficial y son válidas en todo el Estado.

Los contenidos asociados a las diferentes unidades de competencia de las cualificaciones profesionales constituyen el Catálogo Modular de Formación Profesional, que se estructura en módulos formativos.

Mediante la superación de los módulos formativos, diseñados en itinerarios específicos para cada Cualificación profesional, se puede obtener el Certificado de Profesionalidad correspondiente. Además, se posibilita la convalidación de determinados módulos profesionales incluidos en los títulos de Formación Profesional del sistema educativo, asociados a Unidades de competencia comunes.

El Certificado de Profesionalidad es, por tanto, el instrumento de acreditación oficial, en el ámbito de la Administración laboral, de las cualificaciones profesionales incluidas en el Catálogo Nacional de Cualificaciones Profesionales, adquiridas a través de procesos formativos o mediante procedimientos de reconocimiento de competencias profesionales que acreditan la capacitación para el desarrollo de una actividad laboral con significación para el empleo, que asegura la formación necesaria para su adquisición y que pueden ser adquiridas por experiencia laboral o vías no formales de formación, regulados por el Real Decreto 1224/2009, de 17 de julio.

Las Cualificaciones profesionales se estructuran en Unidades de competencia, que se definen como agrupaciones de tareas productivas específicas que debe realizar el profesional. Las diferentes Unidades de competencia de un certificado de profesionalidad conforman la Competencia general, definiendo el conjunto de conocimientos y capacidades que permiten el ejercicio de una actividad profesional determinada.

Cada Unidad de competencia lleva asociado un módulo formativo, donde se describe la formación necesaria para adquirir esa Unidad de competencia, pudiendo dividirse en unidades formativas.

El módulo formativo es el bloque coherente de formación asociado a cada una de las Unidades de competencia que configuran la cualificación. Cada módulo formativo tiene un formato normalizado que incluye los datos de identificación y las especificaciones de la formación que se incluyen en las ofertas formativas conducentes a la obtención de los certificados de profesionalidad.

DATOS DE IDENTIFICACIÓN:

- Denominación.
- Nivel de cualificación al que se vincula.
- Unidad de competencia a la que está asociado.
- Código alfanumérico y duración en horas.

ESPECIFICACIONES DE LA FORMACIÓN:

- Capacidades: expresión de los resultados esperados de las personas en situación de aprendizaje al finalizar el Módulo Formativo.
- Criterios de evaluación: conjunto de precisiones para cada capacidad que indican el grado de concreción aceptable de la misma. Delimitan el alcance y nivel de la capacidad y el contexto en el que va a ser evaluada.
- Contenidos formativos necesarios para adquirir las competencias a las que se asocia. Requisitos básicos del contexto formativo: espacios e instalaciones y perfil profesional del formador. Estos requisitos tienen carácter orientador para la normativa básica reguladora de las ofertas formativas.

El presente libro desarrolla la Unidad Formativa: Mantenimiento de sistemas auxiliares del motor de ciclo diésel, **Código:** UF1217, **Duración:** 90 horas.

Dicha Unidad Formativa (UF1217) es transversal y está incluida en el módulo formativo de Sistemas Auxiliares del Motor (MF0133_2), de los Certificados de Profesionalidad de Mantenimiento del Motor y sus Sistemas Auxiliares (TMVG0409) y de Mantenimiento de la Planta Propulsora, Máquinas y Equipos Auxiliares de Embarcaciones Deportivas y de Recreo (TMVU0112), regulados, respectivamente, por el Real Decreto 723/2011, de 20 de mayo (modificado posteriormente por el Real Decreto 626/2013, de 2 de agosto), y el Real Decreto 992/2013, de 13 de diciembre.

Según el Real Decreto 723/2011, de 20 de mayo, los contenidos que en esta obra se recogen se corresponden con una duración de 90 horas.

Tanto la estructura como el desarrollo de este libro se ajustan a dicho Real Decreto y más concretamente a los contenidos de la Unidad Formativa 1217 **«Mantenimiento de sistemas auxiliares del motor de ciclo diésel»**.

Contenido

1. **Sistemas de alimentación de combustible en motores diésel de inyección**
   - Circuitos básicos de alimentación de combustible en vehículos ligeros y pesados.
   - Depósito de combustible.
   - Bombas de alimentación, mecánicas y eléctricas.
   - Bomba de purga manual.
   - Sistemas decantadores de combustible.
   - Tipos de elementos filtrantes.
   - Tuberías de alimentación y ensamblajes de estas.
   - Enfriadores en el retorno.
   - Bombas rotativas:
     - Tipos principales.
     - Características y sistemas auxiliares.
     - Principio de funcionamiento.
     - Calado de los distintos tipos.
     - Bombas rotativas con control electrónico.
   - Bombas en línea:
   - Características y sistemas auxiliares.
   - Principio de funcionamiento.
   - Dosado y calado de la bomba en línea.
   - Bombas en Línea con control electrónico.
2. **Sistemas de inyección electrónica diésel directa**
   - Evolución, tipos y principio de funcionamiento.
   - Identificación de componentes.

- Sensores, unidad de control y actuadores.
- Sistemas de autodiagnosis.
- Protocolo EOBD, líneas de comunicación multiplexadas.
- Procesos de desmontaje, montaje y reparación.
- Sistemas por raíl común (*common rail*), tipos y características.
- Sistemas por grupo electrónico bomba inyector, tipos y características.

3. Sistemas de sobrealimentación, turbocompresores y compresores

- Principio de funcionamiento, características y tipos, diferencias entre turbocompresor y compresor.
- Sistemas de regulación de la presión de soplado, geometría fija y variable.
- Principales comprobaciones del sistema y de sus componentes.

4. Sistemas anticontaminación en motores diésel

- El opacímetro, interpretación de parámetros.
- Normativa referente a gases de escape en motores diésel, la norma EURO V.
- El sistema de recirculación de gases de escape (EGR, AGR).
- Principio de funcionamiento e identificación de los componentes.
- Refrigeración de los gases de escape recirculantes.
- El catalizador de oxidación.
- El filtro de partículas (FAP).
- Sondas de temperatura y de presión diferencial.
- El ciclo de regeneración, aditivación del combustible.
- Identificación de componentes y principales comprobaciones.

Secuencia: las unidades formativas de este módulo se deben programar de manera secuenciada.

1. Sistemas de alimentación de combustible

Contenidos

Introducción

1.1. Circuitos básicos de alimentación de combustible en vehículos ligeros y pesados.

1.2. Depósito de combustible.

1.3. Bombas de alimentación, mecánicas y eléctricas.

1.4. Bomba de purga manual.

1.5. Sistemas decantadores de combustible.

1.6. Tipos de elementos filtrantes.

1.7. Tuberías de alimentación y ensamblajes de estas.

1.8. Enfriadores en el retorno.

1.9. Bombas rotativas

1.10. Bombas en línea

Cuestiones

INTRODUCCIÓN

Las características de la combustión de los motores diésel hacen necesario un sistema de inyección que suministre el combustible muy pulverizado y a alta presión. Esto es posible gracias a la bomba de alta presión, que en función del tipo de motor, su aplicación final y la evolución del mismo puede ser mecánica totalmente o comandada mediante algún sistema de control electrónico.

1.1. CIRCUITOS BÁSICOS DE ALIMENTACIÓN DE COMBUSTIBLE EN VEHÍCULOS LIGEROS Y PESADOS

El circuito básico de alimentación de combustible para motores diésel es el que se muestra en la Figura 1.1. En ella puede observarse cómo el combustible es aspirado del depósito (1) por la bomba de transferencia (2) y es conducido al filtro (3). Posteriormente, pasa a la bomba en línea de alta presión (4), que en la figura es una bomba en línea pero puede ser de otro tipo, y envía el combustible a presión hacia los inyectores (5). El combustible sobrante es conducido hacia el depósito por el conducto de retorno (6).

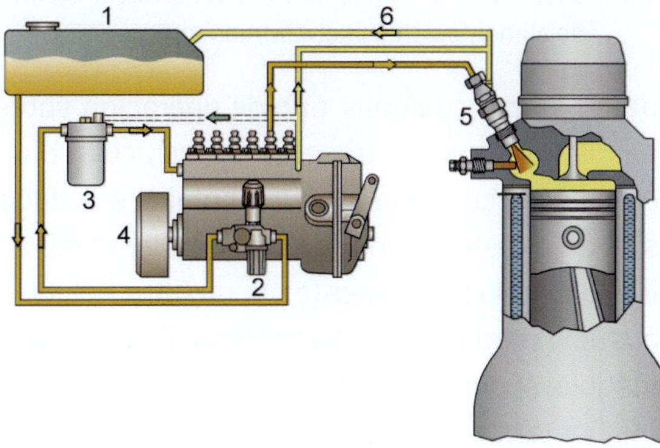

Figura 1.1. Elementos del sistema de alimentación diésel con bomba de inyección en línea.

1.2. DEPÓSITO DE COMBUSTIBLE

La configuración y elementos del depósito de combustible dependen mucho del modelo de vehículo. La Figura 1.2 representa los componentes principales de un depósito de combustible para un vehículo con motor diésel moderno con sistema de alimentación *common rail*. El combustible se introduce por la boca de llenado al repostar y a través del conducto de llenado (1) llega hasta el depósito. El conducto de ventilación (2) ayuda a evacuar el aire interior, compensando el volumen de líquido con el volumen de aire del depósito, ya que de no ser así se imposibilitaría el llenado completo. En el depósito de ejemplo hay dos tapas

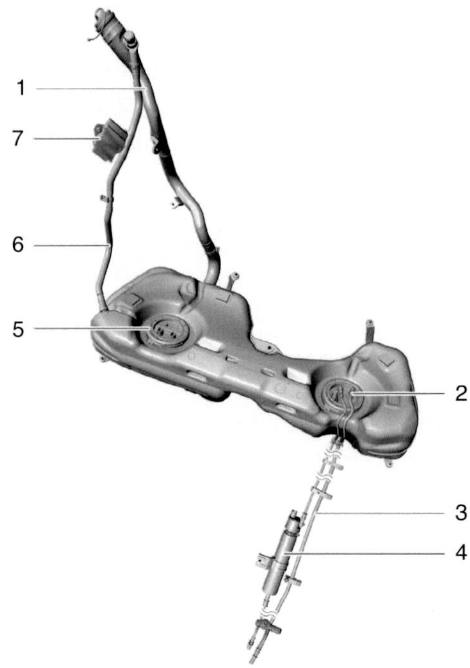

Figura 1.2. Principales componentes del depósito de combustible de un vehículo con sistema de alimentación diésel *common rail.*

de acceso (3 y 4) para realizar cualquier tipo de operación sobre el depósito, accesibles desmontando los asientos traseros del vehículo. Una de las tapas (4) permite el desmontaje del conjunto aforador-bomba, e incluye dos conductos. Uno de ellos es el de alimentación, que trasvasa el combustible hasta la bomba de alta presión, pasando previamente por un filtro (5), que incorpora un calentador del combustible para bajas temperaturas. El otro conducto (6) es el de retorno de combustible. Al ser un sistema moderno, para optimizar el gasto de energía eléctrica y, por tanto, reducir el consumo de combustible, el funcionamiento de la bomba del depósito está gobernado según las condiciones operativas del motor por una unidad de control (7).

1.3. BOMBAS DE ALIMENTACIÓN, MECÁNICAS Y ELÉCTRICAS

La bomba de alimentación o de transferencia es la encargada de aspirar el combustible del depósito y enviarla a la bomba de alta presión, pasando antes por el filtro. En muchos sistemas, la bomba de transferencia es mecánica y se integra en el conjunto de la bomba de alta presión. En sistemas más modernos, la bomba de alimentación es eléctrica y se monta en el interior del depósito de combustible para reducir el ruido, de la misma forma que en los vehículos con motores de gasolina.

En el caso de las bombas de inyección en línea, el árbol de levas propio para accionar los elementos de bombeo incluye una leva adicional para actuar sobre la bomba de transferencia. Esta bomba puede ser de dos tipos:

- **De simple efecto:** la excéntrica del árbol de levas de la bomba acciona un empujador de rodillo unido a un vástago que desplaza el émbolo. Este émbolo divide el interior de la bomba en dos cámaras, una de aspiración y otra de impulsión. Durante la carrera descendente del émbolo, se genera presión en la cámara de aspiración, por lo que la válvula de aspiración permanece cerrada. Sin embargo, la válvula de presión se abre y deja paso de combustible hacia la salida de la bomba. En esta carrera no se genera presión de alimentación, ya que el aumento de presión en la salida de la bomba es compensado por el desplazamiento del émbolo, que en su parte superior aumenta el volumen de la cámara de impulsión. En la carrera ascendente del émbolo se produce la aspiración de combustible y la impulsión del mismo a presión hacia la salida de la bomba de transferencia. Cuando el émbolo asciende por la fuerza de su muelle, el volumen de la cámara de aspiración aumenta, disminuyendo la presión, por lo que la válvula de aspiración se abre y entra el combustible procedente del depósito. A su vez, el volumen de la cámara de impulsión disminuye, permaneciendo cerrada la válvula de impulsión, por lo que el combustible es enviado a presión hacia la salida de la bomba. La bomba se autorregula, ya que si el suministro de combustible es mayor que el demandado, la presión a la salida de la bomba es tal que sitúa el émbolo en una posición intermedia. Dado que el vástago no está unido solidariamente al émbolo, no se produce variación de volumen ni en la cámara de aspiración, ni en la de impulsión. En estas circunstancias la bomba trabaja en vacío y no se impulsa combustible.
- **De doble efecto:** su funcionamiento es parecido a las de simple efecto, pero ahora se aprovechan las dos carreras del émbolo para aspirar e impulsar el combustible. Al igual que en el caso anterior, el émbolo separa dos cámaras, cuya función va alternando, cuando una es la de aspiración la otra es la de impulsión y al revés. En la carrera descendente del émbolo, la cámara que aumenta de volumen es la de aspiración, abriendo la correspondiente válvula y aspirando el combustible del depósito. La otra cara del émbolo disminuye el volumen de la otra cámara, que es la de impulsión, abriendo la válvula que envía el combustible a presión. Cuando el émbolo asciende, el volumen de la cámara que antes era la de impulsión disminuye, cerrando su válvula de aspiración y abriendo la de impulsión, enviando el combustible a presión. De la misma forma, la cámara que anteriormente era de impulsión se convierte en la de aspiración. La regulación de la bomba se realiza del mismo modo que en la de simple efecto.

A través de la Figura 1.3 se explica el funcionamiento de las bombas de transferencia de simple y de doble efecto.

Las bombas de alta presión rotativas, ya sean de émbolo axial o de émbolo radial, también suelen montar en conjunto la bomba de transferencia, siendo esta normalmente de paletas.

En los sistemas de alimentación mediante inyector-bomba puede instalarse una bomba de transferencia de tipo mecánico. Por medio de la Figura 1.4 se explica un ejemplo de este dispositivo montado en conjunto con el depresor. La bomba se instala en la culata, detrás del depresor, siendo el árbol de levas el que mueve simultáneamente ambos elementos.

El depresor se encarga de generar el vacío necesario para diversos componentes del vehículo, destacando el servofreno. Está formado por una aleta que gira dentro de un cuerpo o estator con forma elíptica, que incluye una válvula de lámina metálica para limitar el flujo de aire desde la bomba hacia el motor y otra

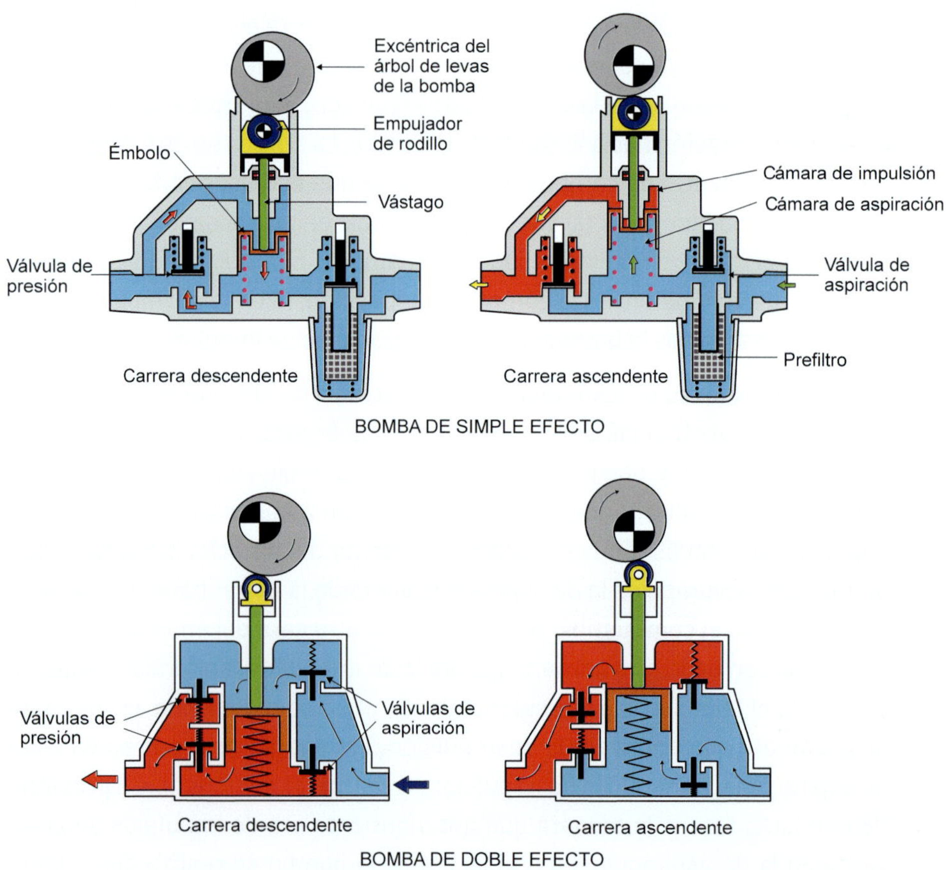

Figura 1.3. Funcionamiento de la bomba de transferencia de simple efecto y de doble efecto.

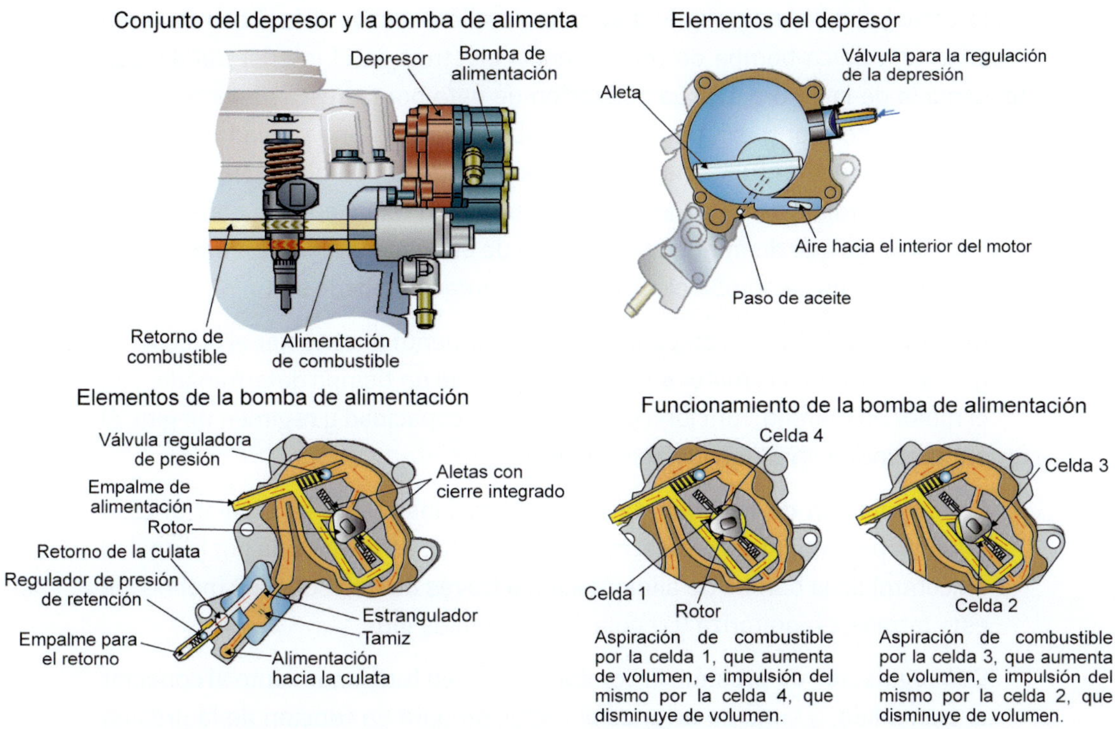

Figura 1.4. Bomba de transferencia y depresor de un sistema de alimentación diésel por inyector-bomba.

que regula la depresión. En el depresor se introduce una pequeña cantidad de aceite que lubrica las superficies en contacto y mejora la estanqueidad entre las mismas. El aceite vuelve al motor con el aire expulsado por la válvula de lámina metálica.

La bomba es de aletas con cierre integrado, ya que se ajustan contra las paredes del rotor por la acción de un muelle. Con esto se consigue que tenga capacidad de aspiración desde el arranque, ya que las convencionales de las bombas rotativas empezaban a succionar a partir de un determinado régimen de giro. El rotor siempre está inundado de combustible, lo que asegura la capacidad de aspiración. Cada aleta de cierre, en contacto con el rotor, genera dos celdas, una aspirante y otra impelente. El combustible se aspira y se impele en cada celda de forma continua.

Muchas bombas empleadas en sistemas *common rail* pueden incorporar una bomba previa, de tipo mecánico y normalmente de engranajes. De esta forma, la bomba eléctrica trasvasa el gasóleo hasta la bomba previa y después la bomba de alta presión suministra el combustible altamente presurizado a la rampa de inyección.

En la actualidad, la mayoría de sistemas de alimentación diésel *common rail* instalan una única bomba de transferencia eléctrica en el interior del depósito, como la de la Figura 1.5. La activación de esta bomba está gestionada por la unidad de control y existen muchas que incorporan una unidad de control propia, que regula su funcionamiento dependiendo del combustible requerido por el motor, prolongando la vida útil de la bomba y reduciendo el consumo de combustible, ya que disminuye la demanda de energía eléctrica. En función del tipo de regulación, la bomba eléctrica de alimentación puede ser:

- **No regulada:** la bomba se pone en funcionamiento al conectar el encendido y si no se arranca el motor se para transcurrido un tiempo determinado. Con el motor en marcha, funciona con la máxima capacidad y régimen de giro. Al parar el motor, también lo hace la bomba.
- **Con regulación de régimen de giro:** su funcionamiento es similar al caso anterior, pero mientras esté el motor en marcha, es gobernada por la unidad de control de la bomba de alimentación a través de una señal de mando. De esta forma se monitoriza y regula su régimen de giro.
- **Con regulación de presión:** la bomba se pone en funcionamiento al conectar el encendido, y si no se arranca el motor, se para en función de la presión del circuito. Con el motor en marcha, su regulación es llevada a cabo por la unidad de control de la bomba de alimentación para garantizar una presión de combustible uniforme a la entrada de la bomba de alta presión.

Hay que recordar que el tipo y disposición de las bombas de transferencia pueden variar entre diferentes marcas y modelos de vehículo, y en función de su aplicación final. Se han explicado las configuraciones más habituales, no debiéndose interpretar como una regla fija, teniendo que analizar cada caso particular.

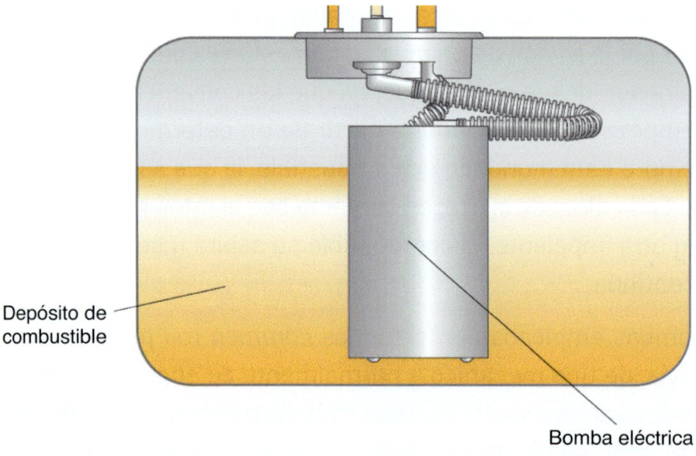

Figura 1.5. Bomba de combustible eléctrica en el interior del depósito.

1.4. BOMBA DE PURGA MANUAL

Aunque la mayoría de circuitos son autopurgantes, en caso de que el vehículo se quede sin combustible o para determinadas operaciones como la sustitución del filtro del gasóleo, es necesario un dispositivo que cebe el circuito y elimine el aire atrapado en los conductos.

Este dispositivo es la bomba de purga o bomba de cebado, de activación manual. En muchos motores modernos, al disponer de bomba de transferencia de tipo eléctrico, no se instala dicha bomba de cebado.

En las bombas de inyección en línea, se suele añadir a la bomba de transferencia una bomba de cebado manual, como se muestra en la Figura 1.6. Para accionar esta bomba, estando el motor parado, se afloja el disco moleteado superior y se empuja hacia abajo. Al soltarlo, por la acción del muelle de recuperación, el émbolo interior retorna y realizando la misma operación sucesivamente se bombea combustible al circuito. Cuando se note un aumento de la resistencia al bombeo se puede dar por cebado el circuito, debiendo apretar de nuevo el disco de la bomba de cebado. En la mayoría de estos sistemas, el aire se elimina al forzar la circulación del combustible y retornar este al depósito arrastrando en su camino las burbujas de aire.

Figura 1.6. Bombas de transferencia y de cebado instaladas en el conjunto de la bomba en línea.

En sistemas que no incluyen la bomba de cebado manual en la bomba de transferencia, el soporte del filtro incluye esta bomba, como aparece en la Figura 1.7. Esta disposición se puede encontrar en muchos sistemas de alimentación diésel. El prin-

Figura 1.7. Soporte del filtro de gasóleo con bomba de cebado manual incorporada.

cipio de funcionamiento de esta bomba es similar al explicado en el caso de la bomba de cebado de una bomba en línea, a excepción de que no es necesario aflojar ningún disco y se puede bombear el combustible directamente.

Otro tipo de bomba de cebado es la de tipo pera, como la que aparece en la Figura 1.8, instalándose en algún punto de la tubería de alimentación procedente del depósito, dentro del vano motor.

Figura 1.8. Bomba de cebado manual de tipo pera.

1.5. SISTEMAS DECANTADORES DE COMBUSTIBLE

El gasóleo es un líquido higroscópico, es decir, tiene tendencia a absorber el agua o vapor de agua de su alrededor. El agua puede aparecer en el depósito porque se condensa en sus paredes debido a la diferencia de temperaturas entre la noche y el día y entre la temperatura del gasóleo del depósito y del gasóleo caliente proveniente del retorno. Por otro lado, al repostar, el depósito del surtidor tiene un sistema de ventilación para igualar la presión interior a medida que este se va vaciando, a través del cual entra aire del exterior con el correspondiente nivel de humedad.

Estas circunstancias, junto con el carácter higroscópico del gasóleo, hacen que se pueda acumular agua en el circuito, pudiendo causar los siguientes problemas:

- Formación de bacterias, que conlleva la generación de lodos que pueden obstruir los conductos. Si en el gasóleo se forman bacterias, estas lo ingieren y lo excretan como una sustancia viscosa y ácida que puede, por un lado, obstruir los conductos, y por otro, corroerlos.

- Entrada de agua en la bomba de alta presión, pudiendo llevar a su gripaje por defecto de lubricación, ya que se autolubrican con el paso del gasóleo.
- Corroer el circuito.
- Formar hielo a bajas temperaturas.

Aparte de la función de filtrado es importante decantar el agua que pueda contener el gasóleo. Como el agua tiene una mayor densidad, se deposita en la parte inferior del filtro, donde se instala un tornillo o grifo de purga para eliminar el agua, como indica la Figura 1.9. Muchos sistemas incorporan un flotador con una conexión eléctrica que informan al conductor mediante un testigo de presencia de agua en el filtro en el cuadro de instrumentos, representado en la Figura 1.10, en cuyo caso se deberá proceder al drenaje manual.

Figura 1.9. Sistema de drenaje del agua contenida en el filtro de gasóleo.

Figura 1.10. Testigo de alerta de presencia de agua en el filtro de gasóleo.

1.6. TIPOS DE ELEMENTOS FILTRANTES

Los sistemas de inyección diésel tienen unas tolerancias de fabricación muy ajustadas, por lo que sus elementos son de máxima precisión. Debido a esto, es necesario que el combustible que circule por ellos esté libre de impurezas, por lo que el filtrado ha de tener una elevada eficacia. El filtrado también es importante para evitar la obstrucción de las toberas de los inyectores. Los filtros empleados en motores diésel de automoción suelen ser simples, y su estructura es la que indica la Figura 1.11. Normalmente, el elemento filtrante es papel poroso impregnado por una resina fenólica.

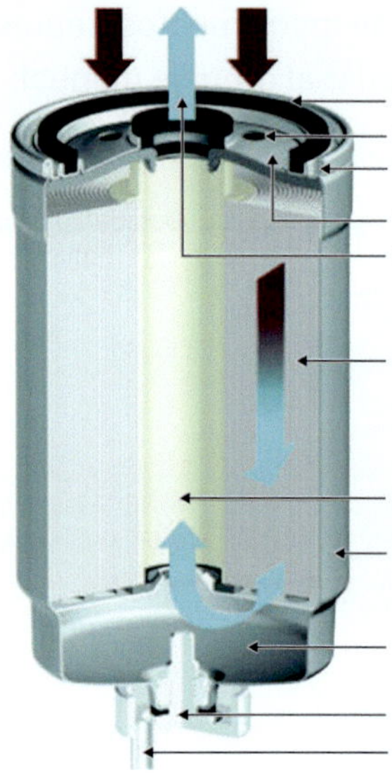

Figura 1.11. Estructura de un filtro de gasóleo.

En algunas instalaciones se suele instalar un prefiltro entre el depósito y la bomba de transferencia, que sirve para retener las impurezas más gruesas. Este prefiltro puede ir montado dentro de la bomba de transferencia y se puede limpiar, no siendo necesaria su sustitución periódica. En otros casos, se ponen dos filtros en serie formando un tándem, como los de la Figura 1.12.

Figura 1.12. Disposición de dos filtros de gasóleo en tándem.

En la actualidad, muchos filtros de gasóleo empleados en vehículos turismo diésel son de cartucho intercambiable, donde únicamente se sustituye el elemento filtrante y la junta tórica que lo encierra dentro de la carcasa, en lugar de ser de tipo monobloque con carcasa metálica. La Figura 1.13 indica las partes de un filtro de cartucho intercambiable.

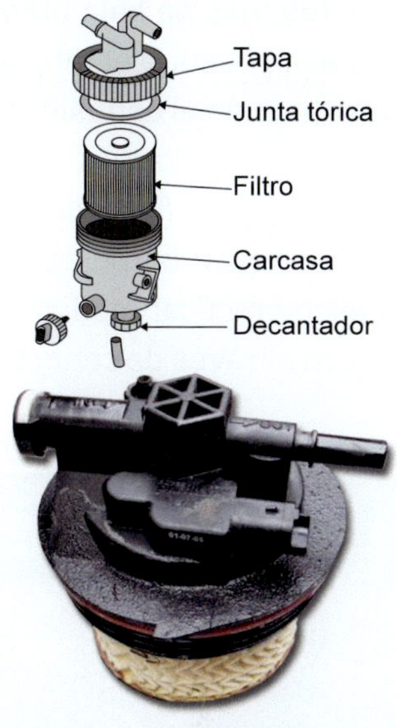

Figura 1.13. Estructura y ejemplo de un filtro de gasóleo de cartucho intercambiable.

El gasóleo a bajas temperaturas tiende a formar parafinas que pueden llegar a obstruir los conductos. Por este motivo, muchos filtros incorporan una resistencia calefactora del gasóleo que entra en funcionamiento a bajas temperaturas, por medio de un termocontacto. En otras aplicaciones, el filtro monta una válvula termostática formada por un elemento bimetálico, que permite la recirculación del gasóleo sobrante de la bomba de alimentación, ya que a su paso por ella se calienta. Así, mientras el gasóleo esté a baja temperatura, parte del sobrante de la bomba pasará por el filtro y parte se enviará al retorno, ya que el bimetal permanece curvado. Cuando el gasóleo se calienta, el sobrante de la bomba se envía directamente al retorno hacia el depósito, al estar el bimetal plano. La Figura 1.14 muestra la disposición de la válvula termostática.

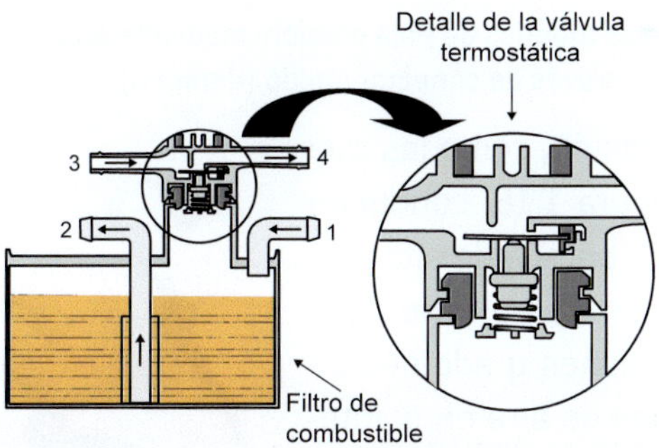

1. Entrada desde el depósito.
2. Salida hacia la bomba.
3. Retorno desde la bomba.
4. Retorno hacia el depósito.

Figura 1.14. Válvula termostática instalada en el filtro de gasóleo.

1.7. TUBERÍAS DE ALIMENTACIÓN Y ENSAMBLAJES DE ESTAS

Las tuberías de alimentación pueden clasificarse en dos grandes grupos: las de baja presión y las de alta presión.

Las tuberías de baja presión son las que transportan el combustible desde el depósito hasta la bomba de alta presión pasando por el filtro, y las que lo devuelven también al depósito a través del circuito de retorno. Al no estar sometidas a elevadas presiones se fabrican en caucho con refuerzo intermedio de trenzado textil, de gran flexibilidad, o en PVC, más rígidas y en ocasiones transparentes para detectar burbujas en el circuito. Las uniones de las tuberías de caucho se suelen practicar mediante abrazaderas metálicas, mientras que las de PVC se hacen a través de conectores rápidos, como muestra la Figura 1.15.

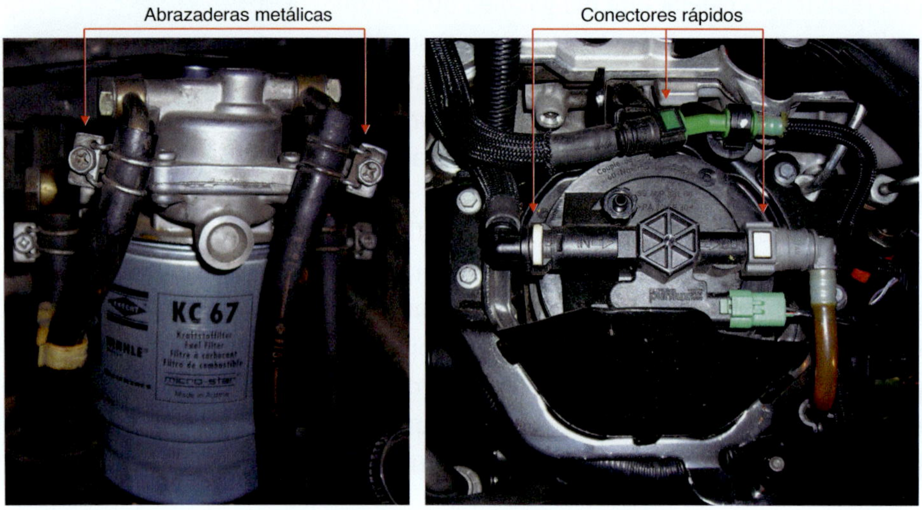

Figura 1.15. Uniones de las tuberías de baja presión: mediante abrazadera (izquierda) o a través de conector rápido (derecha).

Las tuberías de alta presión, como las que pueden verse en la Figura 1.16, conducen el combustible desde la bomba de alta presión hasta los inyectores. Como tienen que soportar elevadas presiones y además se pueden formar burbujas de aire en el interior del conducto, puede darse el fenómeno de cavitación, que erosiona enormemente el interior de la tubería. Por otro lado, el ajuste con los racores ha de ser perfecto para mantener la estanqueidad. Las tuberías de alta presión se fabrican en acero de alta dureza y el espesor de las paredes suele ser mayor que el diámetro interior para evitar deformaciones por cambios bruscos de presión.

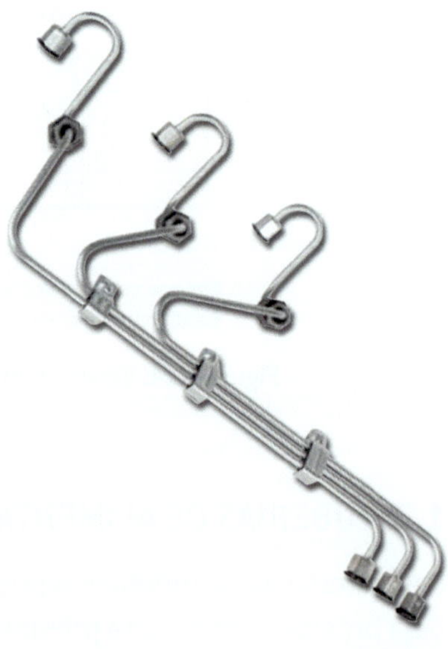

Figura 1.16. Tuberías de alta presión.

1.8. ENFRIADORES EN EL RETORNO

En los motores diésel de inyección directa, el combustible sobrante de los inyectores que vuelve al depósito a través del circuito de retorno puede alcanzar temperaturas elevadas y es necesario enfriarlo. A continuación se van a explicar dos posibles enfriadores de combustible, representados en la Figura 1.17, aplicados a ciertos modelos con sistema de inyección por inyector-bomba:

- **Intercambiador aire-combustible:** consiste en un radiador ubicado debajo del vehículo, donde el aire de la marcha enfría el combustible de camino al depósito.
- **Intercambiador agua-combustible:** en este caso, el combustible que retorna de los inyectores-bomba pasa por un radiador ubicado sobre el filtro, en el que se cede calor a la refrigeración del motor. El vaso de expansión compensa las variaciones de volumen por la dilatación del refrigerante al incrementar su temperatura. Se dispone de un sensor de temperatura de combustible que, cuando supera 70 °C, pone en marcha la bomba eléctrica adicional que hace circular el refrigerante hacia el radiador adicional, permitiendo que ceda calor al aire exterior.

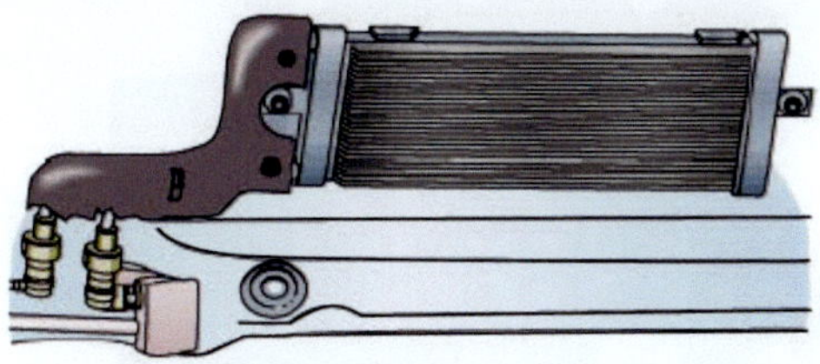

Intercambiador aire-combustible

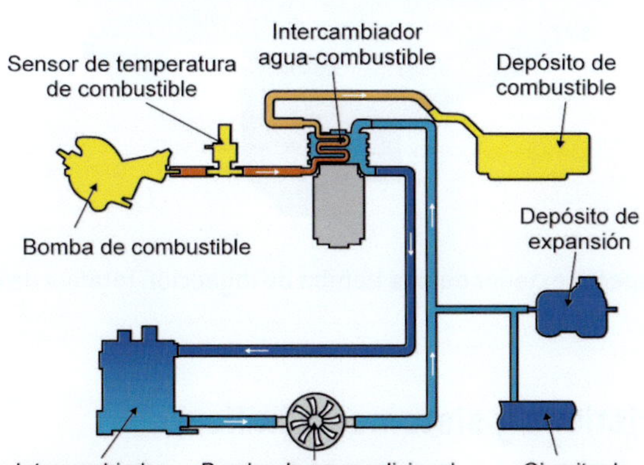

Intercambiador agua-combustible

Figura 1.17. Sistemas de refrigeración del combustible.

1.9. BOMBAS ROTATIVAS

Las bombas de inyección rotativas son una evolución de las bombas de inyección en línea que surgieron debido a la exigencia de aumentar la velocidad de rotación de los motores diésel rápidos.

Este tipo de bombas forman un conjunto compacto óptimo para turismos y vehículos ligeros con motor diésel. Esto se consigue gracias a la capacidad de generar la alta presión de combustible en un único elemento de bombeo y distribuidor rotativo que lo reparte convenientemente a cada cilindro, además de incorporar en su interior todos los sistemas de regulación.

1.9.1. Tipos principales

Existen dos tipos fundamentales de bombas de inyección rotativas, las de émbolo axial y las de émbolos radiales, cuyo aspecto exterior puede verse en las Figuras 1.18 y 1.19, respectivamente.

Figura 1.18. Aspecto exterior de una bomba de inyección rotativa de émbolo axial.

1.9.2. Características y sistemas auxiliares

La Figura 1.20 muestra con detalle los elementos del circuito de alimentación de un sistema de inyección con bomba rotativa de émbolo axial, destacando los conductos de aspiración, alta presión y retorno. Se ha escogido como referencia una bomba Bosch de tipo VE, dentro de la cual puede observarse el elemento de

Figura 1.19. Aspecto exterior de una bomba de inyección rotativa de émbolos radiales.

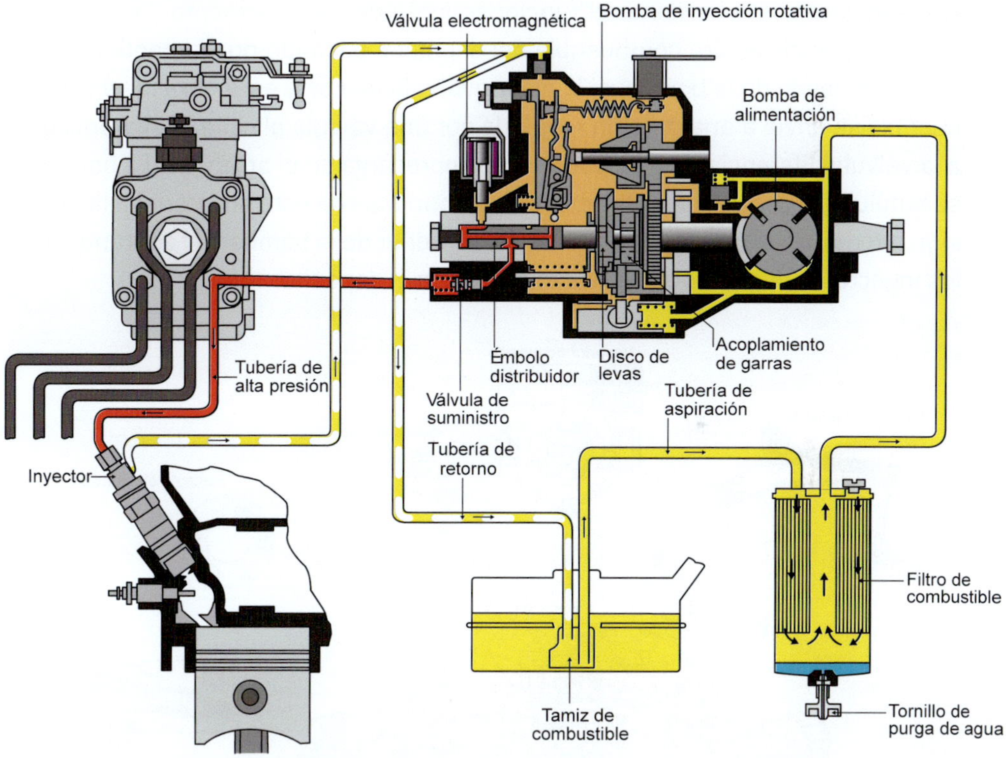

Figura 1.20. Esquema general detallado de un sistema con bomba de inyección rotativa de émbolo axial.

bombeo, que consiste en un émbolo que tiene dos movimientos simultáneos, uno axial que genera la alta presión y otro rotativo para distribuir el combustible a cada cilindro. Como puede apreciarse, la bomba consta de diferentes sistemas auxiliares, como la bomba de alimentación o de transferencia, la electroválvula de paro y otros elementos necesarios para ajustar el caudal y avance de inyección, cuya explicación detallada se llevará a cabo posteriormente.

Los elementos fundamentales de una bomba de inyección rotativa de émbolos radiales aparecen indicados en la Figura 1.21, tomando como ejemplo una bomba Lucas CAV de tipo DPC. Como puede observarse, una de las principales diferencias es la configuración de los elementos de bombeo, que en este caso generan la alta presión en su movimiento radial, conservando también un movimiento rotatorio para distribuir el combustible a cada cilindro. También pueden verse diferentes elementos y sistemas auxiliares, muchos de ellos necesarios para adecuar el funcionamiento de la bomba a los requerimientos de combustible del motor.

El esquema hidráulico del sistema con bomba rotativa de émbolos radiales está representado en la Figura 1.22, que junto con la Figura 1.21, forman la base para explicar posteriormente el funcionamiento de cada elemento. La bomba de transferencia aspira combustible del depósito, pasando previamente por el filtro. A la salida de la bomba, si la electroválvula de corte está abierta, el combustible se envía a una presión regulada por una válvula al cabezal hidráulico, a la válvula diferencial y al dispositivo de sobrecarga en el arranque. La bomba se autolubrica con el propio combustible, llenándose de este su interior a la presión interna. Un conducto que comunica el interior de la bomba y el sobrante de los inyectores desembocan en el retorno hacia el depósito.

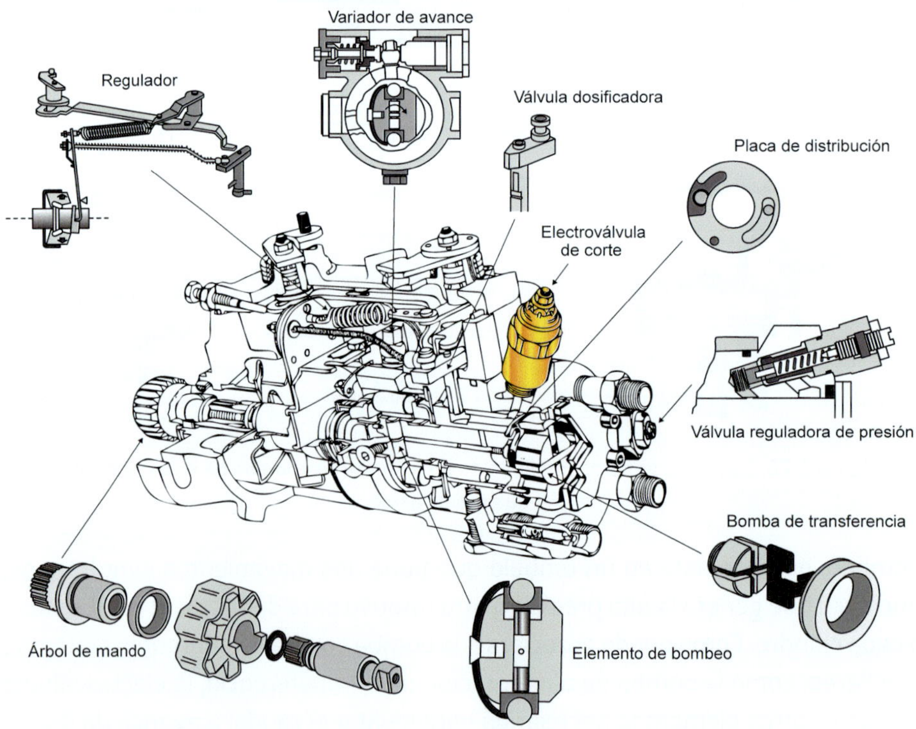

Figura 1.21. Elementos fundamentales de la bomba Lucas CAV de tipo DPC.

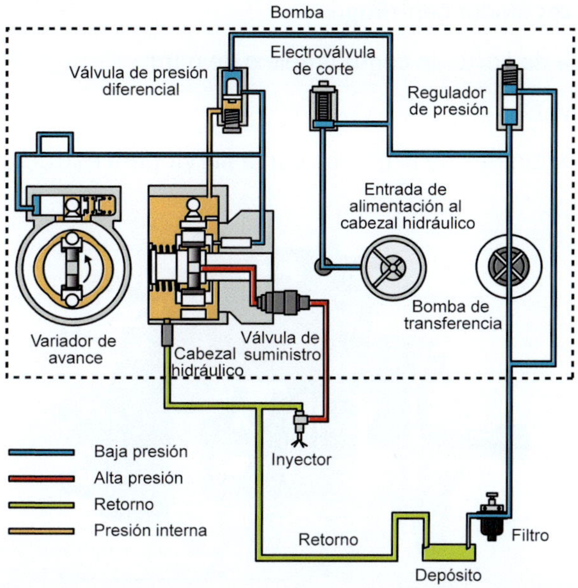

Figura 1.22. Esquema hidráulico de la bomba Lucas CAV de tipo DPC.

1.9.3. Principio de funcionamiento

El estudio de las bombas rotativas se va a dividir según los dos tipos principales, las de émbolo axial y las de émbolos radiales.

■ Funcionamiento de las bombas rotativas de émbolo axial

A continuación, se va a proceder al estudio detallado de la bomba rotativa de émbolo axial, por ser el elemento más característico de este sistema, basando la explicación en una bomba de tipo VE de la marca Bosch.

En la Figura 1.23 puede verse una bomba seccionada, donde se indican sus partes fundamentales.

La Figura 1.24 muestra un esquema de la bomba, donde pueden apreciarse los circuitos hidráulicos interiores. Hay que destacar que en esta figura y en otras, la bomba de alimentación o de transferencia, que es de aletas, y el variador de avance, aparecen girados 90° para ayudar a representar con mayor claridad el circuito hidráulico.

Dentro de la bomba, se distinguen cinco grupos funcionales principales, representados en la Figura 1.25, que son los siguientes:

1. Cuerpo de la bomba de transferencia con válvula de regulación de presión.
2. Cabeza distribuidora y bomba de alta presión.

3. Conjunto del regulador centrífugo.
4. Electroválvula de corte de combustible o de paro.
5. Variador de avance.

Estos grupos funcionales de la bomba van a servir para estructurar su estudio.

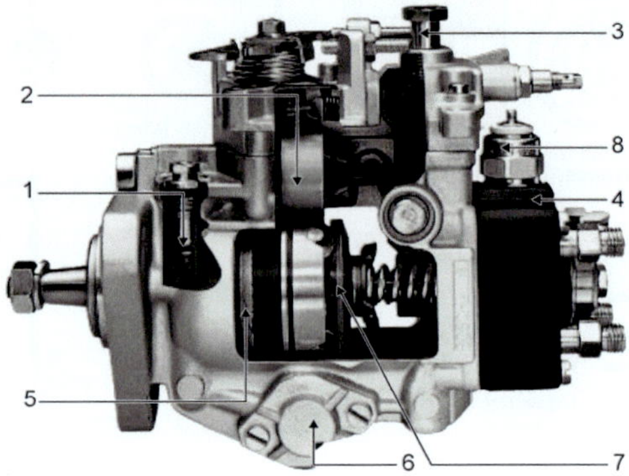

1. Válvula de regulación de presión.
2. Conjunto del regulador.
3. Reductor de presión.
4. Cabeza distribuidora y bomba de alta presión.
5. Bomba de transferencia.
6. Variador de avance.
7. Disco de levas.
8. Electroválvula de corte de combustible o de paro.

Figura 1.23. Partes fundamentales de una bomba Bosch VE.

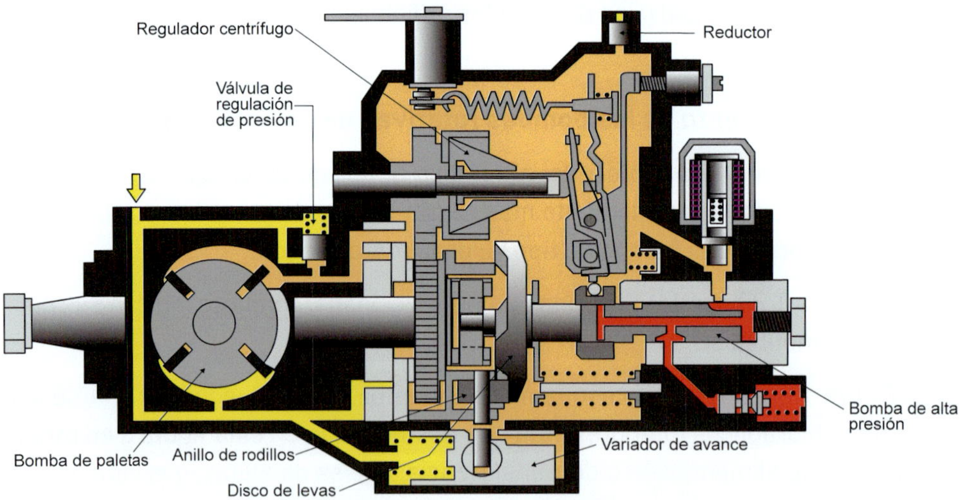

Figura 1.24. Esquema de la bomba Bosch VE.

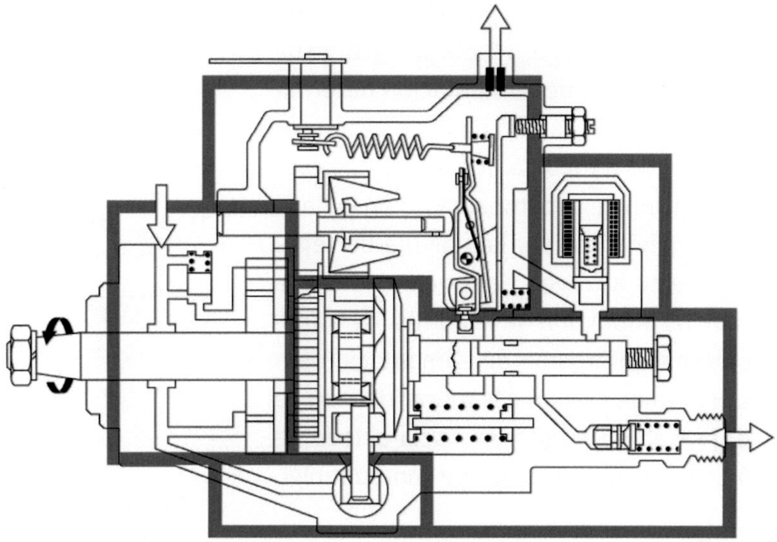

Figura 1.25. Grupos funcionales de la bomba Bosch VE.

Cuerpo de la bomba de transferencia con válvula de regulación de presión

La parte fundamental de este conjunto, mostrado en la Figura 1.26, es la bomba de transferencia o de alimentación, que suministra una cantidad de combustible constante al interior de la bomba.

La bomba de transferencia, representada en la Figura 1.27, es de paletas y gira de forma solidaria al árbol de mando de la bomba. A su vez, gira en el interior de un anillo excéntrico, instalado en el cuerpo de la bomba. Cuando gira el árbol de mando, la fuerza centrífuga impulsa a las paletas hacia el exterior, entrando en contacto con la pista interior del anillo excéntrico, haciendo junta con él. Las variaciones de volumen que se producen en los huecos entre paleta y paleta generan una zona de aspiración y otra de impulsión del combustible.

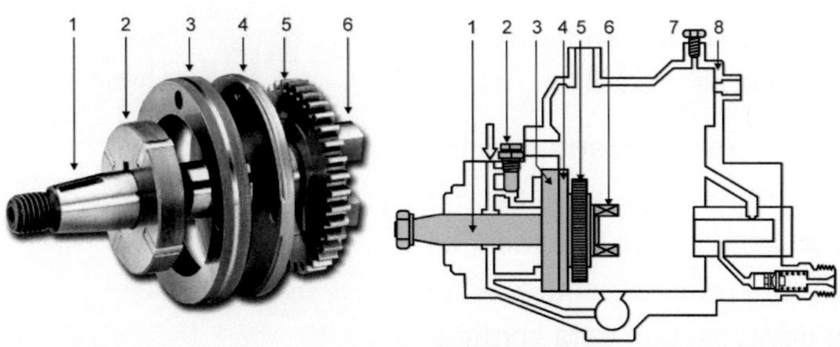

1. Árbol de mando.
2. Válvula de regulación de presión.
3. Anillo excéntrico.
4. Anillo soporte.
5. Rueda dentada de accionamiento del regulador.
6. Acoplamiento de garras.
7. Reductor.
8. Cuerpo de la bomba.

Figura 1.26. Cuerpo de la bomba de transferencia con válvula de regulación de presión y sus elementos principales.

La válvula de regulación de presión, cuya sección puede verse en la Figura 1.28, se encarga de mantener una presión de alimentación determinada para un régimen de giro dado de la bomba. Esto es así porque a medida que aumenta la velocidad de rotación de la bomba, también lo hace la presión de alimentación. La válvula de regulación se conecta a través de un conducto a la salida o lado de impulsión de la bomba de transferencia. Cuando la presión de alimentación supera un cierto valor, se vence la fuerza del muelle calibrado y se abre un *by-pass* hacia el lado de aspiración, limitando la presión de combustible.

El paso calibrado reductor, cuya sección está detallada en la Figura 1.29, se encarga de comunicar el interior del cuerpo de la bomba con el retorno de combustible al depósito. De esta forma, se permite una circulación continua de combustible por el cuerpo de la bomba, que favorece la refrigeración y el purgado del aire. Al ser un orificio calibrado de pequeño diámetro, ofrece una restricción al paso del fluido, manteniendo la presión en el interior de la bomba.

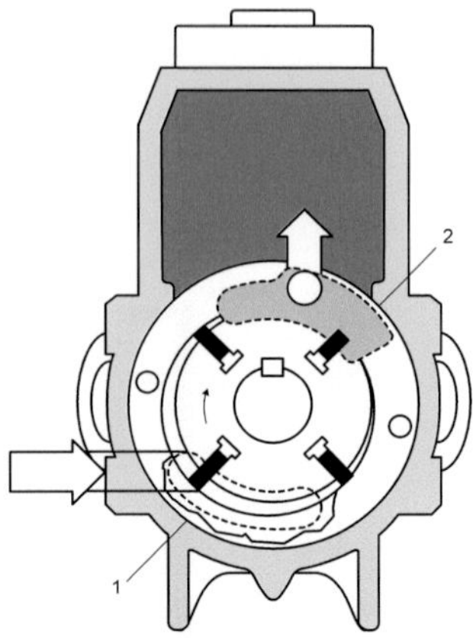

1. Lado de aspiración.
2. Lado de impulsión.

Figura 1.27. Bomba de transferencia de paletas.

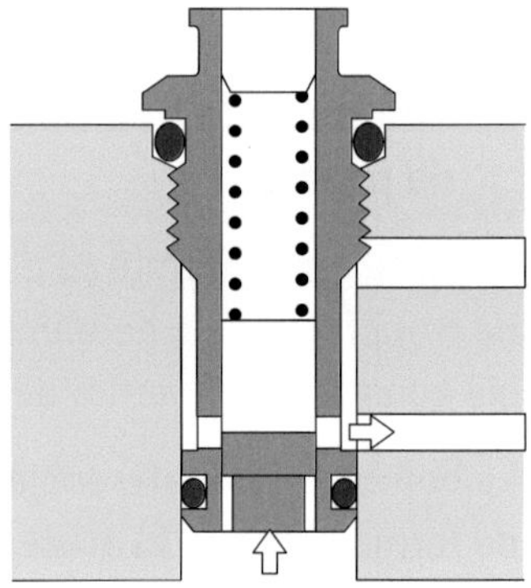

Figura 1.28. Sección de la válvula de regulación de presión de combustible.

■ Cabeza distribuidora y bomba de alta presión

La alta presión de combustible, necesaria para realizar la inyección, se produce en la bomba de alta presión, representada en la Figura 1.30.

Los elementos principales de la bomba de alta presión pueden verse en la Figura 1.31.

El árbol de mando de la bomba arrastra al disco de levas por medio de la cruceta. El acoplamiento de estos elementos se hace dentro del anillo de rodillos, que permanece fijo con respecto al árbol de mando y al disco de levas. Con esta configuración, el disco de levas, y por tanto, el émbolo distribuidor, van a tener dos movimientos. El pri-

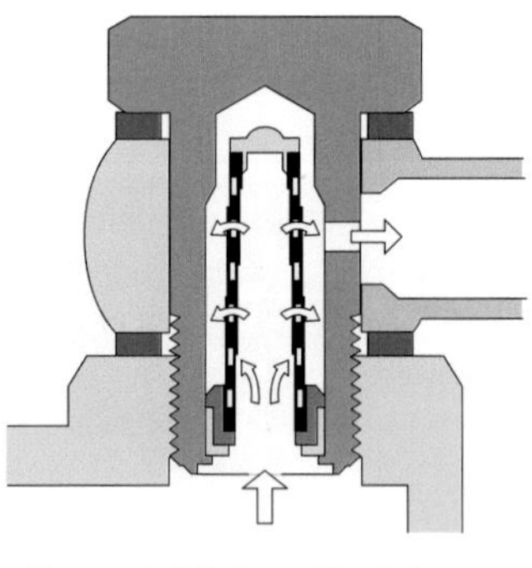

Figura 1.29. Sección del paso calibrado reductor.

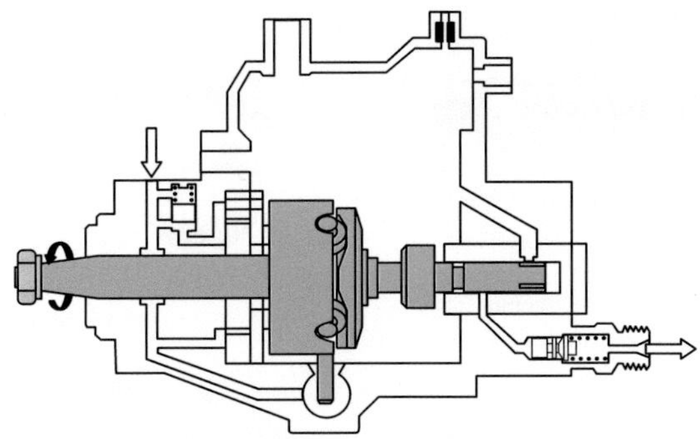

Figura 1.30. Bomba de alta presión.

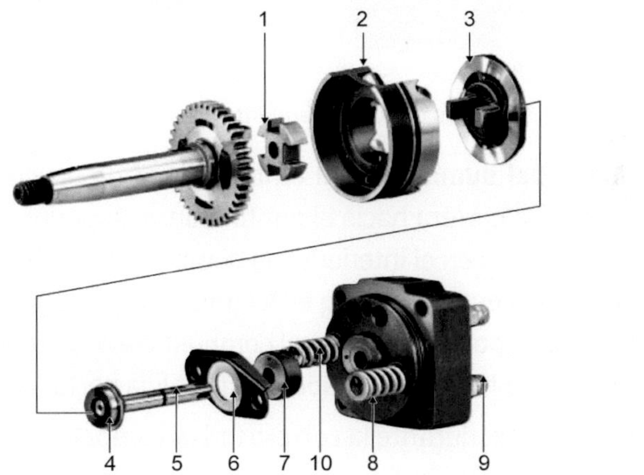

1. Cruceta.
2. Anillo de rodillos.
3. Disco de levas.
4. Pie del émbolo distribuidor.
5. Émbolo distribuidor.
6. Elemento de unión.
7. Collarín de regulación.
8. Cuerpo de la cabeza distribuidora.
9. Válvulas de suministro.
10. Muelles.

Figura 1.31. Elementos principales de la bomba de alta presión.

mer movimiento es el de rotación, transferido por el árbol de mando. El segundo movimiento es un desplazamiento axial, debido al perfil del disco de levas, que a medida que vaya pasando por los rodillos, se va a mover en esta dirección. Teniendo en cuenta el movimiento axial, el émbolo distribuidor realizará una carrera, en la cual vencerá la fuerza de los muelles y comprimirá el combustible a alta presión, y otra en la que los muelles le obligarán a recobrar su posición inicial preparándose para la siguiente embolada. De esta forma, se puede decir que el movimiento axial es necesario para producir la alta presión y el movimiento rotatorio para distribuir el combustible a cada uno de los inyectores. Si el motor es de cuatro cilindros, por cada 90° de giro del émbolo distribuidor, se suministrará combustible a un cilindro. Para comprender mejor la bomba de alta presión, siguiendo la Figura 1.32, se van a explicar sus fases de funcionamiento:

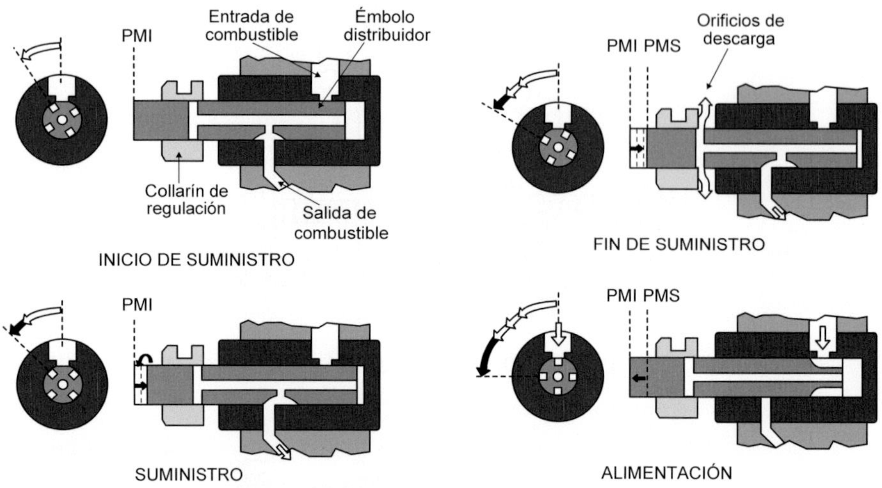

Figura 1.32. Fases de funcionamiento de la bomba de alta presión.

- **Fase de inicio del suministro:** el émbolo parte de su punto muerto inferior (PMI), iniciando la carrera hacia el punto muerto superior (PMS). El combustible se ha introducido en el interior de la bomba por el orificio de entrada. Como el orificio de salida está cerrado y el collarín de regulación obtura el orificio de salida hacia el cuerpo de la bomba, el combustible es comprimido. En la figura, para simplificar, se ha representado solo la salida hacia uno de los cilindros.
- **Fase de suministro:** durante la carrera útil del émbolo, se sigue suministrando combustible a presión hacia los inyectores. La carrera física del émbolo siempre es la misma, pero la carrera útil está en función de la posición del collarín de regulación, que dependerá de la demanda de carga del motor. Cuanto mayor sea la demanda de carga, más tardará el collarín en descubrir el orificio que comunica la cámara de alta presión con el interior de la bomba y, de esta forma, será mayor el caudal inyectado.
- **Fase fin de suministro:** aunque todavía puedan estar enfrentados la lumbrera de salida del émbolo y el conducto de salida hacia el inyector, como el collarín de regulación ha descubierto el orificio de descarga hacia el interior del cuerpo de la bomba, la presión cae de forma brusca y cesa el suministro de combustible.
- **Fase de alimentación:** el émbolo retrocede desde el PMS al PMI, descubriendo el orificio de entrada de combustible, llenando del mismo su interior y preparándose para el siguiente ciclo, repitiéndose el proceso.

La Figura 1.33 resume las fases anteriormente descritas.

Dada la alta precisión de los elementos de la bomba de inyección, en caso necesario, hay que sustituir en conjunto el collarín, el émbolo distribuidor y el cuerpo de la cabeza distribuidora.

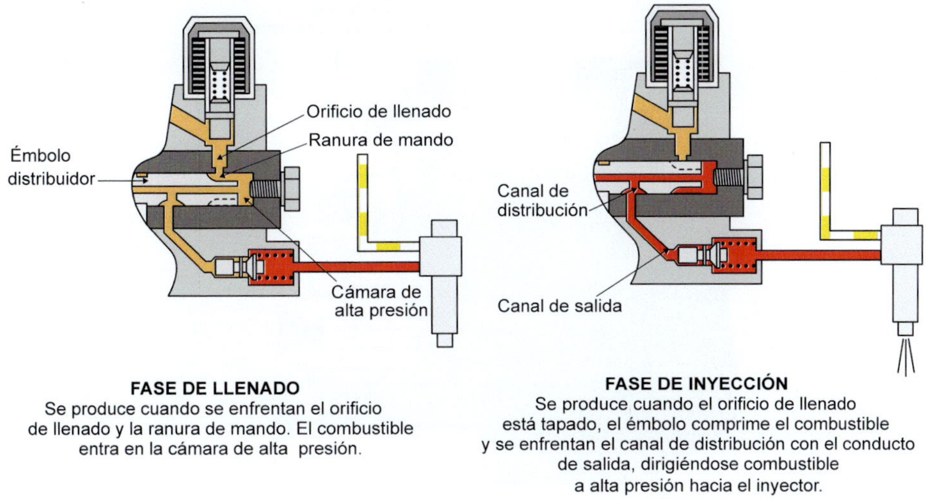

Figura 1.33. Resumen de las fases de funcionamiento de la bomba de alta presión.

El combustible es enviado a presión hacia el inyector a través de la válvula de suministro, representada en la Figura 1.34. Esta válvula tiene la función de evitar el retorno de combustible hacia el interior de la cámara de alta presión cuando cierra el inyector y de asegurar un cierre preciso del inyector al final del tiempo de inyección.

■ Electroválvula de corte de combustible o de paro

Este dispositivo, mostrado en la Figura 1.35, se encarga de interrumpir la alimentación de combustible a la cámara de alta presión cuando se desea parar el motor. Cuando se quiere arrancar el motor, la electroválvula es alimentada a través de la llave de contacto y permite el paso de combustible hacia el interior de la bomba de alta presión. La electroválvula de corte de combustible o de paro también se conoce como dispositivo ELAB.

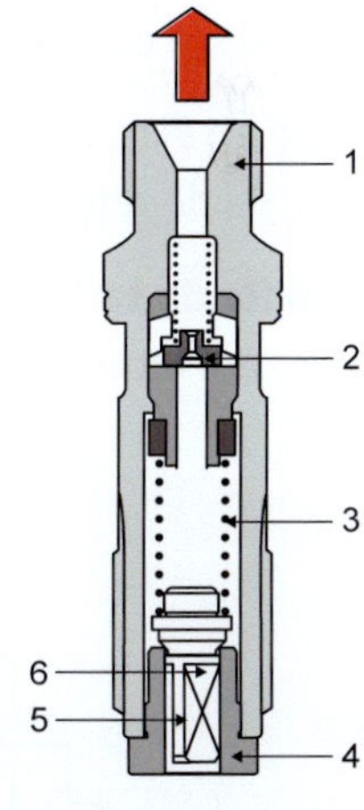

1. Conjunto de la válvula.
2. Válvula antirretorno.
3. Muelle de la válvula de suministro.
4. Soporte de la válvula de suministro.
5. Válvula de suministro.
6. Rebaje de la válvula de suministro.

Figura 1.34. Válvula de suministro.

■ Conjunto del regulador centrífugo

Desde el punto de vista del manejo de un vehículo con motor diésel, es necesaria una rápida respuesta cuando el conductor demanda carga

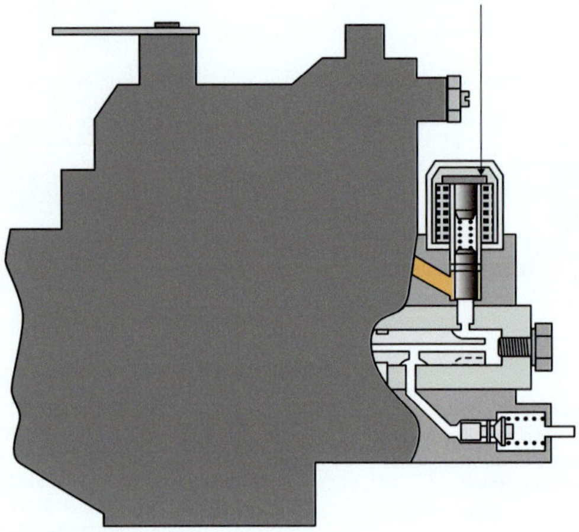

Figura 1.35. Electroválvula de corte de combustible.

a través del pedal del acelerador, que debe ser suave. Por otro lado, al soltar el pedal del acelerador, el motor ha de ejercer de freno. Por último, estando el motor funcionando en un régimen de carga parcial continuo, el vehículo ha de mantener una velocidad de desplazamiento constante. El conjunto del regulador centrífugo, representado en la Figura 1.36, es el encargado de realizar las funciones anteriormente descritas. Este dispositivo comprende las masas centrífugas y el conjunto de palancas, que determinan la posición del collarín de regulación, estableciendo la carrera útil del émbolo distribuidor.

Al igual que en el resto de bombas de inyección diésel, se pueden encontrar dos tipos básicos de reguladores, explicados a continuación:

- **Regulador de todas las velocidades:** este regulador controla todas las velocidades del motor entre el arranque y el régimen máximo de giro. Su mayor

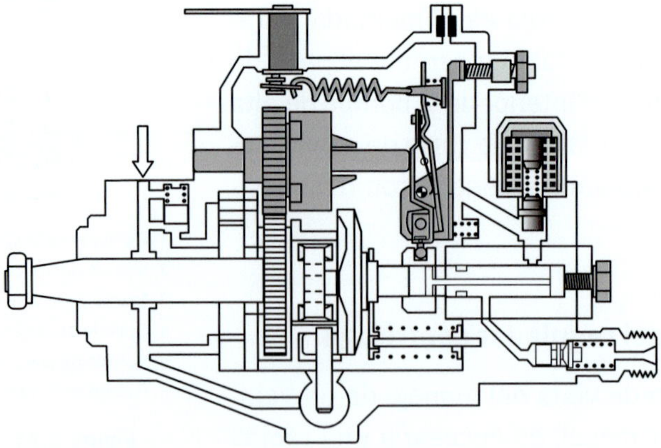

Figura 1.36. Conjunto del regulador centrífugo.

uso se encuentra entre los vehículos agrícolas y estaciones de bombeo. Los elementos de este sistema pueden observarse en la Figura 1.37. A partir de esta figura y de la Figura 1.38 se va a explicar su funcionamiento, que se resume en cuatro modos:

- *Arranque:* en el modo de arranque, las masas centrífugas y el manguito de regulación permanecen en su posición de reposo. La palanca de arranque es empujada hacia la posición de arranque gracias a la acción de su resorte, pivotando sobre su eje de giro. Al mismo tiempo, el collarín de regulación es situado en una posición que suministra el caudal de arranque, por medio de la rótula de la palanca de arranque. Esto hace que al arrancar el motor, el émbolo distribuidor realice una carrera útil máxima, aportando el máximo caudal en esta fase. Aunque el ajuste entre el collarín de regulación y el émbolo distribuidor es muy preciso, siempre se produce una pequeña fuga de combustible, necesaria para lubricar el contacto entre ambos elementos.

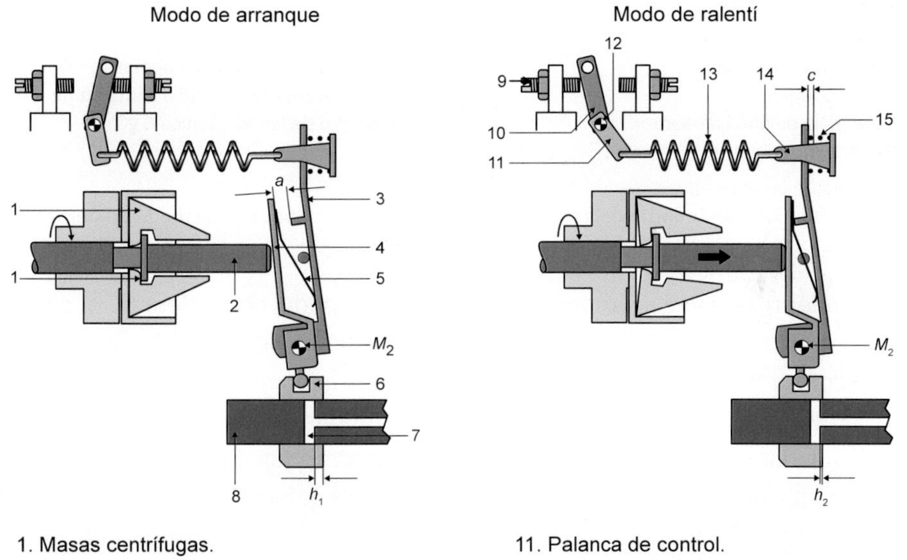

1. Masas centrífugas.
2. Manguito regulador.
3. Palanca tensora.
4. Palanca de arranque.
5. Resorte de arranque.
6. Collarín de regulación.
7. Lumbrera de descarga del émbolo distribuidor.
8. Émbolo distribuidor.
9. Tornillo de ajuste de velocidad de ralentí.
10. Palanca del acelerador.
11. Palanca de control.
12. Eje de la palanca de control.
13. Muelle del regulador.
14. Perno de fijación.
15. Muelle de ralentí.

a. Recorrido del resorte de arranque.
c. Recorrido del muelle de ralentí.
h_1. Carrera máxima de trabajo en arranque.
h_2. Carrera máxima de trabajo al ralentí.
M_2. Eje de giro de los elementos 3 y 4.

Figura 1.37. Elementos del regulador de todas las velocidades y funcionamiento en el modo de arranque y de ralentí.

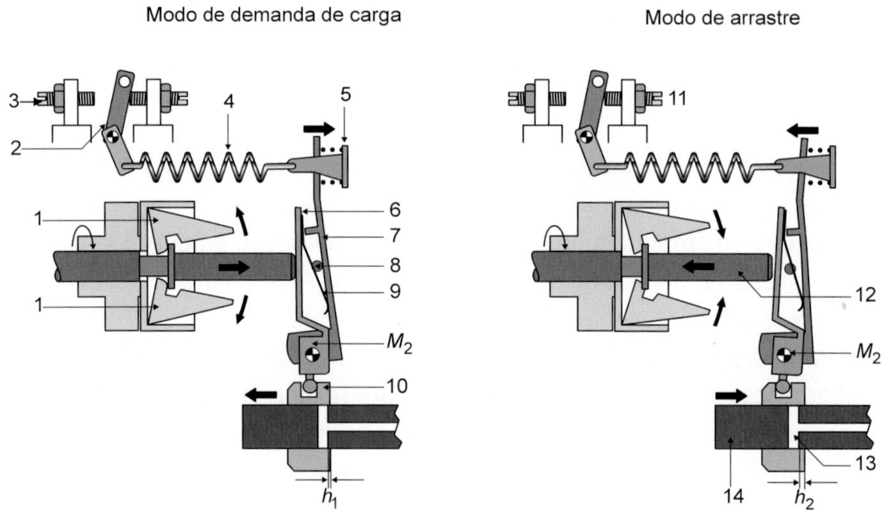

1. Masas centrífugas.
2. Palanca del acelerador.
3. Tornillo de ajuste de la velocidad de ralentí.
4. Muelle del regulador.
5. Muelle de ralentí.
6. Palanca de arranque.
7. Palanca tensora.
8. Tope de la palanca tensora.
9. Resorte de arranque.
10. Collarín de regulación.
11. Tornillo de ajuste de plena carga.
12. Manguito regulador.
13. Lumbrera de descarga del émbolo distribuidor.
14. Émbolo distribuidor.

h_1. Carrera máxima de trabajo al ralentí.
h_2. Carrera máxima de trabajo a plena carga.
M_2. Eje de giro de los elementos 6 y 7.

Figura 1.38. Funcionamiento del regulador de todas las velocidades en el modo de demanda de carga y arrastre.

- *Ralentí:* una vez arrancado el motor y con el pedal del acelerador suelto, la palanca del acelerador es situada en la posición de ralentí, haciendo tope con su tornillo de ajuste. En el momento que la bomba alcanza unas pocas revoluciones por minuto, las masas centrífugas desplazan el manguito regulador y vencen la fuerza del resorte de arranque. Cuando se alcanza la velocidad de ralentí, esta es estable por el equilibrio de fuerzas entre el manguito empujado por las masas centrífugas y el muelle de ralentí. Cuando el régimen de giro es superior al de ralentí, el recorrido del muelle de ralentí llega a su máximo y deja de actuar. Utilizando un muelle especial de ralentí en el alojamiento del regulador, se puede ajustar la velocidad de ralentí independientemente de la posición del acelerador y ser aumentado o disminuido en función de, por ejemplo, la temperatura del motor.
- *Demanda de carga:* en función del régimen de giro del motor deseado, la palanca del acelerador se posiciona en un punto dentro de su margen de actuación, determinado por el conductor a través del pedal del acelerador. A velocidades del motor superiores a la de ralentí, los resortes de arran-

que y de ralentí están totalmente comprimidos y ya no tienen efecto sobre el regulador. Ahora actúa el muelle del regulador. Cuando el conductor demanda un cierto nivel de carga, el muelle del regulador es tensionado con una fuerza superior a la que ejercen las masas centrífugas sobre el manguito regulador, pivotando la palanca tensora alrededor de su eje y desplazando esta el collarín de regulación a un determinado punto, en el sentido de plena carga y, por tanto, de máximo caudal. Como consecuencia de esto, el motor se acelera y las masas centrífugas empiezan a empujar el manguito regulador contra la palanca tensora. A partir de un determinado régimen de giro, la fuerza que prevalece es la del manguito regulador causada por las masas centrífugas, desplazando el collarín de regulación en el sentido de caudal mínimo. Esta regulación tiene lugar de forma continua mientras la posición del acelerador se encuentre entre ralentí y plena carga.

– *Arrastre:* esta situación puede darse, por ejemplo, bajando una pendiente, siendo el motor arrastrado por el movimiento del vehículo. Esto provoca que las masas centrífugas empujen el manguito regulador contra las palancas de arranque y tensora. Estas palancas hacen que el collarín de regulación se mueva a la posición de mínimo caudal.

- **Regulador de mínimo y máximo:** este tipo de regulador solo controla la velocidad mínima de ralentí y la máxima. En velocidades intermedias la regulación se efectúa por medio del pedal acelerador. El funcionamiento del regulador de mínimo y máximo hace que el conductor perciba el manejo del motor diésel como si fuera uno de gasolina, dada su rápida respuesta al accionar el pedal del acelerador. Por este motivo, este tipo de regulador es el más utilizado en vehículos de turismo, aunque se suelen montar una combinación de regulador de todas las velocidades y de mínimo y máximo. La Figura 1.39 representa los elementos del regulador de mínimo y máximo y su funcionamiento en el modo de ralentí y de plena carga. La estructura es básicamente la misma que en el caso del regulador de todas las velocidades. La diferencia fundamental es el muelle del regulador y su montaje, que ahora es de compresión y se instala en el interior de un elemento guía. El muelle del regulador y la palanca tensora se unen a través de un perno de fijación. Se distinguen tres modos básicos de funcionamiento:

– *Arranque:* en esta fase, las masas centrífugas no se mueven y el manguito regulador se mantiene en su posición de reposo. Esto hace que el resorte de arranque empuje al manguito regulador de forma que mantenga las masas centrífugas contraídas. El collarín de regulación adopta la posición de caudal de arranque.

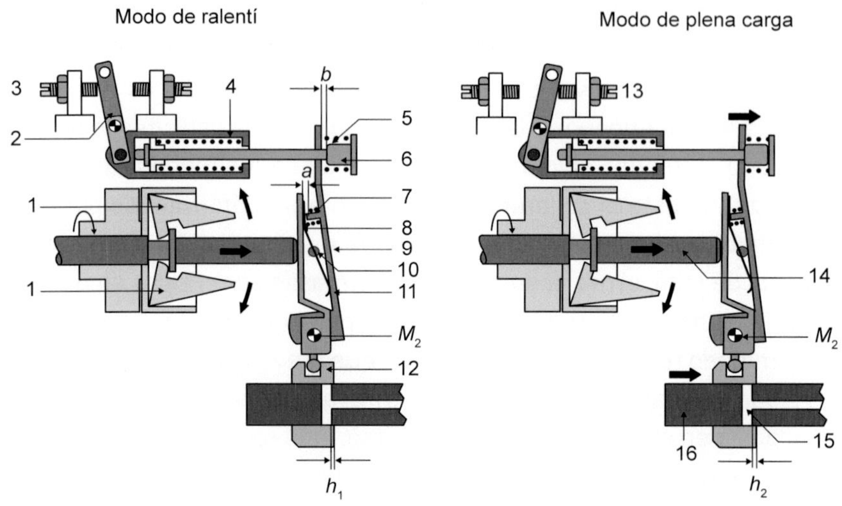

1. Masas centrífugas.
2. Palanca del acelerador.
3. Tornillo de ajuste de la velocidad de ralentí.
4. Muelle del regulador.
5. Muelle intermedio.
6. Perno de fijación.
7. Muelle de ralentí.
8. Palanca de arranque.
9. Palanca tensora.
10. Tope de la palanca tensora.
11. Resorte de arranque.
12. Collarín de regulación.
13. Tornillo de ajuste de plena carga.
14. Manguito regulador.
15. Lumbrera de descarga del émbolo distribuidor.
16. Émbolo distribuidor.

a. Recorrido del resorte de arranque y ralentí.
b. Recorrido del muelle intermedio.
h_1. Carrera máxima de trabajo en ralentí.
h_2. Carrera máxima de trabajo a plena carga.
M_2. Eje de giro de los elementos 8 y 9.

Figura 1.39. Elementos del regulador de mínimo y máximo y funcionamiento en el modo de ralentí y de plena carga.

- *Ralentí:* una vez que el motor ha arrancado y se ha soltado el pedal del acelerador, el muelle de ralentí posiciona la palanca de mando para mantener este régimen. La fuerza de las masas centrífugas aumenta conforme lo hace la velocidad del motor, y estas empujan al manguito regulador contra la palanca de arranque. El muelle de ralentí de la palanca tensora controla, pues, el régimen de ralentí. El collarín de regulación se desplaza hacia una posición de poco caudal, manteniéndose en ese punto por el equilibrio de las fuerzas de las masas centrífugas y la del muelle.
- *Demanda de carga:* al pisar el pedal del acelerador, la palanca del mismo se sitúa con un ángulo determinado. En estas circunstancias, el resorte de arranque y el muelle de ralentí dejan de actuar, entrando en acción el muelle intermedio. Este muelle favorece una transición suave al rango no regulado. Cuando se demanda carga, el muelle intermedio es presionado contra la palanca tensora por el perno de fijación. Cuando se ha compri-

mido, deja de actuar y empieza el modo no regulado, que depende de la precarga del muelle del regulador, pudiéndose considerar este como un elemento rígido. De esta forma, la posición del pedal del acelerador influye directamente sobre el mecanismo de palancas del regulador, estando controlado el caudal de combustible inyectado por la posición del pedal del acelerador. Una vez que se va alcanzando el régimen de giro objetivo, disminuye la carga del motor para una misma posición del acelerador. En este momento, las masas centrífugas empujan al manguito regulador contra las palancas de arranque y tensora. La palanca tensora arrastra pues, gracias al perno de fijación y a la varilla, al muelle del regulador, comprimiéndolo y desplazando al collarín de regulación hacia una posición de menor caudal.

■ Variador de avance

Este dispositivo se encarga de compensar el retraso en el inicio de la combustión a medida que aumenta el régimen de giro del motor, avanzando la inyección. El variador de avance de control hidráulico está ubicado en la parte inferior de la bomba, perpendicularmente a su eje, y está formado por los elementos mostrados en la Figura 1.40 (A). El émbolo desplazable del variador es guiado por el cuerpo de la bomba, que se cierra por ambos lados a través de dos tapas. En el émbolo hay un conducto que permite la entrada de combustible y en el lado opuesto se encuentra un muelle de compresión. El émbolo está eslabonado al anillo de rodillos a través de un bloque deslizante y un perno. Su funcionamiento se explica por medio de la Figura 1.40 (B). La posición de reposo del variador se consigue con la fuerza de su muelle. Cuando la bomba está en funcionamiento, la presión del combustible en su interior se regula en función del régimen de giro, por medio del regulador de presión y del paso calibrado reductor. Esta presión de combustible se aplica por el lado del émbolo opuesto al de su muelle. A partir de un determinado régimen de giro, la fuerza debida a la presión de combustible del interior de la bomba vence la fuerza del muelle y desplaza el émbolo. Este desplazamiento del émbolo se convierte en un giro del anillo de rodillos a través del bloque deslizante y del perno. De esta forma, el disco de levas y el émbolo distribuidor se desfasan un determinado ángulo, con lo que el inicio del suministro queda adelantado, consiguiendo un cierto avance de la inyección.

■ Dispositivos de adaptación

Este tipo de bombas están diseñadas de forma modular, para que se puedan añadir diferentes dispositivos que adapten el funcionamiento de la bomba a un

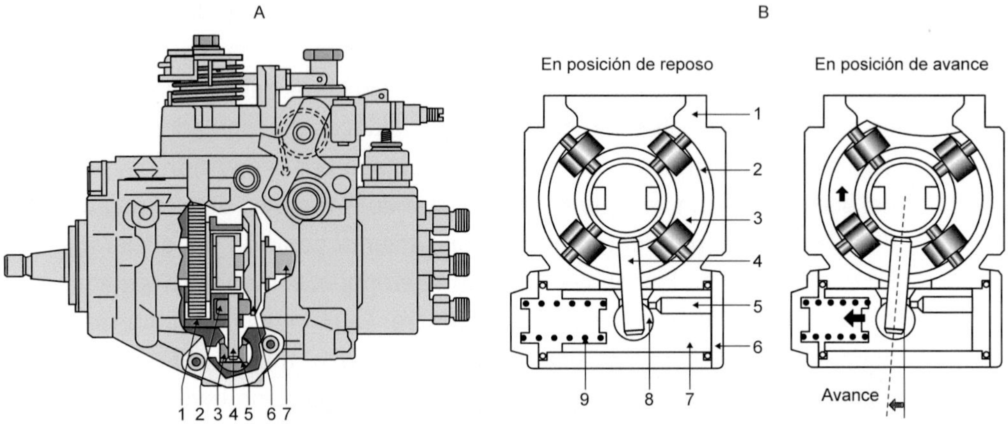

1. Anillo de rodillos.
2. Rodillos.
3. Bloque deslizante.
4. Perno.
5. Émbolo desplazable.
6. Disco de levas.
7. Émbolo distribuidor.

1. Cuerpo de la bomba.
2. Anillo de rodillos.
3. Rodillos.
4. Perno.
5. Conducto del émbolo desplazable.
6. Tapa.
7. Émbolo desplazable.
8. Bloque deslizante.
9. Muelle del variador.

Figura 1.40. Ubicación del variador de avance con sus elementos principales (A) y funcionamiento del mismo a través de su posición de reposo y de avance (B).

mayor número de condiciones operativas del motor. Los dispositivos de adaptación más importantes son los siguientes:

- **Mecanismos de asimilación o compensación:** la asimilación o compensación es la adaptación del caudal suministrado a la curva de consumo característica del motor en función del régimen de giro. Esto es necesario en condiciones de plena carga, para reducir las emisiones contaminantes, optimizar el par motor y disminuir el consumo. El caudal de combustible demandado por el motor disminuye según aumenta su velocidad de giro, para una determinada posición del pedal del acelerador. Existen dos tipos de compensación:
  - *Compensación positiva:* este tipo de compensación a plena carga es necesaria para bombas que tienden a suministrar más combustible del necesario a alto régimen. Esto se debe a que la bomba de alimentación tiende a introducir más cantidad de combustible en la cámara de alta presión a altas revoluciones, por el estrangulamiento producido en el paso calibrado reductor de retorno. Con este sistema, a medida que aumenta el régimen de giro, disminuye el caudal suministrado a los inyectores, ya que el motor no sería capaz de quemar todo el combustible aportado, incrementándose la emisión de humos. La compensación positiva puede realizarse a través de unas válvulas de suministro especiales que incor-

poran un elemento que sirve de estrangulador para reducir el caudal a medida que aumenta el régimen de giro. Cuando la asimilación positiva no la pueden absorber las válvulas de suministro o cuando además es necesaria una compensación negativa, se utiliza un mecanismo de palancas mejorado, como el que muestra la Figura 1.41.

El inicio de la compensación depende del tarado del muelle de compensación, que entrará en funcionamiento a partir de un determinado régimen. Cuando se llega a dicho régimen, la fuerza del muelle de compensación y la del manguito regulador están equilibradas. La palanca de compensación se apoya sobre el perno de tope de la palanca tensora. El extremo libre de la palanca de compensación entra en contacto con el perno de compensación. En estas circunstancias, al aumentar el régimen de giro, también aumentará la fuerza del manguito regulador, que empuja la palanca de arranque. El eje de giro común de la palanca de arranque y de compensación se desplaza. Al mismo tiempo, la palanca de compensación gira alrededor del perno de tope y empuja el de compensación hacia el tope. Ahora, la palanca de arranque gira alrededor del eje que tiene en común con la palanca de compensación, desplazando el collarín de regulación hacia una posición de menor caudal. En el momento en el que el collarín del perno de compensación apoya sobre la palanca de arranque, termina la compensación positiva.

- *Compensación negativa:* la compensación negativa de plena carga es necesaria para motores que generan una gran emisión de humos a pocas revoluciones, que requieren un aumento del par motor o en los que son sobrealimentados. Esta compensación puede hacerse con el mecanismo de palancas del regulador mejorado de la Figura 1.41. Una vez comprimido el resorte de arranque, la palanca de compensación se apoya sobre la palanca tensora, gracias al perno de tope. En estas circunstancias, el perno de compensación también se apoya en la palanca tensora. Si el régimen de giro aumenta, la fuerza ejercida por el manguito regulador también lo hace y la palanca de compensación comprime su muelle. Si la fuerza del manguito regulador supera a la del muelle de compensación, la palanca de compensación se mueve en dirección al collarín del perno, cambiando la posición del eje de giro común de las palancas de arranque y de compensación. Al mismo tiempo, la palanca de arranque gira alrededor de su eje y desplaza la corredera de regulación hacia una posición de mayor caudal. En el momento en el que la palanca de compensación se apoya sobre el collarín del perno, termina la compensación negativa.

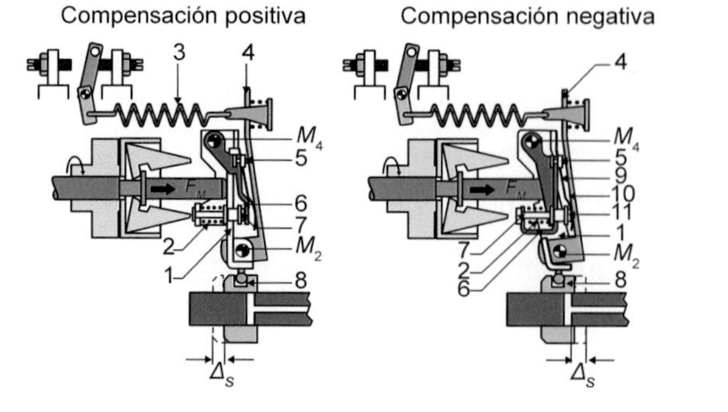

1. Palanca de arranque.
2. Muelle de compensación.
3. Muelle del regulador.
4. Palanca tensora.
5. Perno de tope.
6. Palanca de compensación.
7. Perno de compensación.
8. Collarín de regulación.
9. Resorte de arranque.
10. Collarín del perno de compensación.
11. Punto de tope.

M_2. Eje de giro de los elementos 1 y 4.
M_4. Eje de giro de los elementos 1 y 6.
F_M. Fuerza del manguito regulador.
Δ_S. Carrera de la corredera de regulación.

Figura 1.41. Mecanismo de palancas del regulador mejorado para realizar una compensación positiva y negativa.

- **Compensador de la presión de carga (LDA):** este dispositivo se encarga de adaptar el caudal de alimentación a plena carga a la presión del colector de admisión en motores sobrealimentados. De esta forma, se varía el tope de plena carga, y por tanto el combustible inyectado, en función de la presión de sobrealimentación. Por otro lado, si se reduce la presión de soplado, la cantidad de combustible inyectado ha de adaptarse a una menor masa de aire introducida en el cilindro. La ubicación y elementos principales del dispositivo LDA están representados en la Figura 1.42.

  El dispositivo LDA se monta sobre la bomba de inyección. En su parte superior se encuentra la conexión con el colector de admisión y el orificio de ventilación. Su interior se divide en dos cámaras por medio de una membrana, que cuando es afectada por la presión de sobrealimentación vence la fuerza del muelle. El muelle es soportado y a la vez calibrado por la tuerca de regulación, que le asigna una cierta precarga. Esto hace que el dispositivo intervenga dada una cierta presión de sobrealimentación. Unido a la membrana se encuentra el perno de control, que tiene labrada una parte con sección cónica, constituyendo el cono de control. El perfil del cono de control es seguido por el perno guía, moviendo la palanca de tope, que en su giro modifica el tope de plena carga. La posición inicial de la membrana y del perno de control se regula con el tornillo de ajuste situado en la cabeza del dispositivo LDA. Cuando el motor gira a bajas revoluciones, la presión de soplado es insuficiente para vencer la fuerza del muelle, permaneciendo la

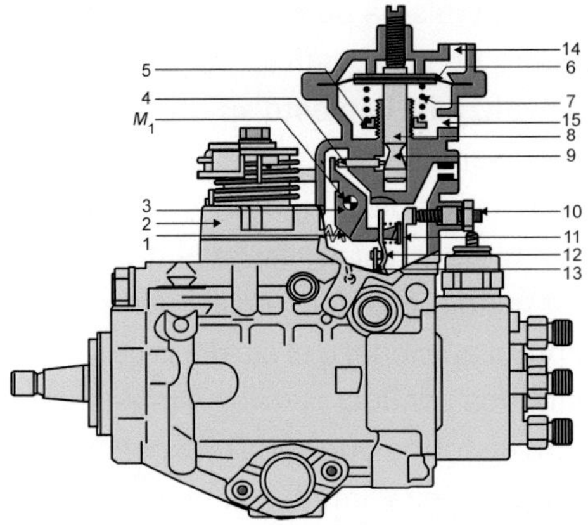

1. Muelle de regulación.
2. Tapa del regulador.
3. Palanca de tope.
4. Perno guía.
5. Tuerca de ajuste.
6. Membrana.
7. Muelle de compresión.
8. Perno de control.
9. Cono de control.
10. Tornillo de ajuste de plena carga.
11. Palanca de ajuste.
12. Palanca tensora.
13. Palanca de arranque.
14. Conexión con el colector de admisión.
15. Orificio de ventilación.

M_1. Eje de giro del elemento 3.

Figura 1.42. Ubicación y elementos principales del dispositivo LDA.

membrana en su posición de reposo. Conforme aumenta la presión de sobrealimentación, llega un punto en que se vence la fuerza del muelle y el perno de control desciende. En estas circunstancias, el perno guía sigue el perfil del cono de control, haciendo girar a la palanca de tope alrededor de su eje. Debido a la fuerza ejercida por el muelle del regulador, se hacen solidarios la palanca tensora, la palanca de tope, el perno guía y el perno de control. De esta forma, la palanca tensora sigue el movimiento de giro de la palanca de tope, haciendo que las palancas de arranque y de sujeción describan un movimiento de giro alrededor de su eje común, desplazando el collarín de regulación en el sentido de mayor caudal. Así, el caudal de combustible se adapta al incremento de la masa de aire introducida en el cilindro. En el caso de disminuir la presión de sobrealimentación, el muelle de compresión situado bajo la membrana empuja el perno de control hacia arriba, actuando de forma inversa y reduciendo la cantidad de combustible inyectado, al desplazar el collarín de regulación en el sentido de menor caudal.

Si se averiara el turbocompresor, el dispositivo LDA retrocede a su posición inicial y limita el caudal a plena carga, asegurando la limitación de las emisiones de humos.

- **Avance de inyección en función de la carga (LFB):** el dispositivo LFB está concebido para que en caso de reducir la carga, por ejemplo de plena carga a carga parcial, para una misma posición del pedal del acelerador, se retrase el inicio del suministro de combustible. Por el contrario, si la carga aumenta, la inyección es avanzada. Con esto se consigue un funcionamiento más suave del motor. Los elementos de este dispositivo, así como su funcionamiento, se explican a través de la Figura 1.43. Para conseguir un avance de inyección dependiente de la carga, se hace una modificación en el eje del regulador, en el manguito regulador y en el cuerpo de la bomba. El manguito incorpora una lumbrera adicional y el eje del regulador una ranura anular, un taladro longitudinal y dos conductos transversales. Al cuerpo de la bomba se le practica un taladro de forma que haya una conexión desde el interior de la bomba hasta el lado de aspiración de la bomba de transferencia. Cuando el motor aumenta el régimen de giro, también lo hace la presión de la bomba de transferencia, por lo que el dispositivo de avance adelanta la inyección. Mediante la reducción de la presión en el interior de la bomba, llevada a cabo por el dispositivo LFB, se puede conseguir un retraso de la inyección. El control se realiza por medio de los taladros del eje del regulador y del manguito regulador. Mediante la palanca del acelerador se asigna un régimen de giro determinado. Para alcanzar ese régimen objetivo, este tiene que ir aumentando hasta conseguirlo, desplazándose poco a poco el manguito regulador por la acción de las masas centrífugas. Como en el caso de la regulación normal, se va reduciendo el caudal de combustible aportado, pero por ahora, ade-

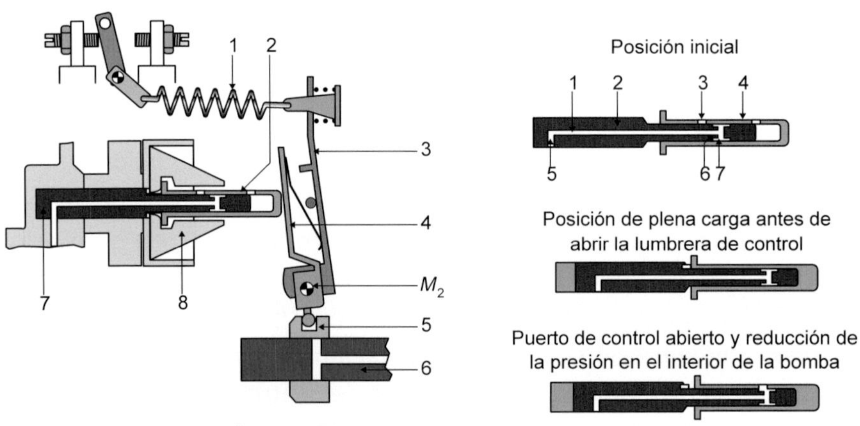

1. Muelle del regulador.
2. Manguito regulador.
3. Palanca tensora.
4. Palanca de arranque.
5. Collarín de regulación.
6. Émbolo distribuidor.
7. Eje del regulador.
8. Masas centrífugas.

M_2. Eje de giro de los elementos 3 y 4.

1. Taladro longitudinal en el eje del regulador.
2. Eje del regulador.
3. Lumbrera de control del manguito del regulador.
4. Manguito regulador.
5. Conducto transversal del eje del regulador.
6. Borde de control del eje del regulador.
7. Conducto transversal del eje del regulador.

Figura 1.43. Dispositivo de avance de inyección en función de la carga (LFB).

más, se regula la lumbrera de control del manguito regulador por medio del borde de control del eje del regulador. El resultado de esto es que una parte del combustible fluye hacia el lado de aspiración de la bomba de transferencia a través del taladro longitudinal y de los conductos transversales del eje, causando una reducción de la presión en el interior de la bomba. Consecuentemente, el variador de avance se sitúa en una posición de retardo. Si la posición de la palanca del acelerador permanece inalterable y la carga vuelve a aumentar, el régimen de giro disminuye y los contrapesos se contraen, haciendo que el manguito regulador cierre la lumbrera de control. En este caso, la presión en el interior del cuerpo de la bomba vuelve a aumentar ya que no fluye combustible hacia el lado de aspiración de la bomba de transferencia. En este momento, el variador se sitúa en una posición de avance.

- **Compensador de altitud (ADA):** a medida que aumenta la altitud, la densidad del aire disminuye y, por tanto, también lo hace la masa de aire aspirada por el motor. Si se mantiene el caudal inyectado a plena carga, este no puede ser quemado por completo, incrementándose las emisiones de humos y la temperatura del motor. Para evitar esto, se instala un tope de plena carga dependiente de la presión atmosférica. Este dispositivo se instala en la tapa del regulador y está formado por una cápsula barométrica cuya actuación queda calibrada por la fuerza de un muelle de compresión. La presión atmosférica es aplicada en la parte superior de la membrana de la cápsula. La presión de referencia, que se mantiene constante, se aplica en la parte inferior. Si disminuye la presión atmosférica, por ejemplo, al subir una montaña, el perno de control se desplaza verticalmente alejándose de su tope inferior, venciendo la fuerza del muelle y, de la misma forma que en el dispositivo LDA, la palanca de tope hace que se reduzca el caudal de combustible inyectado.

  La configuración del dispositivo ADA es similar a la del dispositivo LDA. La única diferencia es que el ADA está equipado con una cápsula barométrica que está conectada al sistema de vacío, como por ejemplo, al depresor del freno. La cápsula barométrica ofrece una presión absoluta de referencia constante de unos 700 mbar.

- **Compensador de arranque en frío:** el arranque en frío se puede mejorar instalando un compensador que avanza la inyección durante esta fase. Esta operación puede ser llevada a cabo mediante un cable *bowden* accionado por el conductor desde el cuadro de instrumentos o automáticamente con un dispositivo sensible a la temperatura. El dispositivo principal es el de arranque en frío mecánico en el anillo de rodillos (KSB). Su estructura y funcionamiento se explica por medio de la Figura 1.44. El dispositivo KSB se acopla al cuerpo de la bomba, uniendo su palanca de tope a la palanca interior por medio de un árbol. En la palanca interior se dispone de forma excéntrica una rótula que actúa sobre el anillo de rodillos. En otras versiones se actúa sobre el émbolo del variador. La posición inicial de la palanca de tope está definida por el tope y por el muelle de torsión. En la parte superior de la palanca de tope se fija el cable que conecta el dispositivo de control manual o automático. El mecanismo de accionamiento manual se instala en el interior del vehículo y el de control automático en la bomba de inyección por medio de un soporte. Los dispositivos manuales y mecánicos se diferencian en el sistema de corrección externo, pero funcionan de la misma forma. La fuerza aplicada sobre el cable *bowden* provoca el giro de la palanca de tope, el eje, la palanca interior y la rótula, cambiando la posición del anillo de rodillos en sentido de avance. La rótula se eslabona al anillo de rodillos por medio de una ranura longitudinal, para que el émbolo del variador pueda seguir desplazando el anillo de rodillos en sentido de avance a partir de un determinado régimen. La corrección automática se lleva a cabo mediante un dispositivo de control dilatable en función de la temperatura, de forma que transforma las diferencias de la misma en el refrigerante en un movimiento longitudinal. Esto tiene la ventaja de poder adaptar el momento de inyección de una forma precisa en las fases de arranque en frío, calentamiento y arranque en caliente.

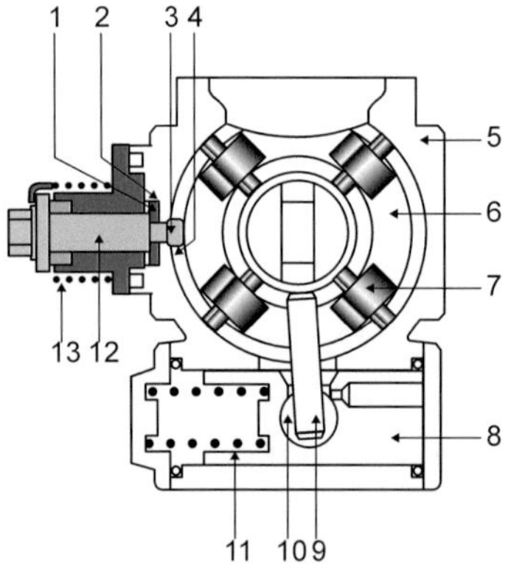

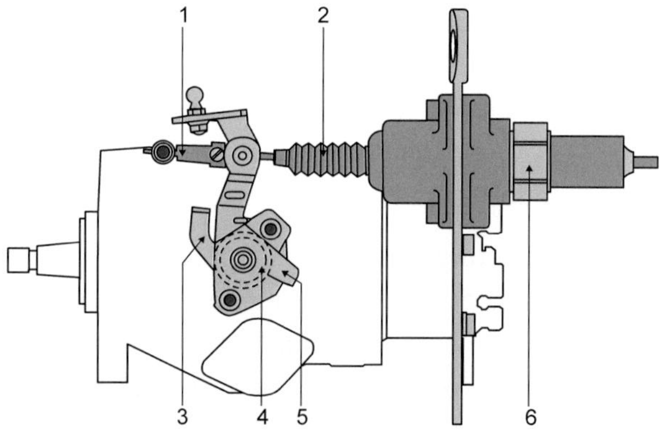

1. Palanca.
2. Ventana de acceso.
3. Rótula.
4. Ranura longitudinal.
5. Cuerpo de la bomba.
6. Anillo de rodillos.
7. Rodillo.
8. Émbolo del variador.
9. Perno.
10. Bloque deslizante.
11. Muelle del variador.
12. Eje.
13. Muelle de torsión.

1. Presilla.
2. Cable.
3. Palanca de tope.
4. Muelle de torsión.
5. Palanca de control.
6. Dispositivo de control sensible a la temperatura.

Figura 1.44. Estructura del dispositivo KSB.

Existe un dispositivo que adapta el caudal de combustible en el arranque en frío en función de la temperatura (TAS), que se puede combinar con el sistema KSB.

Aunque existen diferentes dispositivos de accionamiento y configuración de palancas, los principales son:

- *Control del régimen de ralentí en función de la temperatura (TLA):* este dispositivo se muestra esquemáticamente en la Figura 1.45. Funciona en combinación con el KSB. Cuando el motor está frío, la rótula situada en la prolongación de la palanca de avance del dispositivo KSB es empujada contra la palanca mando, alejándola del tornillo de tope de ralentí. De esta forma se tiene un ralentí acelerado que evita el funcionamiento irregular en frío. Cuando el motor se calienta, la palanca de avance del KSB descansa sobre su tope y la de mando sobre el tornillo de ajuste de ralentí, disminuyendo dicho régimen.
- *Compensador de arranque en frío hidráulico:* este dispositivo permite un avance en un rango más amplio y de forma más precisa. Como es sabido, el avance es controlado con la presión interior de la bomba, aplicada al émbolo del variador. Este mecanismo modifica dicha presión. El esquema de este sistema se muestra en la Figura 1.46. Consta de una válvula de control de presión, una válvula de bola del KSB, una válvula de control del KSB y un elemento dilatable con la temperatura eléctricamente calefactado. La bomba de transferencia aspira el combustible del depósito

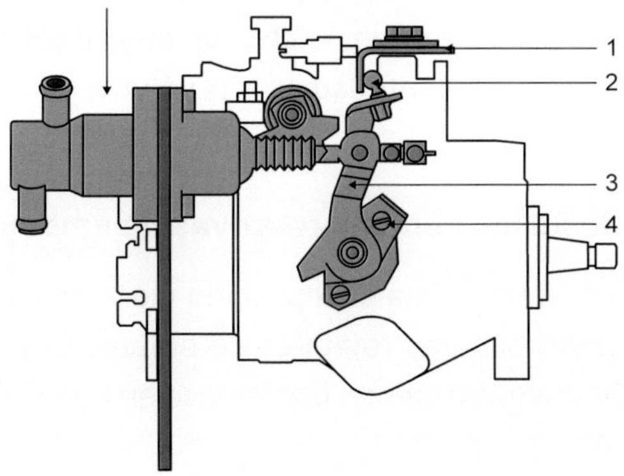

1. Palanca de control de la velocidad de ralentí.
2. Rótula.
3. Palanca de avance del dispositivo KSB.
4. Palanca de tope.

Figura 1.45. Dispositivo KSB con control del régimen de ralentí en función de la temperatura (TLA).

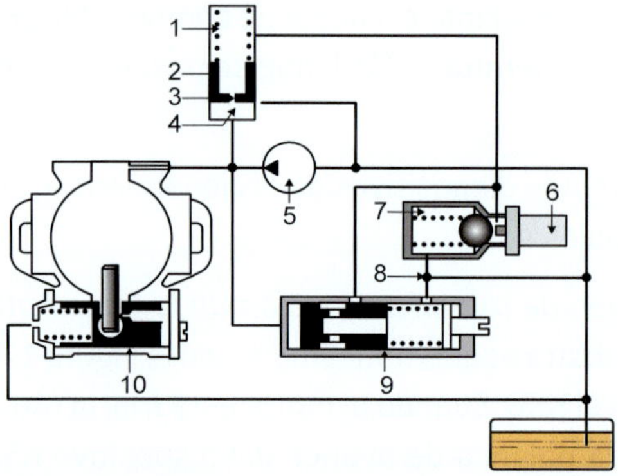

1. Válvula de control de presión.
2. Émbolo de la válvula.
3. Orificio de estrangulación.
4. Presión interna.
5. Bomba de transferencia.
6. Elemento dilatable calefactado.
7. Válvula de bola del KSB.
8. Retorno de combustible sin presión.
9. Válvula de control del KSB con ajuste.
10. Variador de avance.

Figura 1.46. Esquema del dispositivo KSB con compensador de arranque en frío hidráulico.

y lo lleva al interior de la bomba rotativa. Después, el combustible está sometido a la presión interior y llega a uno de los lados del émbolo del variador de avance, siendo este el sistema convencional de corrección del avance. Para hacer la corrección en frío, el émbolo de la válvula de control de presión lleva un orificio de estrangulación que consigue aumentar la presión en el interior de la bomba mientras la válvula de bola esté cerrada. Cuando el motor está en funcionamiento, la válvula de bola se abre gracias al elemento dilatable con la temperatura eléctricamente calefactado, de forma que el combustible puede circular sin presión. Una vez finalizado este transitorio, la presión en el interior de la bomba desciende y empieza a ser controlada por la válvula de control de presión.

Funcionamiento de las bombas rotativas de émbolos radiales

Los componentes de este sistema de inyección diésel son prácticamente iguales que los que montan bombas rotativas de émbolo axial, a excepción de la bomba, que se explica seguidamente, basándose en una de la marca Lucas CAV de tipo DPC.

Los dispositivos correctores que incorpora la bomba de inyección dependen del tipo de motor, pudiendo variar en cuanto a número y características de unos a otros.

A continuación se van a explicar los elementos más importantes de este tipo de bomba:

- **Bomba de transferencia:** esta bomba, como muestra la Figura 1.47, consta de una camisa excéntrica, un rotor portapalas, las palas y una placa distribuidora. En funcionamiento, dada su excentricidad, las cámaras varían su volumen generando un lado de aspiración y otro de impulsión, que provoca la presión de alimentación o transferencia a la bomba de alta presión. La placa distribuidora consta de dos lumbreras, una de entrada y otra de salida del combustible. El funcionamiento y los componentes de la bomba de transferencia en las bombas de émbolo axial es similar a las de émbolo radial.

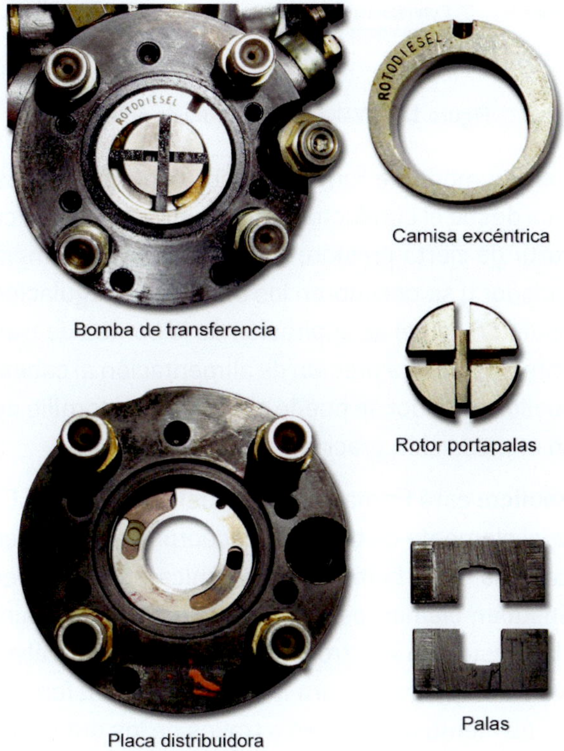

Figura 1.47. Bomba de transferencia.

- **Válvula reguladora de presión:** va instalada en el cabezal hidráulico y se encarga de regular la presión de alimentación, ajustándola en función del régimen de giro. Por otro lado, deja paso de combustible con el motor parado para poder realizar el cebado manual de la bomba en caso necesario. Los componentes y el funcionamiento de la válvula reguladora de presión se explican por medio de la Figura 1.48. Si se desea cebar la bomba principal, a motor parado, el combustible entra en la válvula a la presión de cebado, desplazando el pistón regulador hacia la parte inferior de la misma, comprimiendo el muelle de cebado. De esta forma, se destapan los orificios de cebado, permitiendo el paso de combustible hacia el cabezal hidráulico. Cuando la

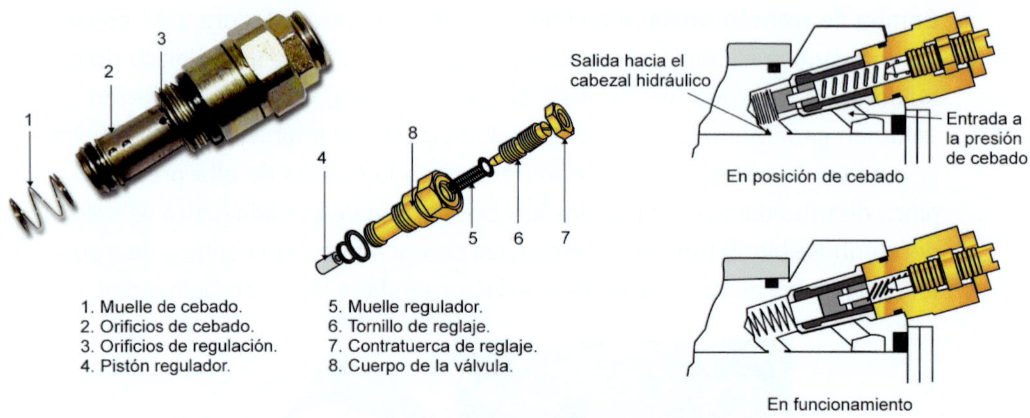

Figura 1.48. Válvula reguladora de presión.

bomba está en su modo de funcionamiento normal, la presión de transferencia se aplica desde el conducto que comunica la válvula con el cabezal hidráulico. A partir de cierta presión, el pistón regulador empieza a comprimir el muelle regulador y se descubren los orificios de regulación, comunicando el lado de impulsión con el de aspiración de la bomba de transferencia. Consecuentemente, se limita la presión de alimentación al cabezal hidráulico. La fuerza del muelle regulador se puede ajustar con el tornillo de reglaje, siendo este fijado en una posición gracias a su contratuerca.

- **Cabezal hidráulico:** está formado por un cuerpo y un rotor. En el rotor se instala, a su vez, el elemento de bombeo. El cuerpo, mostrado en la Figura 1.49, se fija a la carcasa de la bomba en una única posición mediante tornillos. Sobre él se instalan elementos como las válvulas de suministro, la válvula reguladora de presión, la electroválvula de corte y la válvula dosificadora. También sirve de alojamiento para la bomba de transferencia. El combustible entra en el elemento de bombeo a través de los orificios de alimentación del cabezal, dispuestos de forma radial. Una vez generada la alta presión, el combustible sale hacia las válvulas de suministro por los cuatro orificios destinados a este fin, dispuestos de forma radial y a 90° cada uno, si el motor es de cuatro cilindros. Las válvulas de suministro son similares a las de las bombas rotativas de émbolo axial.

  El rotor y sus elementos principales están representados en la Figura 1.50. Consta de dos émbolos, dos zapatas portarrodillos, dos rodillos, cuatro topes de zapata, dos placas distanciadoras y una placa de regulación. El rotor tiene mecanizado un taladro a lo largo de su eje y taladros radiales, que configuran las lumbreras de carga y la lumbrera de descarga. Es habitual que a la altura de la lumbrera de descarga se disponga perimetralmente una ranura de compensación.

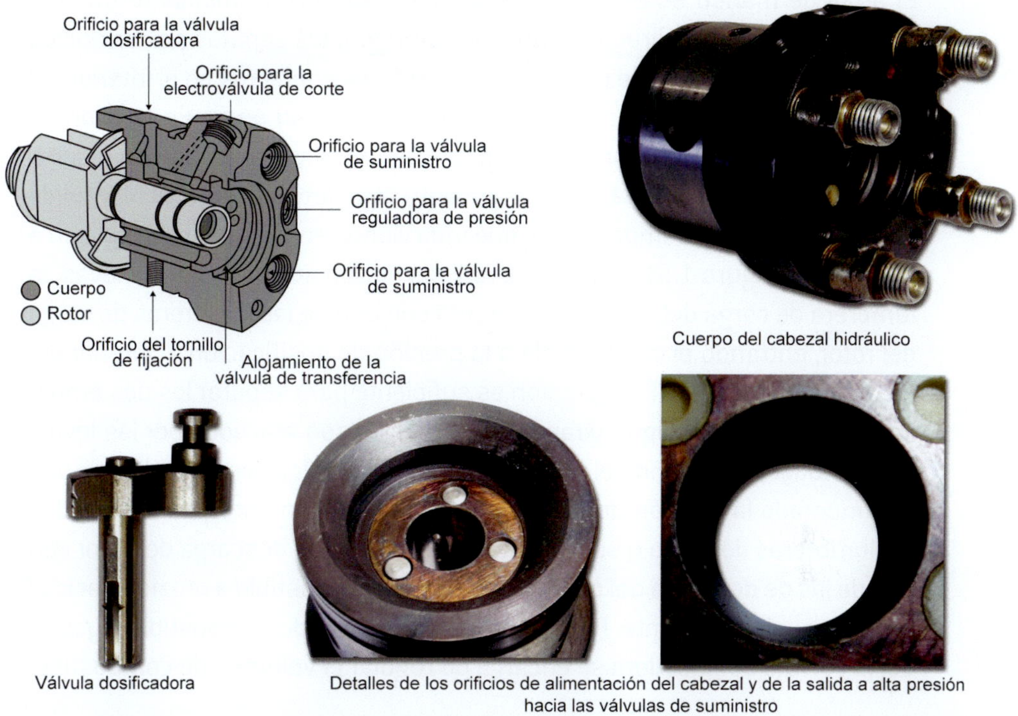

Figura 1.49. Cuerpo del cabezal hidráulico.

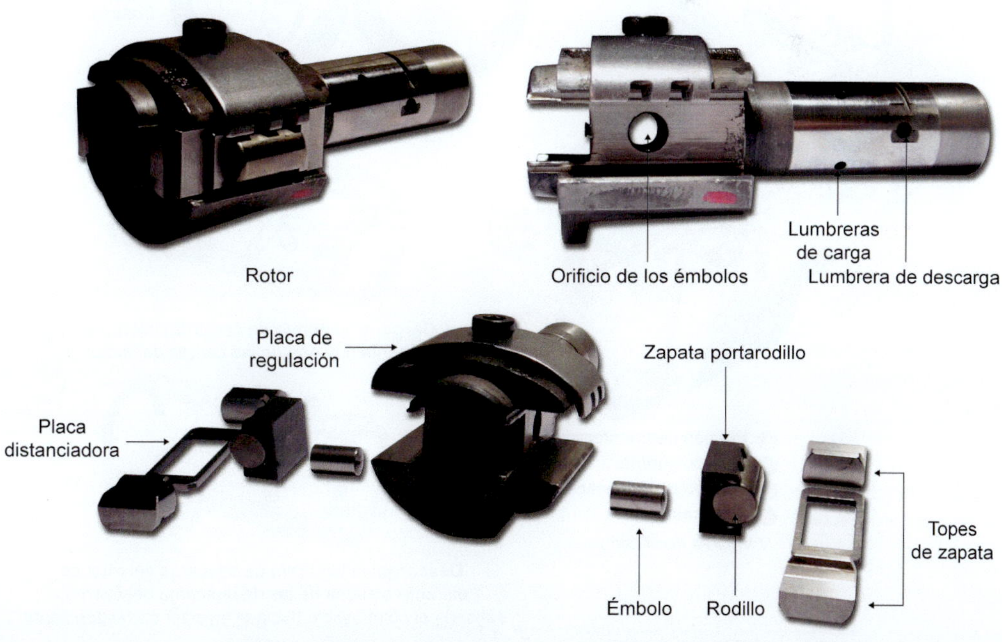

Figura 1.50. Rotor y elementos principales del mismo.

El árbol de mando es el encargado de accionar el rotor mediante un acoplamiento de garras directo. Cuando el rotor gira, las zapatas portarrodillos arrastran los rodillos, que en su exterior están en contacto con el interior del anillo de levas, que permanece estático, siguiendo su perfil. En función de este perfil, la parte interior de las zapatas permitirá un determinado recorrido radial de los émbolos. El funcionamiento completo del cabezal hidráulico y los elementos más importantes que intervienen en el mismo se explican a través de la Figura 1.51. Cuando los rodillos no son atacados por las levas, la lumbrera de carga del cuerpo se enfrenta con una de las lumbreras de carga del rotor, entrando el combustible a la presión de dosificación al interior del elemento de bombeo. Esta presión es suficiente para separar los dos émbolos entre sí. El rotor sigue girando y los rodillos son atacados por las levas, acercándose, reduciendo el volumen de la cámara del elemento de bombeo y aumentado la presión del combustible. En ese momento, están cerradas las lumbreras de carga y se enfrentan la lumbrera de descarga del rotor con una de las de descarga del cuerpo, saliendo el combustible a presión hacia el inyector correspondiente. Para controlar la cantidad de combustible inyectado, la válvula dosificadora se encarga de regular el volumen de combustible

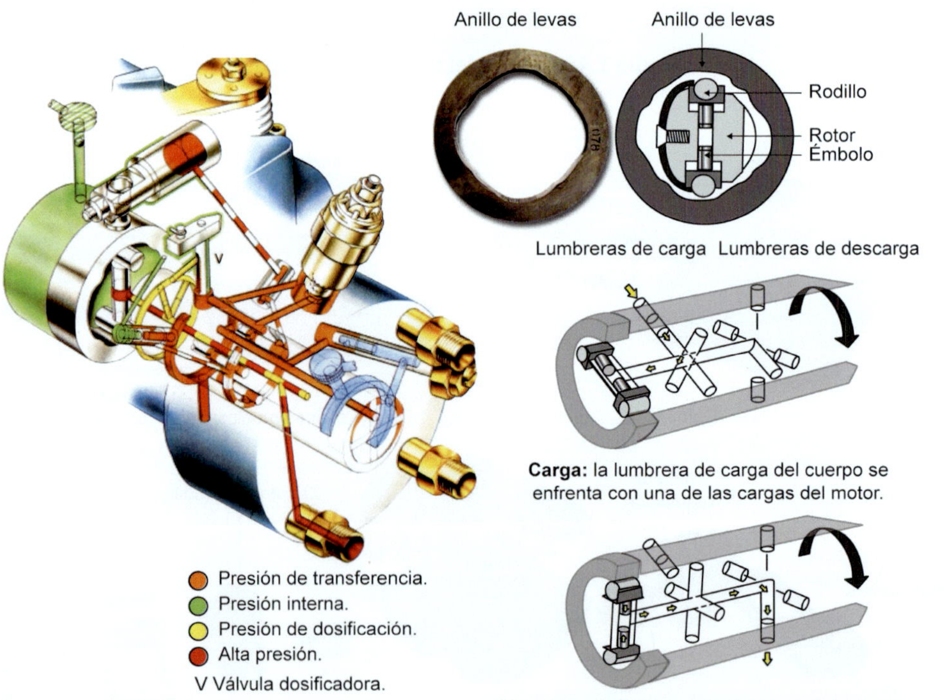

Carga: la lumbrera de carga del cuerpo se enfrenta con una de las cargas del motor.

Descarga: la lumbrera de descarga del rotor se enfrenta con una de las de descarga del cuerpo, saliendo el combustible hacia el inyector correspondiente.

Figura 1.51. Funcionamiento del cabezal hidráulico.

que entra en la cámara del elemento de bombeo durante el período de carga. Este volumen depende de la presión de dosificación y del tiempo que estén enfrentadas las lumbreras de carga, siendo esto función del régimen de giro. La válvula dosificadora depende de la posición del acelerador y del regulador centrífugo. El combustible llega a la entrada de la válvula a la presión de transferencia y sale de ella a la presión de dosificación, que depende de la posición que adopte su eje ranurado, que controla la sección de paso.

El caudal máximo que los émbolos pueden suministrar a alta presión puede regularse. Para ello, como indica la Figura 1.52, hay que actuar sobre el tornillo autoblocante de la placa de regulación. El tope exterior en sentido radial de las zapatas portarrodillos está limitado por la placa de regulación, por lo que a su vez está limitada la máxima separación de los émbolos y, consecuentemente, el volumen de carga. A medida que se afloja el tornillo de la placa de regulación, las zapatas se aproximan hacia el interior del rotor, limitando el volumen de carga. Si por el contrario se aprieta el tornillo, las zapatas se alejan del centro, permitiendo un mayor volumen de carga.

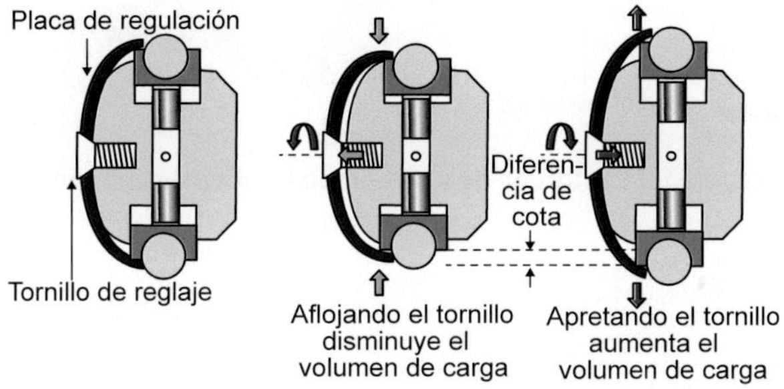

Figura 1.52. Reglaje del caudal máximo suministrado por los émbolos.

- **Regulador centrífugo:** al igual que en las bombas rotativas de émbolo axial, el regulador centrífugo se encarga de hacer un ajuste preciso del caudal inyectado, actuando sobre la válvula dosificadora. Como muestra la Figura 1.53, las masas centrífugas se montan sobre el árbol de mando, y, en función del régimen de giro, actúan sobre un manguito desplazable. A su vez, este manguito, mueve una palanca de control que está unida mediante un sistema de palancas y muelles al mando del acelerador y a la válvula dosificadora.

Como en el resto de bombas de inyección diésel, se distinguen dos tipos de reguladores, el de todas las velocidades y el de mínimo y máximo.

- **Regulador de todas las velocidades:** la constitución y funcionamiento de este tipo de regulador aparece reflejada en la Figura 1.54. Cuando se sitúa la palanca de mando del acelerador en una determinada posición,

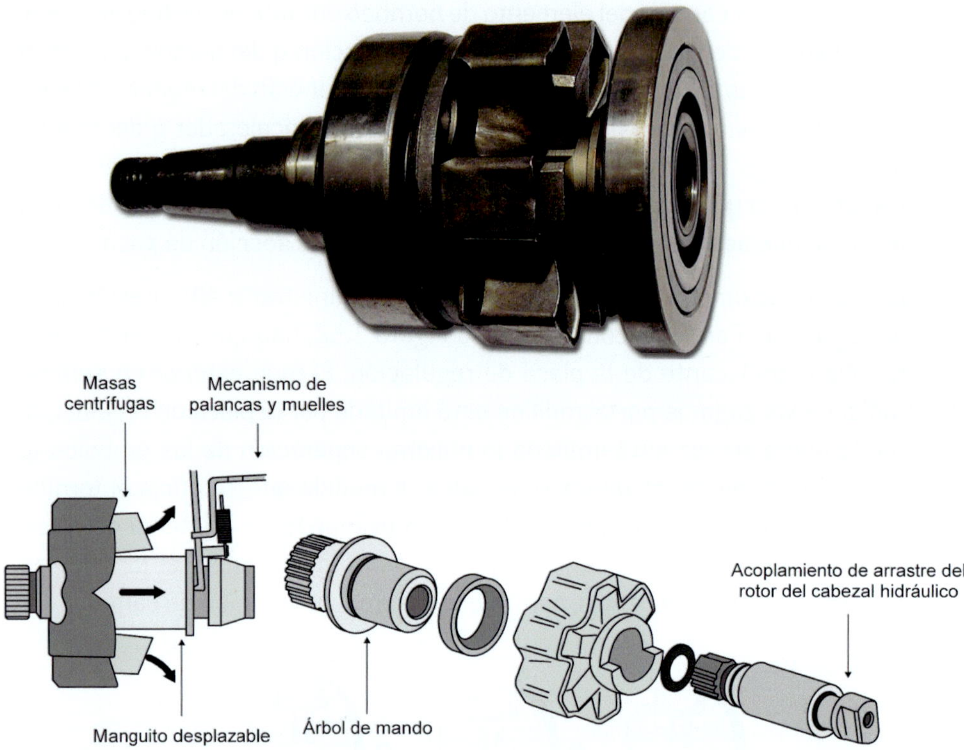

Figura 1.53. Regulador centrífugo de una bomba rotativa de émbolos radiales.

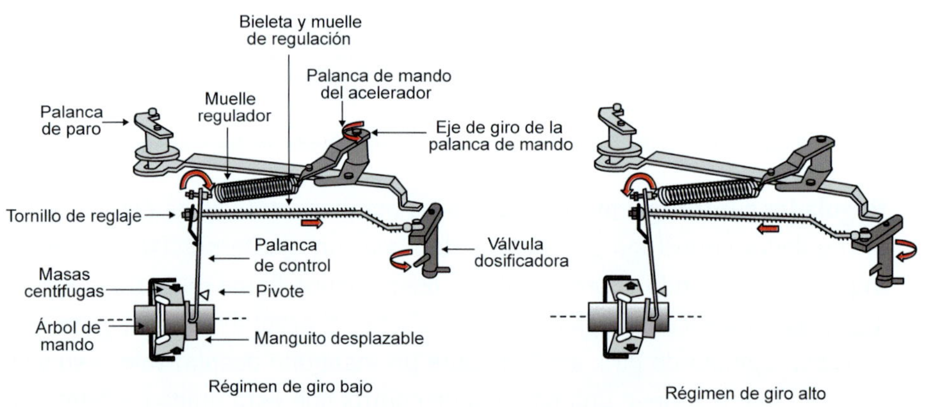

Figura 1.54. Constitución y funcionamiento del regulador de todas las velocidades de una bomba rotativa de émbolos radiales.

el muelle regulador tira de la palanca de control, que a su vez actúa sobre la válvula dosificadora comprimiendo el muelle de la bieleta que las une. En estas circunstancias, la válvula dosificadora se mueve a una posición de caudal apropiado para ese nivel de carga. Si se mantiene la misma posición del acelerador y aumenta el régimen de giro, las masas centrífugas mueven el manguito desplazable, haciendo pivotar la palanca de control en sentido contrario, venciendo la fuerza del muelle regulador y tirando de la bieleta que se une a la válvula dosificadora, esta vez sin la acción de su muelle. Con esto se consigue llevar la válvula dosificadora hacia una posición de menor caudal, limitando el régimen de giro para un nivel de carga dado. De esta forma, se regula el caudal para cualquier régimen de giro del motor. La palanca de paro manual sirve para parar el motor, moviendo directamente la válvula dosificadora hacia caudal nulo, independientemente de la posición del regulador.

El regulador de todas las velocidades se utiliza más en maquinaria de obras públicas, maquinaria agrícola y vehículos industriales.

- **Regulador de mínimo y máximo:** los elementos de este tipo de regulador pueden verse en la Figura 1.55. En este caso, el muelle regulador se encuentra en el interior de un cilindro deslizante al que se conecta, por un lado, la palanca de mando del acelerador, y por otro, la palanca de control. De esta forma, al accionar el acelerador, se actúa sobre la válvula dosificadora, moviéndose el conjunto rígidamente y no existiendo regulación en este transitorio. La regulación se lleva a cabo cuando se alcanza el régimen máximo de giro, momento en el cual las masas centrífugas mueven el manguito desplazable y pueden vencer la fuerza del muelle regulador, disminuyendo el caudal inyectado.

  El regulador de tipo mínimo y máximo es el que más se utiliza en vehículos de turismo, al proporcionar una mayor rapidez de respuesta al motor.

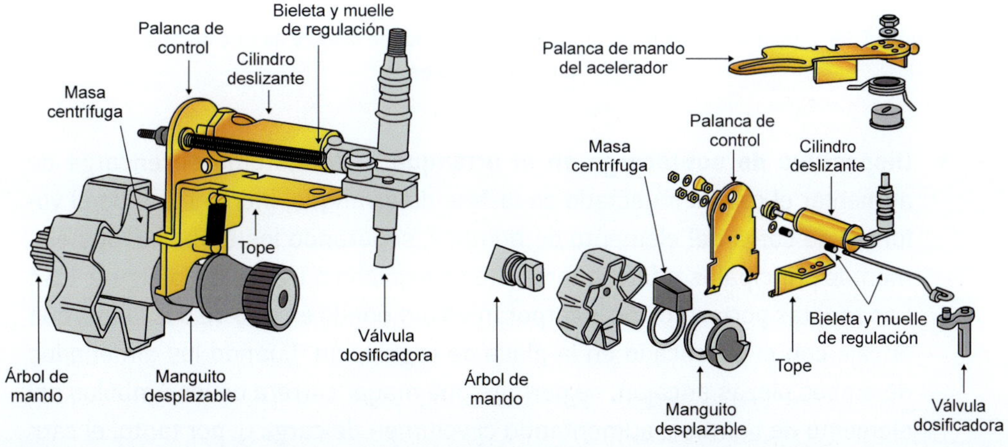

Figura 1.55. Elementos del regulador de mínimo y máximo de una bomba rotativa de émbolos radiales.

- **Variador de avance:** este dispositivo regula el inicio de la inyección en cualquier condición de funcionamiento del motor, actuando sobre la posición angular del anillo de levas. Con el motor parado no hay presión de transferencia, por lo que la cámara de combustible del variador se encuentra sin presión. Por este motivo, la única fuerza que actúa es la de los muelles, que desplazan la rótula del anillo de levas hacia la posición de máximo retardo, óptima para el arranque. Cuando el motor está en funcionamiento, hay presión de transferencia, que se aplica en la cámara de combustible sobre el émbolo del variador. Cuando el régimen de giro del motor es bajo, la presión de transferencia no es muy alta, pero suficiente para comprimir el muelle de poca rigidez contra su tope, desplazando ligeramente el anillo de rodillos en sentido de avance, aunque el avance total es prácticamente inexistente. A medida que aumenta el régimen de giro, también lo hace la presión de transferencia, venciendo la fuerza del muelle de mayor rigidez e incrementándose el avance de inyección, de forma proporcional a la presión de transferencia. La constitución y funcionamiento del variador de avance está detallada en la Figura 1.56.

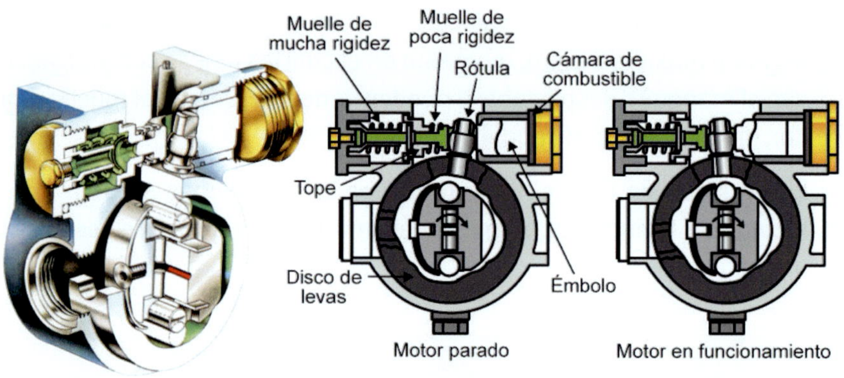

Figura 1.56. Constitución y funcionamiento del variador de avance de una bomba rotativa de émbolos radiales.

- **Dispositivo de sobrecarga en el arranque:** este sistema se encarga de aumentar el caudal inyectado en la fase de arranque, incrementando el volumen de carga del elemento de bombeo, separando los émbolos. Sus elementos principales y funcionamiento se explican a través de la Figura 1.57. Las zapatas portarrodillos incorporan un almenado en uno de sus lados, que encaja con el practicado en la placa de regulación. Cuando los almenados de ambas piezas encajan, se permite una mayor carrera de los émbolos del elemento de bombeo, aumentando el volumen de carga y, por tanto, el caudal inyectado. Cuando, por el contrario, los almenados están enfrentados, la carrera de los émbolos es menor y el caudal disminuye. La conmutación de un modo a otro se realiza desplazando axialmente las zapatas con respecto a la placa de regulación, que permanece fija con el rotor. Las zapatas van montadas en el carro de sobrecarga. Se disponen dos carros de sobrecarga y cada uno de ellos incorpora una zapata portarrodillos, un rodillo, dos topes de zapata y una placa distanciadora. Ambos carros permanecen sujetos al rotor mediante dos placas de retención, una delante y otra detrás. La posición de los carros para enfrentar o no los almenados depende de dos fuerzas contrapuestas, la del muelle de sobrecarga y la de los émbolos de sobrecarga empujados por la presión de transferencia. Cuando el motor está parado o a un régimen inferior al de ralentí, no hay presión de transferencia o es tan pequeña que el muelle de sobrecarga empuja a los carros para que los almenados encajen y aumente el caudal en la fase de arranque. Cuando el motor ya ha arrancado, en el momento en el que hay presión de transferencia, esta empuja los émbolos de sobrecarga y a su vez los carros, comprimiendo el muelle de sobrecarga y enfrentando los almenados. Consecuentemente, la carrera de los émbolos del elemento de bombeo es menor, disminuyendo el volumen de carga y el caudal inyectado.

Una válvula de presión diferencial es la encargada de permitir el paso de combustible a la presión de transferencia hacia los émbolos de sobrecarga y hacia el variador de avance. Mientras no se alcance un determinado valor de presión de transferencia, la válvula permanece cerrada. A través de un tornillo de reglaje se puede regular la presión de transferencia a la cual la válvula abre y deja pasar el combustible a estos dos dispositivos.

- **Dispositivo de avance con carga parcial:** este sistema regula el avance de la inyección en condiciones de carga parcial y regímenes de giro del motor medios. Consiste en una válvula instalada en el cabezal hidráulico que es accionada por la palanca de mando del acelerador a través de otra palanca y una rótula, como muestra la Figura 1.58. Cuando el motor funciona al ralentí o con carga parcial, la válvula del dispositivo de sobrecarga permite el paso de combustible a la presión de transferencia hacia los émbolos de sobrecarga y hacia el variador de avance. En estas circunstancias, la válvula de avance con carga parcial, activada con el acelerador, es la que permite el paso de combustible hacia la cámara del variador de avance, desplazando su émbolo y adelantando convenientemente la inyección. Si se sigue girando la palanca de mando del acelerador, la válvula de carga ligera se sitúa en una posición tal que interrumpe la comunicación de la cámara del variador con la presión de transferencia, aplicándose ahora esta sobre el pistón de carga parcial situado en el variador de avance, que desplaza el anillo de levas en sentido de

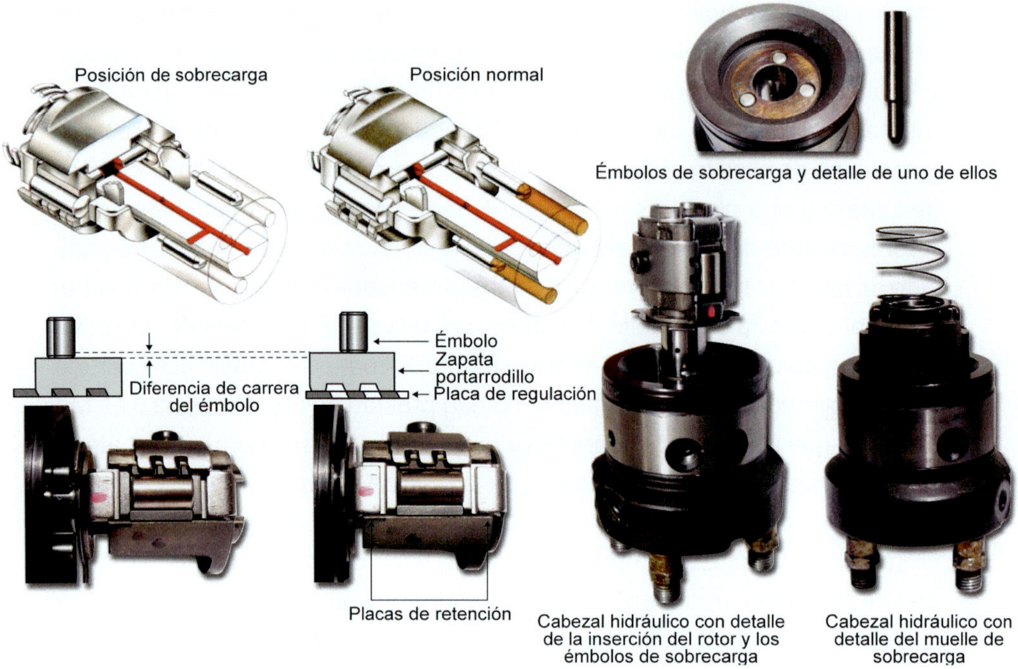

Figura 1.57. Dispositivo de sobrecarga en el arranque.

retardo, situándolo en avance nulo. A partir de ese momento, el variador de avance hace su regulación en función del régimen de giro.

El dispositivo de avance con carga parcial también se conoce como dispositivo de avance con carga ligera.

En algunos modelos, la válvula del dispositivo de avance con carga parcial es de accionamiento electromagnético.

- **Dispositivo de sobreavance en frío:** consiste en un mecanismo capaz de adelantar la inyección para la fase de calentamiento del motor, consiguiendo un ralentí estable y una reducción de emisiones de humos. El dispositivo puede ser de accionamiento mecánico o electromagnético. Una solución de accionamiento mecánico es la que aparece en la Figura 1.59, donde se monta un conjunto especial que actúa sobre el pistón de carga parcial, que incorpora un tetón en el centro. Cuando el motor está frío, se mueve la palanca de ralentí, que mediante la bieleta gira la palanca y mueve la leva a una determinada posición. En esa posición, el tetón del pistón de carga parcial se introduce en el interior del agujero de la leva. Así, el pistón se desplaza en sentido de avance. Cuando el motor ha alcanzado una temperatura a la que ya no es necesario un ralentí acelerado, el tetón del pistón ya no está en el agujero de la leva, anulándose el sobreavance.

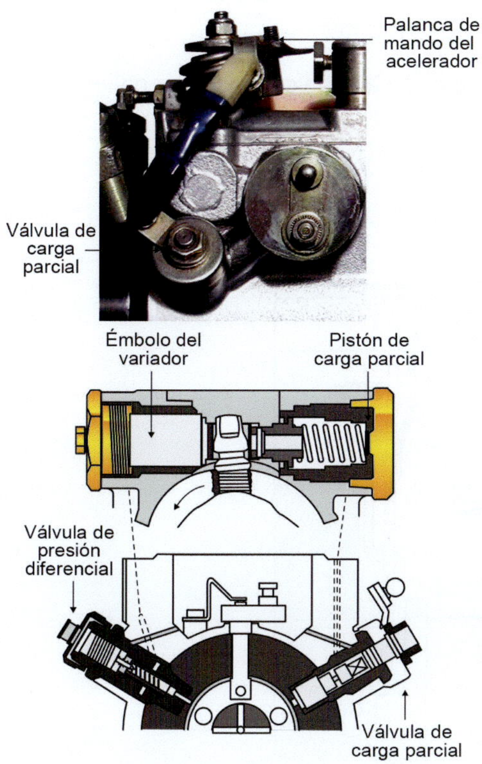

Figura 1.58. Dispositivo de avance con carga parcial.

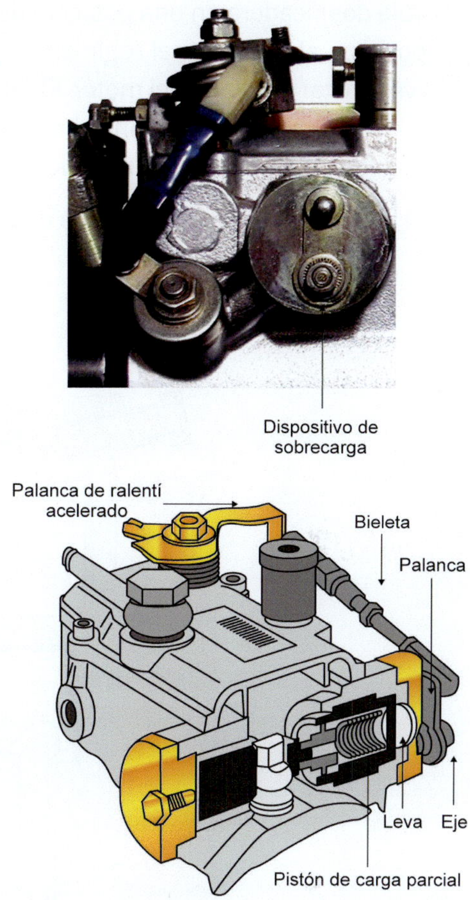

Figura 1.59. Dispositivo de sobreavance de accionamiento mecánico.

- **Dispositivo corrector de sobrealimentación:** este elemento, al igual que en las bombas rotativas de émbolo axial, se encarga de regular el caudal inyectado en función de la presión de soplado, si el motor es sobrealimentado. Hidráulicamente, se instala entre la válvula de presión diferencial y el dispositivo de sobrecarga en el arranque. En este último, las zapatas portarrodillos y la placa de regulación no llevan un almenado sino una rampa, con el fin de proporcionar una regulación continua.

- **Tornillo de tope anticalado:** este tope se instala para evitar el calado del motor en caso de una deceleración brusca. Esto podría producirse en motores de vehículos de turismo, que son rápidos y tienen un volante de inercia de poca masa. En ese transitorio de desaceleración, el muelle del regulador queda totalmente destarado y puede producirse un desequilibrio entre la fuerza centrífuga de las masas del regulador y el muelle del mismo, situando la válvula dosificadora en una posición de caudal inferior al mínimo. Con este dispositivo, al disminuir el régimen de giro, se reestablece el caudal necesario para evitar el calado del motor. El tornillo anticalado y su resorte, mostrados en la Figura 1.60, empujan el brazo del regulador hacia la posición de ralentí cuando desciende el régimen de giro rápidamente.

El reglaje del tornillo anticalado debe llevarse a cabo con el motor caliente.

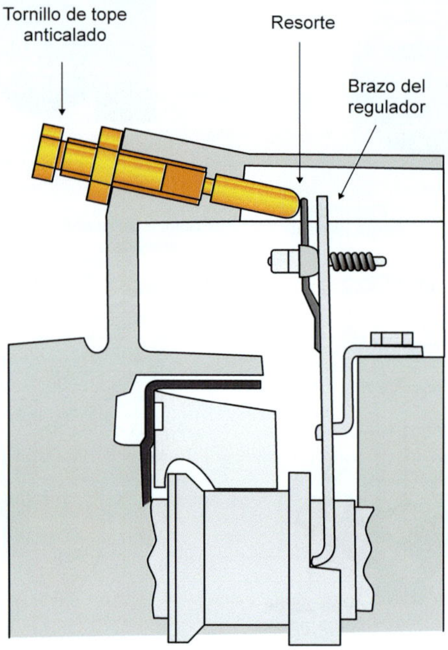

Figura 1.60. Tornillo de tope anticalado.

1.9.4. Calado de los distintos tipos

Cuando se instala la bomba de inyección en el motor tras una reparación es necesario realizar el calado de la misma con el mando de la distribución.

A continuación se van a explicar los pasos más importantes de montaje y calado de una bomba de inyección rotativa de émbolo axial, tomando la Figura 1.61 como referencia del proceso.

- Comprobar que el pistón del cilindro 1 está en el PMS al final de la carrera de compresión.
- Montar la bomba de inyección.
- Colocar el mecanismo de distribución, dependiendo del tipo que sea.
- Girar el cigüeñal en sentido inverso unos 60° antes del PMS del cilindro 1.

- Desmontar el tornillo de la cabeza distribuidora e instalar un reloj comparador.
- Poner el comparador a cero y mover el cigüeñal en su sentido de giro normal hasta enfrentar las marcas de PMS, anotando la medida del comparador al final de esta operación, comparándola con el manual del fabricante.
- Si el valor no está dentro de lo especificado, girar el cuerpo de la bomba en sentido de avance o de retraso, según convenga, gracias a los colisos que tiene para su fijación al bloque del motor.
- Apretar los tornillos y tuercas de fijación y volver a hacer la comprobación con el reloj comparador, tras haber rotado dos vueltas el cigüeñal. Si no es correcto habría que repetir la operación.
- Conectar las tuberías de alta presión y los cables.
- Ajustar el tope de ralentí y de máximo régimen, con ayuda de un tacómetro.
- Ajustar el dispositivo de arranque en frío.

El proceso de montaje y calado de la bomba de alta presión es diferente de unos motores a otros. Se ha explicado un procedimiento estándar y en cualquier caso hay que consultar la documentación del fabricante.

El proceso de calado en el motor de la bomba rotativa de émbolos radiales es muy parecido al que se sigue en las bombas rotativas de émbolo axial. La diferencia principal es la ubicación del reloj comparador. Según esto se distinguen

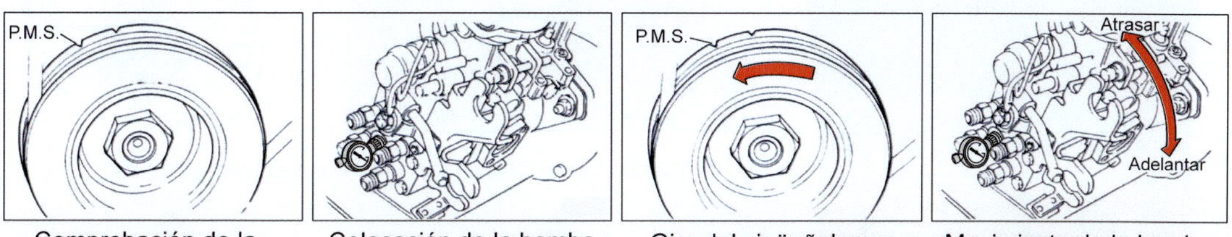

Comprobación de la posición de PMS del pistón del cilindro 1

Colocación de la bomba de inyección y del reloj comparador

Giro del cigüeñal unos determinados grados antes del PMS y puesta del comparador a cero

Movimiento de la bomba en sentido de avance o retraso si la medida del comparador no es correcta

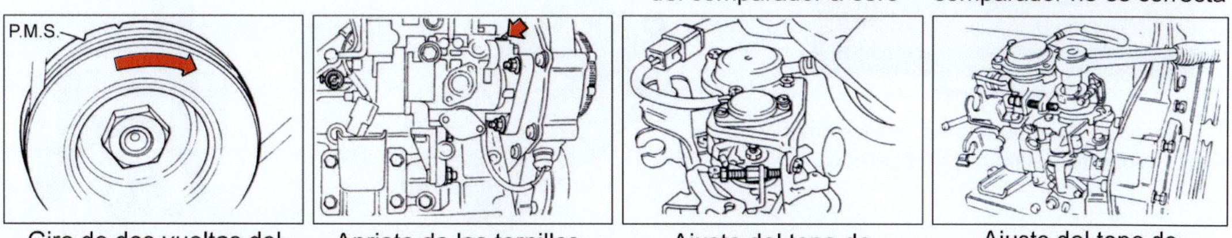

Giro de dos vueltas del cigüeñal para comprobar la carrera del émbolo distribuidor

Apriete de los tornillos y tuercas de fijación de la bomba

Ajuste del tope de ralentí

Ajuste del tope de máximo régimen

Figura 1.61. Operaciones principales del montaje de la bomba en el motor.

dos tipos de puesta a punto, la lateral y la superior. La Figura 1.62 muestra la colocación del reloj comparador para estos dos tipos, así como el conjunto de útiles necesarios para llevar a cabo el proceso.

El calado de la bomba también puede hacerse con pistola estroboscópica, similar a la empleada para la comprobación del avance de encendido en los motores de gasolina, pero ahora, se instala un captador en la tubería del cilindro 1. La pistola ha de apuntar hacia las marcas de PMS y cuando el captador de la tubería detecte que se ha realizado la inyección, se produce un destello, momento en el cual se verifica la coincidencia de las marcas, fija y móvil, ajustando la posición de la bomba si es preciso. La pistola estroboscópica sirve también para comprobar el avance de la inyección.

1.9.5. Bombas rotativas con control electrónico

Con el objetivo de aumentar las prestaciones y reducir tanto el consumo como las emisiones contaminantes, surgieron las bombas de inyección rotativas con control electrónico. Estos sistemas se denominan EDC (*Electronic Diesel Control*). Puede haber sistemas semielectrónicos y totalmente electrónicos. Los sistemas semielectrónicos pueden realizar el avance de la inyección a través de una electroválvula controlada por la unidad de control, funcionando el resto

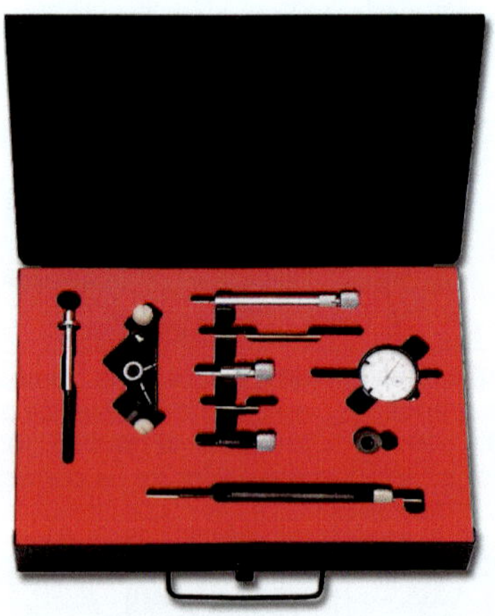

Conjunto de adaptadores, extensiones, soportes, sondas y comparador.

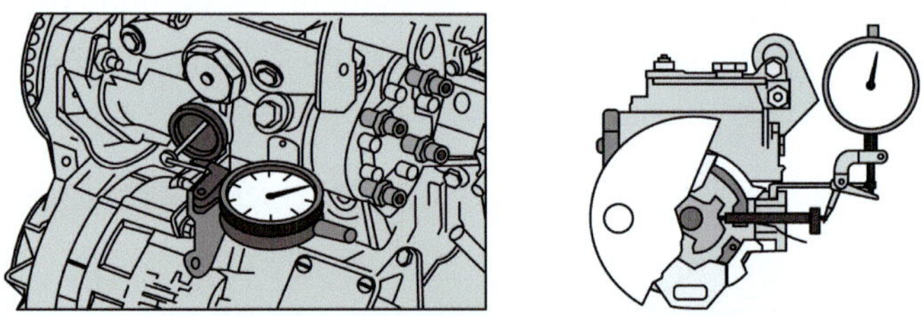

Bomba Lucas CAV de tipo DPC con puesta a punto lateral

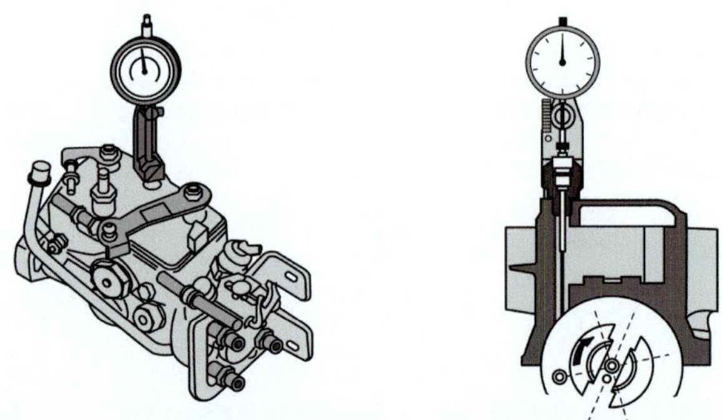

Bomba Lucas CAV de tipo DPC con puesta a punto superior

Figura 1.62. Conjunto de útiles para realizar la puesta a punto de la bomba Lucas CAV, con puesta a punto lateral y con puesta a punto superior.

de componentes como en las bombas convencionales. En los sistemas totalmente electrónicos, la unidad de control gobierna el avance y el caudal de inyección, eliminando la conexión mecánica entre el pedal del acelerador y la bomba. En estos sistemas, la unidad de control también gestiona la electroválvula de corte de combustible, el tiempo de precalentamiento, la recirculación de los gases de escape y la presión de sobrealimentación.

Los sistemas de inyección con bomba rotativa con regulación EDC se emplean en muchos motores de inyección directa.

1.10. BOMBAS EN LÍNEA

Las bombas de inyección en línea se caracterizan por tener un elemento de bombeo independiente para cada cilindro. La disposición de estos elementos es de forma lineal, uno a continuación del otro, siendo el motivo por el que estas bombas se denominan en línea.

La aplicación principal de este tipo de bombas es para motores diésel industriales o de vehículos pesados, siendo la mayoría de inyección directa.

1.10.1. Características y sistemas auxiliares

La bomba de inyección en línea se integra dentro de un conjunto con otros elementos, mostrados en la Figura 1.63.

La estructura de una bomba en línea es la que aparece en la Figura 1.64, donde figuran dos secciones a modo de ejemplo.

Siguiendo la nomenclatura de Bosch para los sistemas de alimentación, las bombas en línea de tipo A pueden alcanzar presiones de inyección de 750 bar y las de tipo P de hasta 1.300 bar, siendo estas últimas especialmente aplicadas a sistemas de inyección directa.

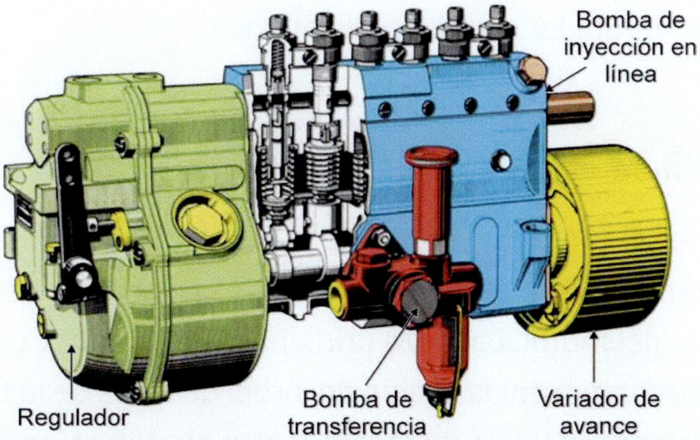

Figura 1.63. Conjunto de la bomba de inyección en línea.

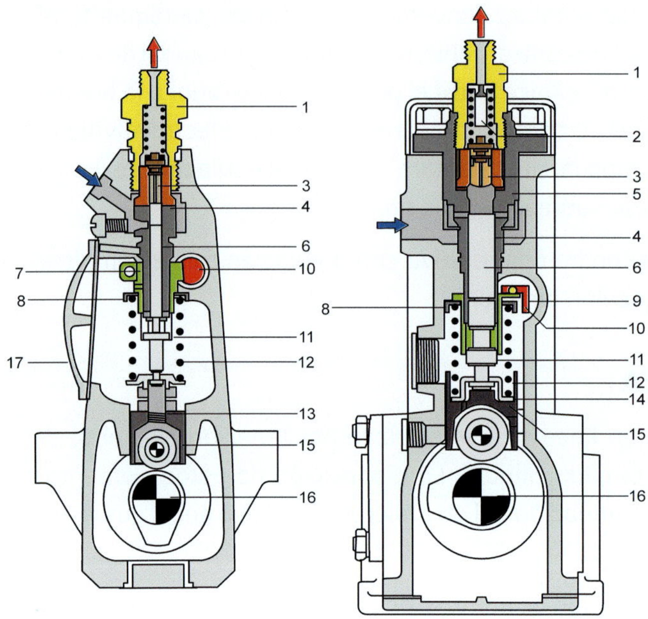

1. Racor de impulsión.
2. Suplemento.
3. Válvula de presión.
4. Cilindro del elemento de bombeo.
5. Elemento de brida.
6. Émbolo de la bomba.
7. Casquillo de regulación con sector dentado.
8. Platillo de muelle.
9. Casquillo de regulación con rótula.
10. Varilla de regulación.
11. Talón del émbolo.
12. Muelle del émbolo.
13. Tornillo de ajuste de carrera previa.
14. Platillo de muelle.
15. Impulsor o taqué de rodillo.
16. Árbol de levas de la bomba.
17. Tapa de registro.

Figura 1.64. Estructura de una bomba en línea.

Otro tipo de bombas de inyección en línea son las que carecen de árbol de levas propio, por lo que los elementos de bombeo son accionados por el árbol de levas del motor. La transmisión del movimiento puede hacerse con impulsor de rodillo o sin él. Normalmente, se emplean en motores monocilíndricos aunque hay aplicaciones para 2, 3 y 4 cilindros. El principio de funcionamiento es semejante al de las bombas en línea convencionales. La Figura 1.65 muestra dos ejemplos de este tipo de bombas, PF y PFR de la marca Bosch.

1.10.2. Principio de funcionamiento

El estudio del funcionamiento de la bomba en línea se va a dividir en tres partes: bomba en línea, regulador y variador de avance.

■ Bomba en línea

Para comprender el funcionamiento de la bomba en línea hay que estudiar el elemento de bombeo. En este tipo de bombas se tiene un elemento de bombeo por cada cilindro del motor. La pieza principal es el émbolo, que tiene dos movimientos, uno alternativo por la acción del árbol de levas de la bomba en su parte inferior interponiendo el taqué de rodillo, y otro giratorio transmitido a través de la varilla de regulación. El émbolo lleva labrada una rampa que permite regular

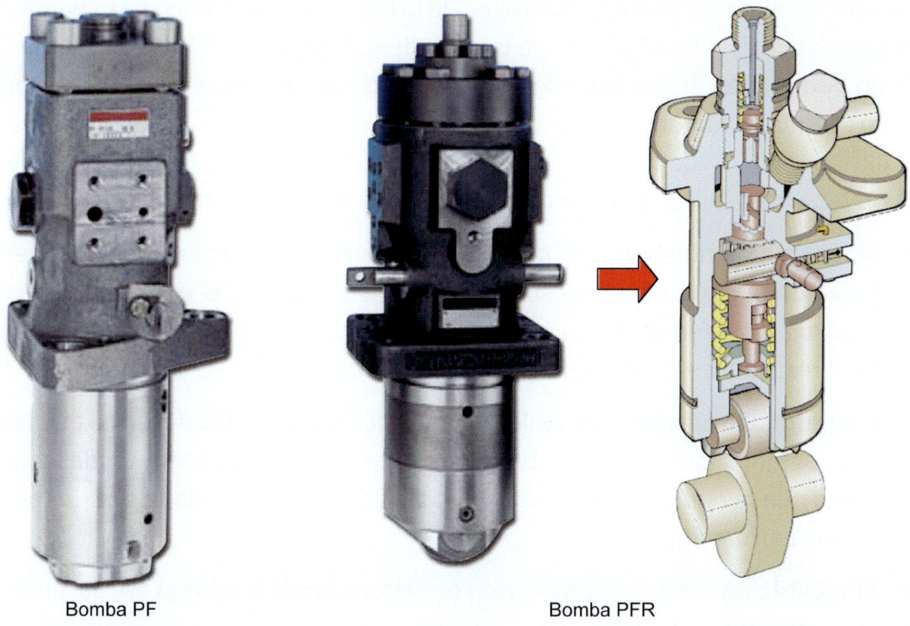

Figura 1.65. Bombas sin árbol de levas propio PF y PFR de la marca Bosch.

el caudal inyectado. La Figura 1.66 muestra el movimiento alternativo del émbolo y diferentes tipos de rampas labradas en él.

El cilindro o camisa puede disponer de una o dos lumbreras. Si solo tiene una lumbrera, esta es de entrada y salida del combustible. Si tiene dos, una sirve de entrada y otra cumple la doble función de entrada y salida. La regulación del

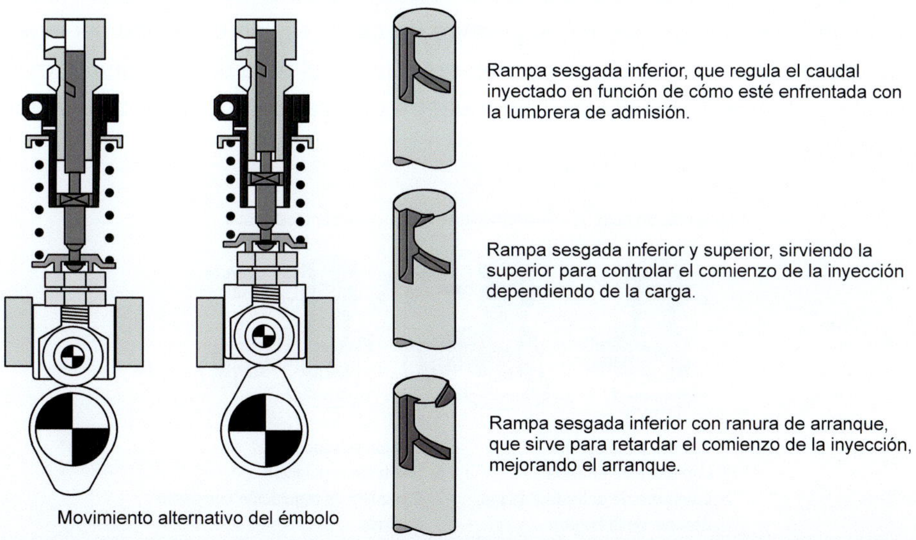

Figura 1.66. Movimiento alternativo del émbolo y diferentes tipos de rampas labradas en él.

caudal de inyección se explica a través de la Figura 1.67. Además del movimiento alternativo del émbolo, la varilla o cremallera de regulación le puede transmitir un giro gracias al casquillo de regulación con sector dentado, que va embridado al émbolo. En función del enfrentamiento que tenga la rampa sesgada con la lumbrera de salida del combustible del cilindro, el émbolo tendrá una determinada carrera útil. Se pueden resumir tres casos genéricos de alimentación:

- **Alimentación nula:** en este caso, la ranura vertical del émbolo está enfrentada con la lumbrera de descarga del cilindro. Aunque el émbolo tenga un movimiento alternativo, no se genera presión, descargándose todo el combustible. Esta es la posición de parada de la bomba.
- **Alimentación parcial:** el émbolo es girado por la cremallera de forma que hay una distancia desde que su borde superior cierra la lumbrera de descarga hasta que la rampa sesgada vuelve a descubrirla. Esta distancia corresponde a la carrera útil.
- **Alimentación total:** la alimentación es plena cuando la carrera útil del émbolo es máxima.

El émbolo siempre realiza la misma carrera física, que depende del perfil de la leva que actúa sobre él. Sin embargo, su carrera útil dependerá de la posición de la ranura sesgada, en función del giro provocado por el movimiento de la cremallera de regulación.

Las fases de trabajo del émbolo de la bomba están representadas en la Figura 1.68.

En la parte superior de cada elemento de bombeo se sitúa un racor de impulsión con válvula de presión, que permite un cierre rápido y preciso del inyector, a la vez que mantiene una presión residual en el tubo de conexión entre la bomba y el inyector. La Figura 1.69 muestra una sección de racor con válvula de presión.

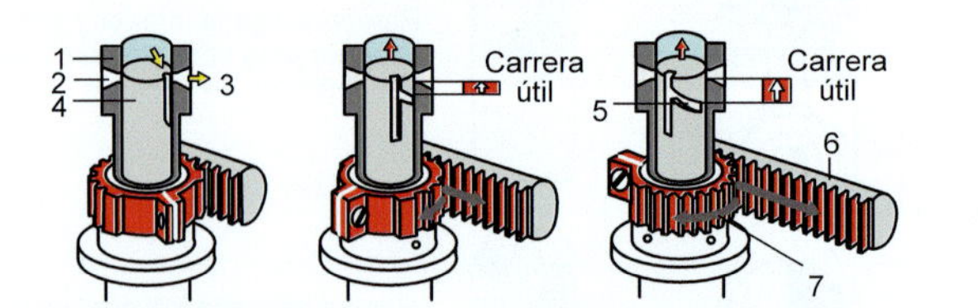

1. Cilindro de la bomba.
2. Lumbrera de entrada.
3. Lumbrera de entrada y salida.
4. Émbolo de la bomba.
5. Rampa sesgada.
6. Varilla de regulación.
7. Casquillo de regulación con sector dentado.

Figura 1.67. Regulación del caudal de inyección en una bomba en línea.

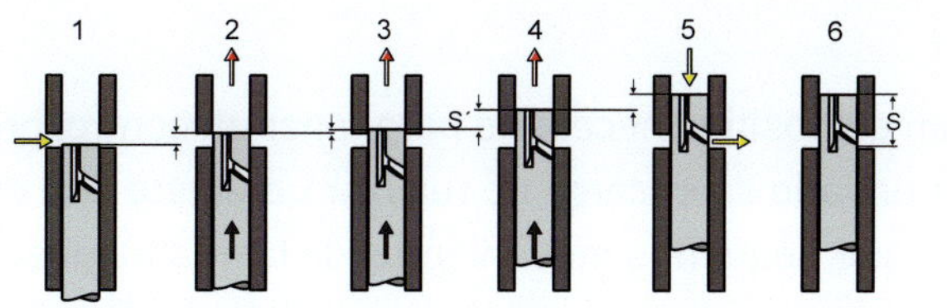

1. PUNTO MUERTO INFERIOR: el émbolo está en su punto muerto inferior y la lumbrera de alimentación abierta, por lo que entra el combustible a la cámara de alta presión del elemento de bombeo.
2. CARRERA PREVIA: el émbolo se desplaza desde su punto muerto inferior hasta el cierre de la lumbrera de alimentación. Este recorrido es importante para determinar el comienzo de la alimentación.
3. CARRERA DE DESCARGA: el recorrido ascendente del émbolo hace aumentar la presión hasta la apertura del inyector, momento en el cual comienza la pulverización del combustible en el cilindro.
4. CARRERA ÚTIL (S´): es la distancia desde el inicio de la carrera de descarga hasta que coincide el canto de mando de la ranura sesgada con la lumbrera de descarga, siendo este último punto el final de la inyección.
5. CARRERA RESIDUAL: es el recorrido del émbolo desde la apertura de la lumbrera de descarga hasta el punto muerto superior.
6. PUNTO MUERTO SUPERIOR: es el punto en el que se invierte el sentido del movimiento lineal del émbolo. La distancia entre el punto muerto inferior y el superior constituye la carrera total del émbolo (S).

Figura 1.68. Fases de trabajo del émbolo de la bomba.

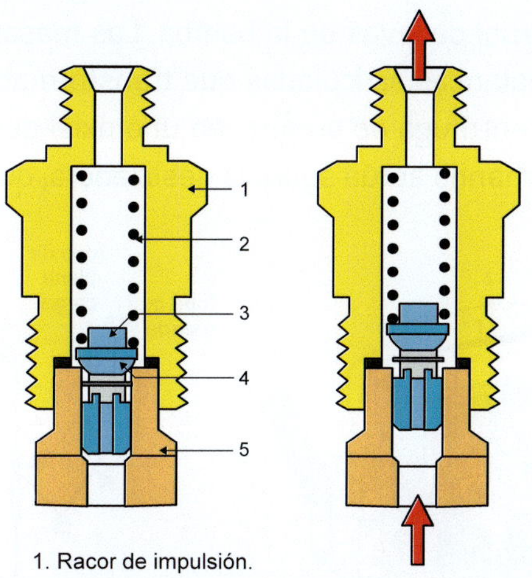

1. Racor de impulsión.
2. Muelle de la válvula de presión.
3. Válvula de presión.
4. Asiento de la válvula de presión.
5. Porta-válvula de presión.

Figura 1.69. Racor con válvula de presión.

Existen otros racores de impulsión que tienen un estrangulador de retroceso. Se suelen instalar en sistemas que proporcionan grandes presiones de inyección. Su objetivo es reducir el desgaste producido en los conductos por cambios bruscos de presión o fenómenos de cavitación.

■ Regulador

El regulador es un dispositivo necesario para tener un control preciso de la carga del motor. Por un lado se encarga de realizar un ajuste fino de la cremallera de regulación, ya que pequeños movimientos de la misma pueden influir enormemente sobre el caudal suministrado a los inyectores. Por otro lado, permite mantener un régimen de giro estable, ya que acciona de forma automática la cremallera, de manera que se evite un embalamiento del motor cuando disminuye el par resistente, por ejemplo al bajar una pendiente, o que pierda potencia cuando aumente, como subiendo una rampa. Además, mantiene un ralentí estable y limita el régimen máximo de giro del motor. Los reguladores pueden ser mecánicos, centrífugos, neumáticos, hidráulicos o electrónicos. A continuación se va a explicar el regulador centrífugo de mínima y máxima, por ser uno de los más utilizados en vehículos de turismo. Recibe este nombre porque entre la regulación de ralentí y de limitación del régimen de giro no existe regulación. Entre medias de estas dos situaciones es el conductor el que establece la regulación a través del pedal del acelerador. Los elementos principales de este regulador y el esquema de su mecanismo son los que aparecen en la Figura 1.70.

El regulador está formado por unas masas que giran gracias al movimiento transmitido por el árbol de levas de la bomba. Las masas están eslabonadas a un mecanismo de palancas articuladas que transforman su movimiento radial, debido a la fuerza centrífuga de su giro, en uno axial que desplaza el perno de mando. El perno de mando actúa sobre la deslizadera, que es obligada a despla-

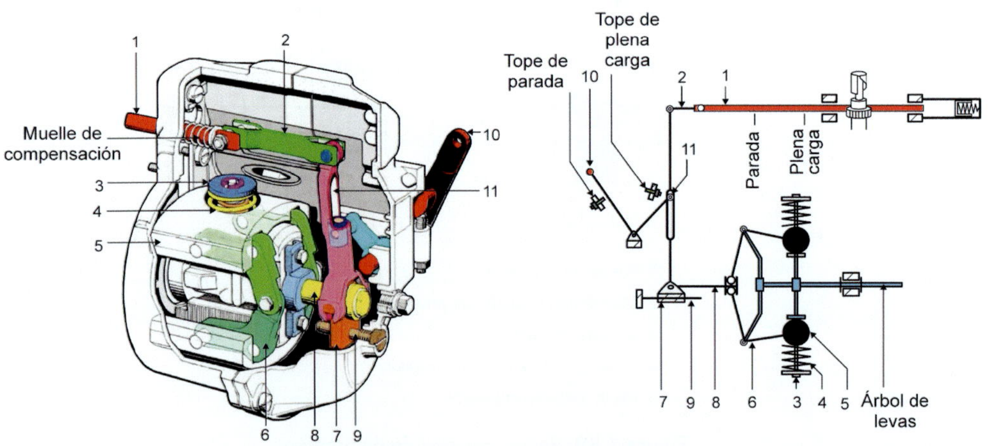

1. Varilla de regulación.
2. Horquilla de articulación.
3. Tuerca de ajuste.
4. Muelle de regulación.
5. Masa centrífuga.
6. Palanca acodada.
7. Deslizadera.
8. Perno de mando.
9. Perno de guía.
10. Palanca de mando.
11. Palanca de regulación (colisa con dado).

Figura 1.71. Regulador de mínima y máxima y esquema de su mecanismo.

zarse sobre el perno guía. La deslizadera está unida a la varilla de regulación a través de la palanca de regulación, por lo que el movimiento radial de las masas afecta a dicha varilla. La palanca de mando del acelerador también interviene en el mecanismo, ya que si se mueve, el dado se desliza por la colisa de la palanca de regulación.

La estructura de las masas centrífugas y sus resortes es la que se indica en la Figura 1.71. Las masas se desplazan en sentido radial a lo largo de un eje. En función del régimen de giro van comprimiendo diferentes resortes que se encargan de la regulación. El resorte exterior es el encargado de regular el ralentí y los dos interiores el régimen de giro máximo.

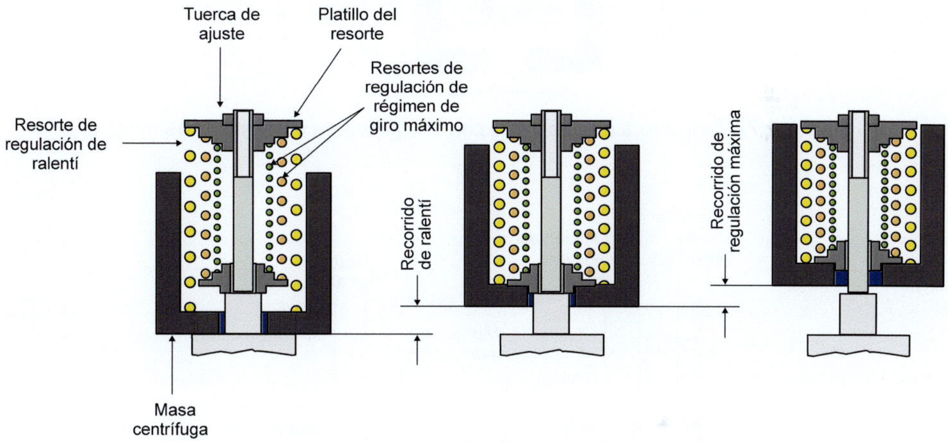

Figura 1.71. Estructura de las masas centrífugas y sus resortes.

Muchos reguladores incorporan un mecanismo de asimilación, como el mostrado en la Figura 1.72. Cuando se actúa sobre el acelerador, la bomba suministra un caudal determinado, que debe ir disminuyendo a medida que se alcanza el régimen de giro objetivo, dado un determinado par resistente. Para un motor diésel atmosférico en estas circunstancias, la demanda de combustible disminuye al aumentar el régimen de giro. Por otro lado, para una determinada posición de la cremallera de regulación de la bomba, esta aumenta el caudal suministrado según aumenta su velocidad de giro. El dispositivo de asimilación se encarga de establecer la llamada asimilación positiva, es decir, que disminuye un poco el caudal de alimentación a partir de un determinado régimen. Esto es posible instalando en el regulador una cápsula que encierra un resorte adicional de asimilación. Las masas inician su recorrido al régimen de ralentí, hasta empezar a comprimir el muelle de asimilación, realizando el recorrido de asimilación, calibrado con las arandelas de compensación. En este recorrido, la cremallera es desplazada en sentido de parada, disminuyendo el caudal inyectado. De esta forma, se practica una pequeña regulación entre el ralentí y el límite máximo. La Figura 1.73 representa una gráfica en la que se puede observar el caudal de alimentación a diferentes velocidades de rotación del motor y a distintos niveles de carga, quedando determinadas las fases de adaptación del mecanismo regulador.

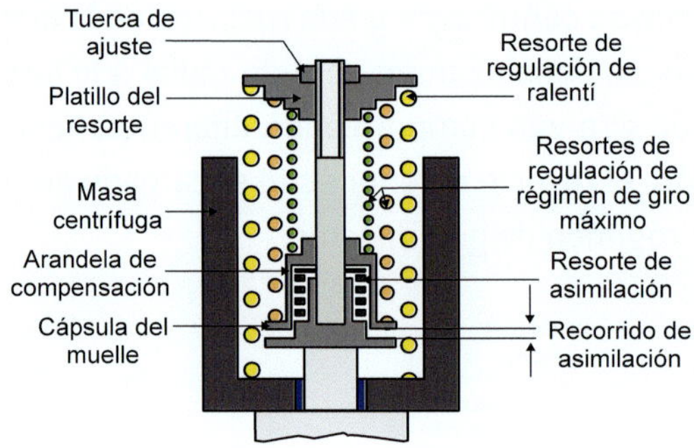

Figura 1.72. Estructura de una masa centrífuga con mecanismo de asimilación.

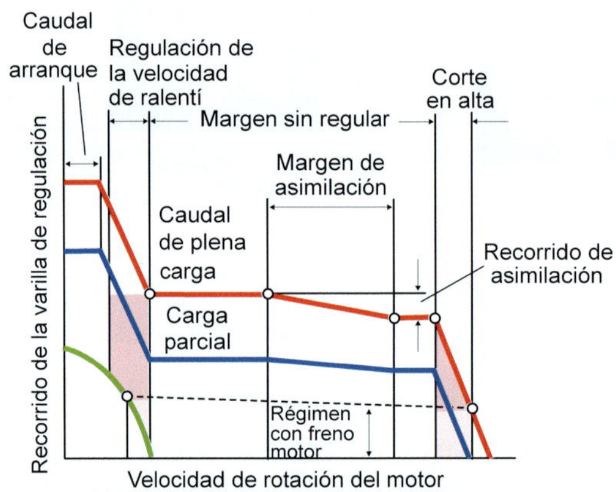

Figura 1.73. Representación gráfica de las diferentes fases de adaptación del mecanismo regulador.

La Figura 1.74 muestra el esquema de funcionamiento del mecanismo regulador para diferentes condiciones operativas del motor.

En motores sobrealimentados, a bajo régimen de giro, es necesario un mayor aporte de combustible, por lo que se dispone de un mecanismo de asimilación negativa, es decir, que el caudal de la bomba aumenta según lo hace su régimen de giro. A partir de un determinado régimen entra en funcionamiento el mecanismo de asimilación positiva.

Existen otros dispositivos adicionales de adaptación en los reguladores, como por ejemplo el tope de plena carga con desconexión automática de arranque o el

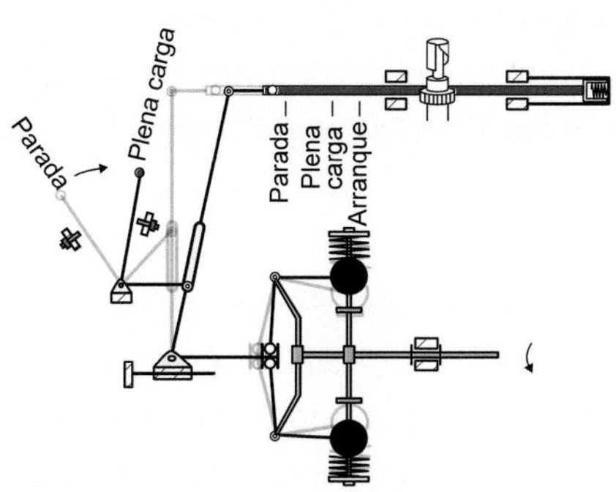

Posición de arranque: la palanca de mando se sitúa en el tope de caudal. Cuando el desplazamiento de la cremallera llega al máximo, se desplazan los contrapesos.

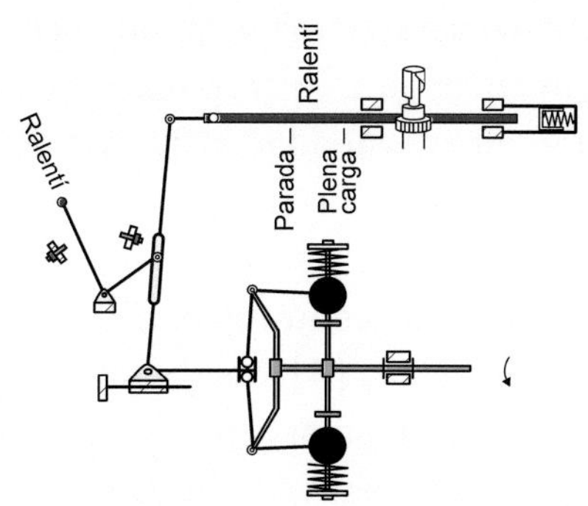

Posición de ralentí: los contrapesos se desplazan por el régimen de giro ralentí.

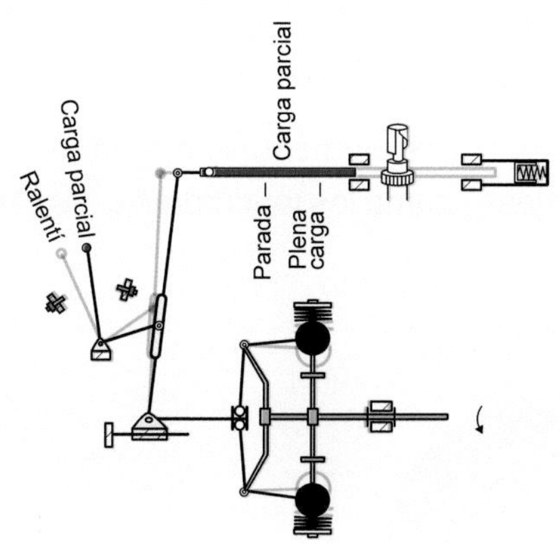

Posición de carga parcial: en posiciones intermedias de carga parcial, los contrapesos del regulador se apoyan sin desplazamiento sobre los muelles de regulación final. El desplazamiento de la cremallera solo es posible actuando sobre la palanca de mando.

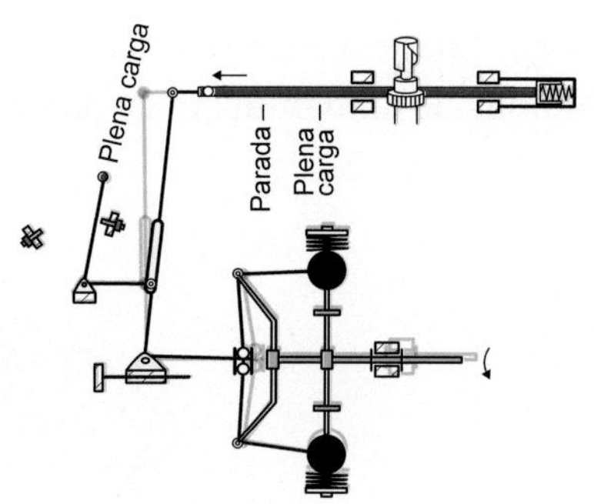

Posición de limitación del régimen de giro máximo: los contrapesos se desplazan venciendo los muelles de regulación final obligando al retroceso de la cremallera, limitando el régimen de giro máximo.

Figura 1.74. Esquema de funcionamiento del mecanismo regulador para diferentes condiciones operativas del motor.

tope de plena carga dependiente de la presión de sobrealimentación (LDA). Este último dispositivo también se conoce como Tope de Presión de Sobrealimentación (TPS) o corrector de humos, empleado en motores sobrealimentados para adaptar el caudal a plena carga.

■ Variador de avance

En los motores diésel hay muy poco tiempo para inyectar el combustible, formar la mezcla e iniciar la combustión. Por este motivo, hay que practicar un avance del inicio de la inyección, ya que el mayor rendimiento se obtiene si la combustión empieza justo en el PMS. Aunque en el calado de la bomba se establece un avance inicial, dependiendo de la posición del cilindro 1, el avance ha de ser dinámico, porque debe aumentar a medida que se incrementa el régimen de giro. Para conseguir esto se monta en el conjunto de la bomba de inyección un variador de avance automático. El más comúnmente utilizado es el centrífugo, cuyo principio de funcionamiento se explica a través de la Figura 1.75. El plato (1) es movido por el motor, y a él se le unen mediante los bulones (2) las masas centrífugas (3). Las masas centrífugas se apoyan en los extremos de la placa (4), obligadas por la fuerza de los muelles expansores (5). La placa está unida al árbol de levas de la bomba. Cuando aumenta el régimen de giro, las masas centrífugas se separan y desfasan la placa en el sentido de giro de la bomba, es decir, en sentido de avance. La evolución del avance dependerá de la geometría de las superficies de contacto de la placa con las masas centrífugas.

La Figura 1.76 muestra el despiece de un variador de avance real.

Es necesario explicar el funcionamiento de otros elementos importantes de los sistemas de alimentación de motores diésel, como los inyectores y los calenta-

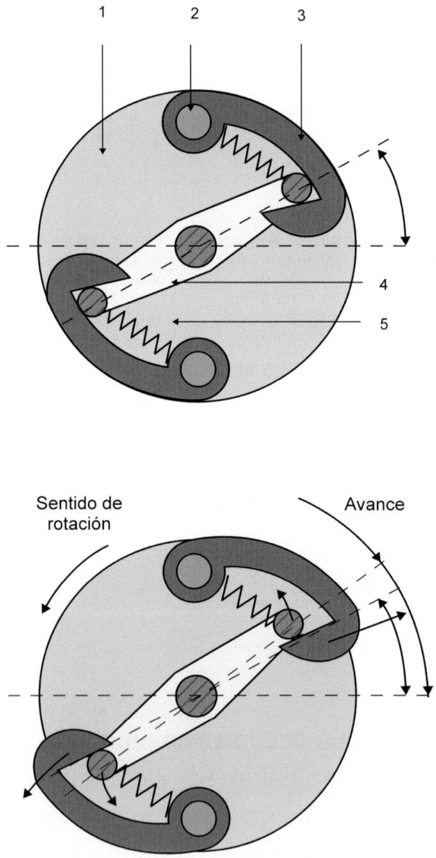

Figura 1.75. Principio de funcionamiento del variador de avance centrífugo.

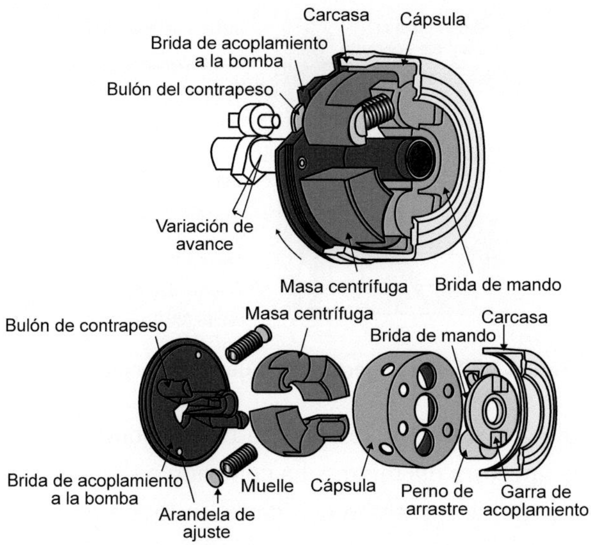

Figura 1.76. Despiece de un variador de avance.

dores. Al ser elementos similares en cuanto a constitución y principio de actuación entre unos sistemas y otros, se explican en este apartado.

■ Inyectores

Se va a proceder a explicar el funcionamiento de los inyectores mecánicos por ser los utilizados en las bombas explicadas hasta ahora, dejando el desarrollo de los de accionamiento eléctrico para el apartado de sistemas de inyección electrónica diésel.

Los inyectores introducen el gasóleo a alta presión y finamente pulverizado en el interior de la cámara de combustión. El inyector, también llamado tobera, está instalado en un portainyector, como el mostrado en la Figura 1.77. La apertura del inyector se realiza por la presión del combustible, que cuando supera la presión ejercida por el muelle de presión, la aguja del inyector se levanta de su asiento y el combustible es pulverizado a la cámara de combustión por los orificios de inyección. La presión de apertura del inyector está determinada por la presión del muelle, que se puede ajustar actuando sobre el tornillo de regulación. Cuando cesa la presión del combustible, el muelle de presión empuja el perno de presión, cerrando la aguja contra su asiento. Si el portainyector no dispone de tornillo de regulación del muelle de presión, se puede modificar la presión de este a través de arandelas calibradas.

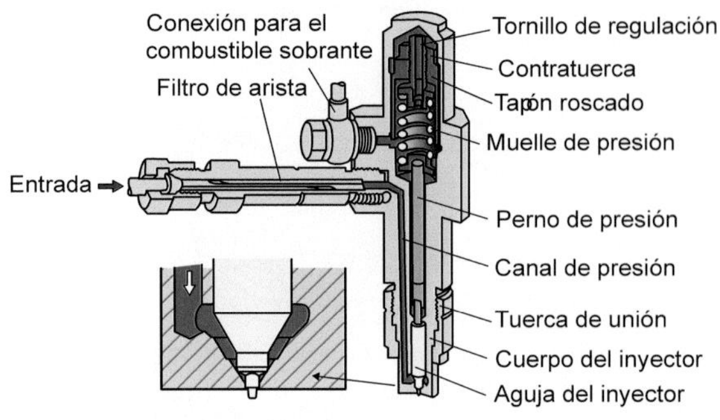

Figura 1.77. Portainyector con inyector de espiga.

El portainyector sujeta al inyector, lo conecta con la bomba de alta presión y regula la presión de apertura del mismo. La conexión a las tuberías de alta presión se efectúa a través de racores o mediante un tapón roscado del portainyector. El racor del tubo de presión lleva en ocasiones un filtro de arista, que retiene las partículas que pudieran desprenderse del interior de las tuberías de alta presión al operar sobre ellas o por los efectos de las vibraciones. Este filtro es indispensable en el caso de inyectores de orificios. Las partículas retenidas en el filtro de arista llegan a ser molidas durante el funcionamiento del motor por las turbulencias y vibraciones que se originan dentro del filtro. De esta forma quedan reducidas a un tamaño tan pequeño que ya no pueden perjudicar el asiento y orificios del inyector.

La aguja del inyector se lubrica con el propio gasóleo y el sobrante de combustible tras la embolada puede retornar al depósito pasando a través del perno de presión.

Los inyectores se clasifican en dos grandes grupos:

- **De espiga:** la aguja de los inyectores de espiga tiene en su extremo un tetón pulverizador de forma especial que penetra en el orificio de inyección con un ajuste muy preciso. El chorro de inyección puede variar en función de la geometría del tetón, como muestra la Figura 1.78. La espiga hace que el orificio de inyección se mantenga limpio de depósitos carbonosos. Los inyectores de espiga se utilizan en motores con alta turbulencia de aire, de inyección indirecta, con cámara de precombustión, de turbulencia o de reserva de aire. La presión de apertura del inyector oscila entre 80 y 125 bar.

  Existe un caso particular de inyector de espiga que se conoce como inyector de estrangulación, pudiéndose observar en la Figura 1.79. La punta pulverizadora hace posible la realización de una pseudo preinyección. Según abre la aguja, al principio de su movimiento ascendente destapa una ranura anular muy estrecha, dando paso a una pequeña cantidad de combustible fina-

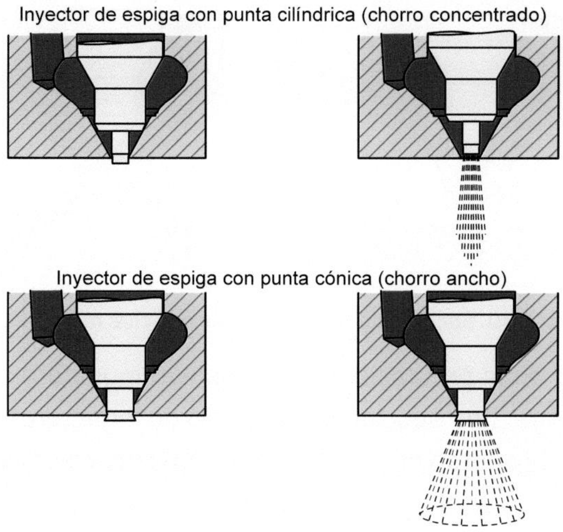

Figura 1.78. Inyectores de espiga con diferentes formas del tetón.

mente pulverizado, por el efecto del estrangulador. A medida que continúa su ascenso, la sección de paso va aumentado y al final de la carrera ascendente se efectúa la inyección del chorro principal. Este inyector, con una cámara de combustión adecuada, provoca una combustión perfecta y una marcha suave del motor, ya que el aumento de presión en la cámara aumenta lentamente.

- **De orificios:** la aguja de los inyectores de orificios termina en una punta cónica que forma parte de su asiento. Existen modelos con un único orificio, dispuesto en el centro o lateralmente, y otros de orificios múltiples, formando un ángulo entre sí llamado ángulo de los orificios pulverizadores, que puede ser de hasta 180°. En el caso de orificios múltiples, se pueden tener hasta 12, dispuestos generalmente de forma simétrica. Este tipo de inyectores suele emplearse en motores de inyección directa y la presión de apertura de los mismos oscila entre 150 y 250 bar. La Figura 1.80 muestra la sección de un inyector de orificios múltiples.

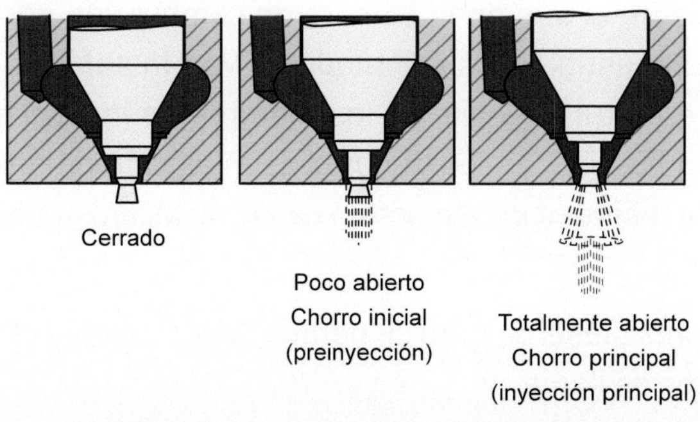

Figura 1.79. Inyector de estrangulación.

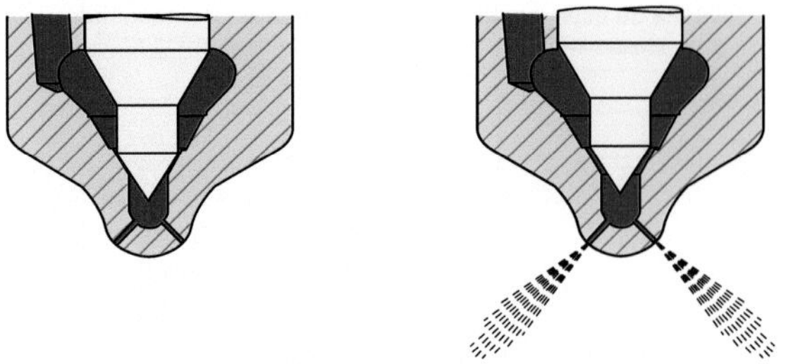

Figura 1.80. Sección de un inyector de orificios múltiples.

En motores de muy altas prestaciones se emplean inyectores de orificios con refrigeración por aceite. Una sección de este tipo de inyectores puede apreciarse en la Figura 1.81. El cuerpo de estos inyectores tiene tres taladros. Uno sirve para introducir el combustible y los otros dos permiten la circulación de aceite. La parte inferior del cuerpo tiene una rosca de doble paso, cuyo exterior está protegido por una envoltura de refrigeración. El aceite sale del canal de presión del portainyector y entra en el inyector. De ahí llega, por medio de uno de los dos pasos de rosca, al espacio anular, desde el cual se introduce en el otro paso de rosca para llegar al canal de salida del portainyector.

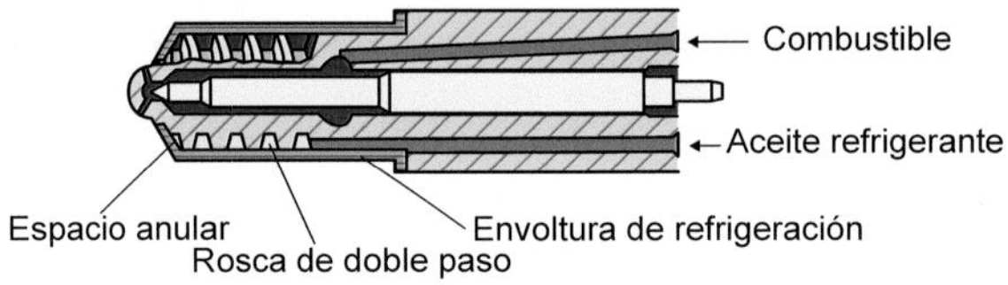

Figura 1.81. Inyector de orificios con refrigeración por aceite.

Calentadores

Para iniciar la combustión en un motor diésel es necesario comprimir el aire a alta presión para que alcance una elevada temperatura. Esto a veces no se consigue, sobre todo en el arranque en frío, por lo que es necesario algún dispositivo que caliente el aire en la cámara de combustión para favorecer la inflamación del combustible. Los calentadores van instalados en la cámara de precombustión o de turbulencia, en los motores de inyección indirecta, y en la cámara de combustión, en los motores de inyección directa que lo instalan. Consisten en una resistencia calefactora capaz de alcanzar una temperatura de 800 a 1.000 °C.

En algunos motores diésel de gran cilindrada se precalienta el aire aspirado con unos calentadores de llama.

Actualmente existen dos tipos principales de calentadores:

- **De varilla metálica:** la Figura 1.82 muestra la estructura de un calentador de varilla metálica. El filamento o espiral calentadora se pone incandescente al recibir corriente, calentando su alrededor. La espiral reguladora está soldada al electrodo central conductor de corriente y a la espiral calentadora. Al subir la temperatura, aumenta también la resistencia eléctrica de la espiral reguladora, reduciéndose el flujo de corriente a la espiral calentadora en función de la temperatura. El interior del calentador está relleno de un polvo especial comprimido de óxido de magnesio, haciendo de aislante eléctrico y a su vez de conductor del calor, además de proteger a los filamentos de sacudidas y vibraciones. El tubo incandescente está formado por una aleación resistente al calor y a la corrosión de los gases de combustión, protegiendo también a las espirales. El electrodo central permite conectar eléctricamente las espirales. A través de la rosca el calentador se fija a la culata. La rosca se suele fabricar por laminación y no por arranque de viruta para no dañar el orificio de la culata. El calentador es alimentado a través de la conexión eléctrica.

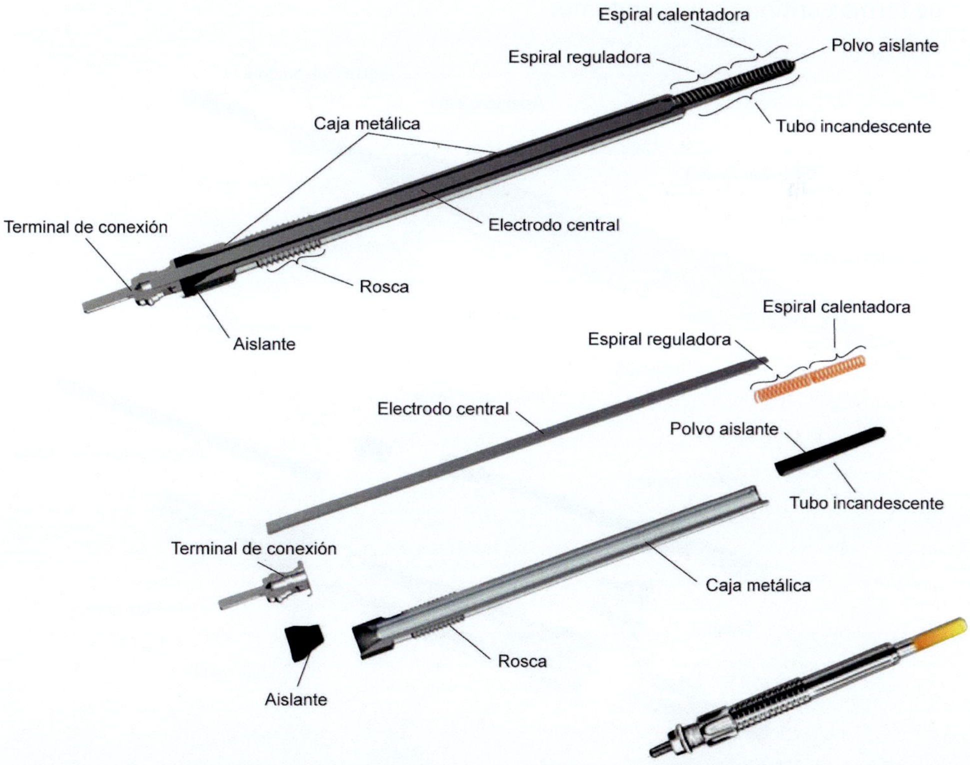

Figura 1.82. Estructura de un calentador de varilla metálica.

- **Cerámicos:** la Figura 1.83 muestra la estructura de un calentador cerámico. La combinación de la espiral calentadora y el recubrimiento cerámico permite alcanzar temperaturas más elevadas y tiempos de precalentamiento muy cortos gracias a la extraordinaria conductividad térmica. Además, este tipo de calentadores son más finos, por lo que son óptimos para motores modernos con poco espacio para montar sus elementos auxiliares. La espiral calentadora es de metal, pero de un punto de fusión más elevado que en los calentadores convencionales. El revestimiento cerámico protege a la espiral y conduce el calor muy rápidamente. El resto de elementos, como la espiral reguladora, el elemento central, la rosca y la conexión eléctrica son similares a los de los calentadores convencionales.

El sistema de precalentamiento está temporizado por una unidad electrónica que controla la activación de los calentadores en función de diferentes parámetros. Al accionar la llave de contacto, la unidad de control alimenta a los calentadores durante un periodo de tiempo que depende de la temperatura ambiente, iluminándose un testigo en el cuadro de instrumentos. Cuando el testigo se apaga, se puede proceder con el arranque del motor. Tras el arranque, en función de la temperatura, la unidad de control puede seguir alimentando los calentadores, de forma continua o intermitente.

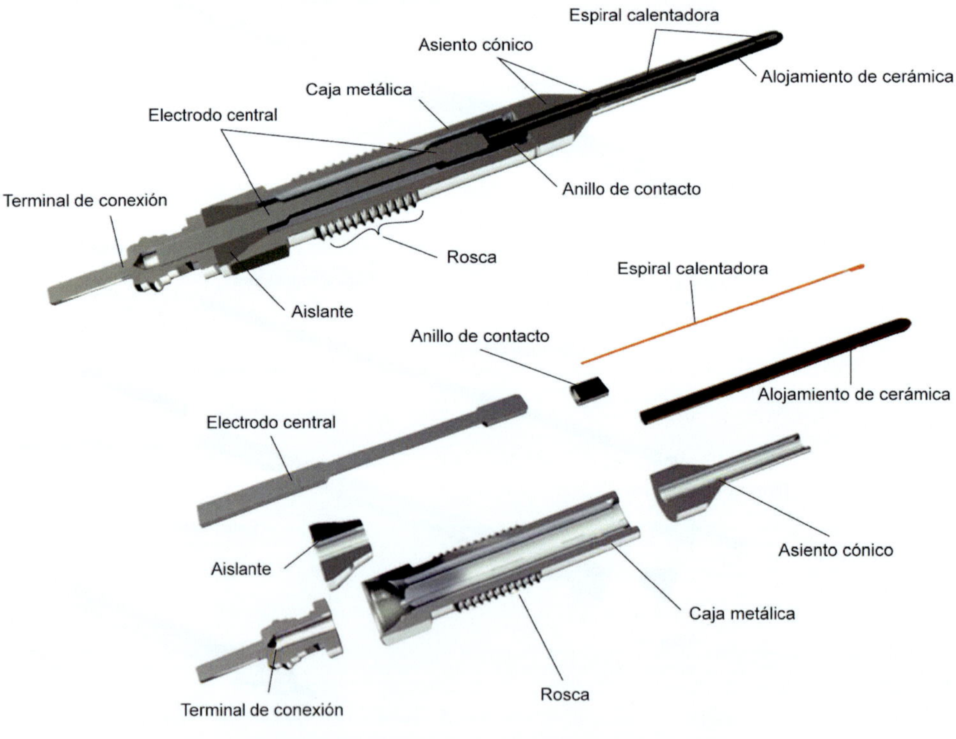

Figura 1.83. Estructura de un calentador cerámico.

1.10.3. Dosado y calado de la bomba en línea

En caso de avería de la bomba de inyección, deberá comprobarse en un banco de pruebas, como el mostrado en la Figura 1.84. Esto debe llevarse a cabo siguiendo los procedimientos de diagnóstico del fabricante y con el utillaje adecuado.

Figura 1.84. Banco de pruebas de una bomba en línea.

Las comprobaciones fundamentales sobre banco de ensayo son las que se citan a continuación:

- Fugas.
- Presión de alimentación de la bomba de transferencia.
- Estanqueidad de cada elemento de bombeo.
- Caudales suministrados por cada elemento de bombeo.
- Momento de inicio de la inyección.
- Regulador.
- Variador de avance.

Con lo anterior se verifica el funcionamiento de todos los elementos de la bomba y que esta realiza el dosado de combustible correcto para todas las condiciones operativas del motor.

Una vez comprobada la bomba, debe instalarse en el motor del vehículo y proceder a su calado. De forma orientativa, a continuación se enumeran los pasos a seguir para realizar esta operación:

- Situar el cigüeñal en la posición indicada por el fabricante e instalar la bomba haciendo coincidir las marcas de calado. Posteriormente se retira la tubería de alta presión del cilindro 1, sustituyéndola por un tubo de desbordamiento, también llamado de cuello de cisne, como el mostrado en la Figura 1.85. Hay que situar la cremallera de control en la posición de plena carga. Una vez hecho esto, se mueve el cigüeñal en el sentido de giro del motor hasta que el combustible deje de salir por el tubo de desbordamiento. En estas circunstancias, el cigüeñal debe estar situado en la posición indicada por el fabricante. El proceso se repite volteando el cigüeñal un par de vueltas más, debiéndose observar que el combustible deja de salir en el mismo punto. Otra opción es, en lugar de emplear un tubo de desbordamiento, utilizar un reloj comparador para observar el movimiento del émbolo, como indica la Figura 1.86. Para hacer esta operación hay que retirar el soporte de la válvula de suministro del cilindro 1 y situar en su lugar un adaptador adecuado para introducir el comparador.

Figura 1.85. Utilización de un tubo de desbordamiento para el calado de la bomba.

- Apretar los tornillos o tuercas de sujeción, si todo está correcto tras el punto anterior.
- Conectar las palancas, las varillas, los cables y las tuberías.
- Purgar el circuito.
- Verificar y regular las varillas y palancas de control.
- Arrancar el motor y comprobar que no existen fugas.
- Verificar y regular la velocidad de ralentí. Para realizar esta operación hay que instalar un cuentarrevoluciones o tacómetro de precisión. Se arranca el motor, permitiendo que alcance su temperatura de régimen. Posteriormente se actúa sobre el tornillo de ajuste de ralentí hasta obtener en el tacómetro la lectura correcta.

1.10.4. Bombas en línea con control electrónico

La mayor evolución de los sistemas de inyección diésel con bombas de inyección en línea es la sustitución de la regulación mecánica por la regulación

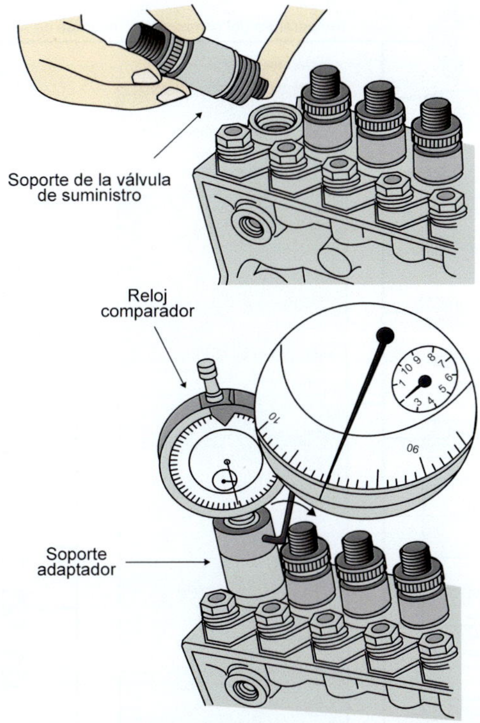

Figura 1.86. Utilización de un reloj comparador para el calado de la bomba.

electrónica diésel, denominada EDC (*Electronic Diésel Control*). La Figura 1.87 muestra una relación general de los componentes EDC para bombas de inyección en línea.

Muchos de los sensores empleados en los sistemas de regulación electrónica diésel son similares a los de los sistemas de inyección de gasolina.

Las diferentes funciones de regulación posibles con un sistema EDC son las que aparecen en la Tabla 1.1.

Tabla 1.1.

Caudal límite	Inmovilizador electrónico
Intervención externa del par	Control de precalentamiento
Limitación de velocidad de marcha	Desconexión del aire acondicionado
Corrección de altitud	Calefacción adicional del líquido refrigerante
Regulación de presión de sobrealimentación	Regulación de suavidad de marcha
Regulación de ralentí	Regulación de compensación de caudal
Regulación del número de revoluciones intermedio	Regulación de la recirculación de los gases de escape
Amortiguación activa de sacudidas	Regulación del comienzo de inyección con sensor

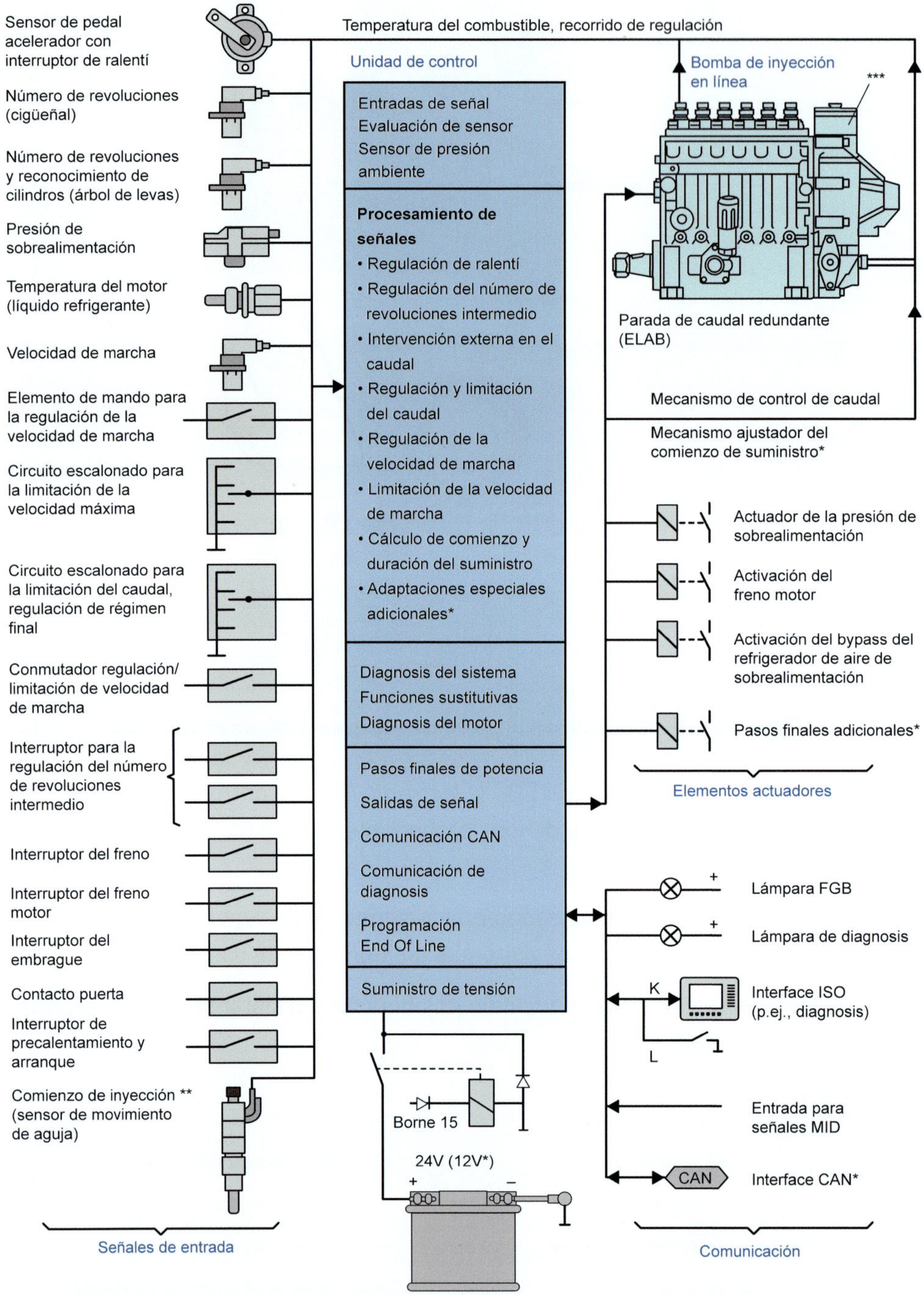

* opcional

** en bombas de inyección en línea con corredera de elevación

+++ mecanismo ajustador del comienzo de suministro en bombas de inyeción en línea con corredera de elevación

Figura 1.87. Relación general de los componentes EDC para bombas de inyección en línea.

Las bombas de inyección en línea electrónicamente reguladas, como el sistema PE-EDC de Bosch, pueden modificar el caudal de inyección y el comienzo del suministro. Esto se explica a través de la Figura 1.88. El mecanismo de control de la varilla de regulación está formado por un electroimán. Cuando el electroimán está sin excitación, el muelle empuja la varilla de regulación hacia la posición de parada, cortando el suministro de combustible. Si se aplica corriente al electroimán, aumenta el recorrido de regulación venciendo la fuerza del muelle, incrementándose el caudal inyectado. El control de la intensidad lo lleva a cabo la unidad de control mediante una señal de tipo PWM (*Pulse Wide Modulation*), donde se modifica la anchura del pulso. La unidad de control gobierna la bomba, de forma que para un determinado régimen de giro, calcula el caudal teórico y ajusta el recorrido de regulación. Para el comportamiento durante la marcha, la unidad de control tiene grabados parámetros similares al regulador de mínima y máxima. El sensor de recorrido de regulación se encarga de controlar la posición real de la varilla, cerrando el sistema de control. El comienzo del suministro se regula con otro electroimán que actúa sobre la corredera de elevación. Este electroimán también es gobernado por la unidad de control a través de una señal PWM. Otra función es la de parada con llave de contacto, que sustituye al sistema de paro manual, mediante el sistema ELAB o válvula eléctrica de parada.

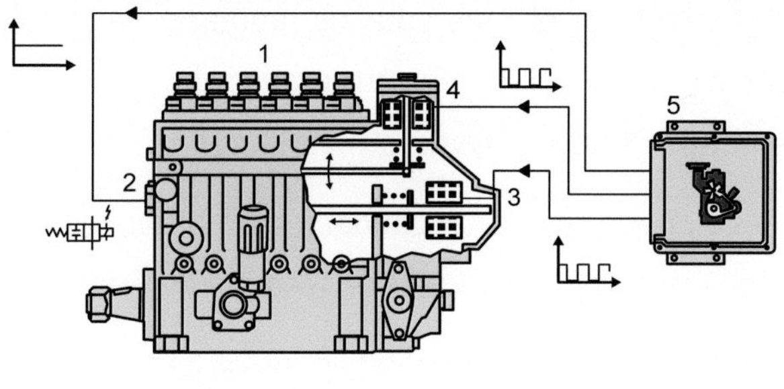

1. Bomba de inyección en línea.
2. Válvula eléctrica de parada (ELAB).
3. Mecanismo de control de la varilla de regulación (caudal de inyección).
4. Mecanismo de control de la corredera de elevación (comienzo de suministro).
5. Unidad de control del motor.

Figura 1.88. Componentes de activación para la inyección de las bombas en línea con corredera de elevación PE.

CUESTIONES

1. Nombra los tipos de bombas eléctricas de transferencia de combustible que existen, en función del tipo de regulación, explicando brevemente el funcionamiento de cada una de ellas.
2. Enumera cuatro consecuencias que pueden afectar negativamente al circuito de combustible en caso de tener presencia de agua en el gasóleo.
3. Indica cuáles son los grupos funcionales más importantes de una bomba de inyección rotativa de émbolo axial.
4. Explica las fases de funcionamiento de una bomba de inyección rotativa de émbolo axial a partir del movimiento del émbolo.
5. Define la misión del dispositivo compensador de la presión de carga (LDA) en una bomba de inyección rotativa de émbolo axial.
6. Indica la función que tiene la válvula reguladora de presión de una bomba de inyección rotativa de émbolos radiales.
7. Nombra qué elemento es el encargado de regular el caudal de combustible inyectado en una bomba de inyección rotativa de émbolos radiales, explicando brevemente cómo lo hace.
8. Explica cómo se puede regular el caudal máximo que los émbolos pueden suministrar en una bomba de inyección rotativa de émbolos radiales.
9. Define el objetivo que tiene el dispositivo de sobrecarga en el arranque en una bomba de inyección rotativa de émbolos radiales.
10. Resume los tres casos genéricos de alimentación en función de la carrera útil del émbolo, en los elementos de bombeo de las bombas de inyección en línea.
11. Explica brevemente el funcionamiento del variador de avance centrífugo de una bomba de inyección en línea.
12. Indica en qué dos grandes grupos se clasifican los inyectores mecánicos de los motores diésel.
13. Nombra los dos tipos de calentadores más utilizados en la actualidad.

2. Sistemas de inyección electrónica diésel directa

Contenidos

INTRODUCCIÓN

El proceso de combustión en los motores diésel se ve muy influenciado por la turbulencia del aire generada por la forma de la cámara de combustión, donde el inyector pulveriza el combustible. Según la forma de inyectar el combustible, se pueden distinguir motores diésel de:

- **Inyección indirecta:** con este sistema se inyecta el combustible en una cámara auxiliar o precámara, motivo por el cual a esta configuración se le llama de cámara dividida. Durante la fase de compresión, el aire entra a la precámara por un pequeño orificio, que le proporciona una gran turbulencia. Cuando el inyector aporta el combustible en la precámara, se inicia la combustión. Como no hay suficiente oxígeno para quemar todo el combustible inyectado, la nube de mezcla inflamada se expande hacia el cilindro, que junto con la cabeza del pistón y la culata forman la cámara principal, siendo ahí donde se mezcla con el resto de aire y termina la combustión. Existen dos tipos principales de precámara, mostrados en la Figura 2.1, que son:
  - *Cámara de precombustión:* constituye alrededor de 1/3 del volumen total de la cámara de combustión. La mayor parte de la turbulencia se genera al inflamarse el combustible, gracias a un deflector que incorpora en su interior.

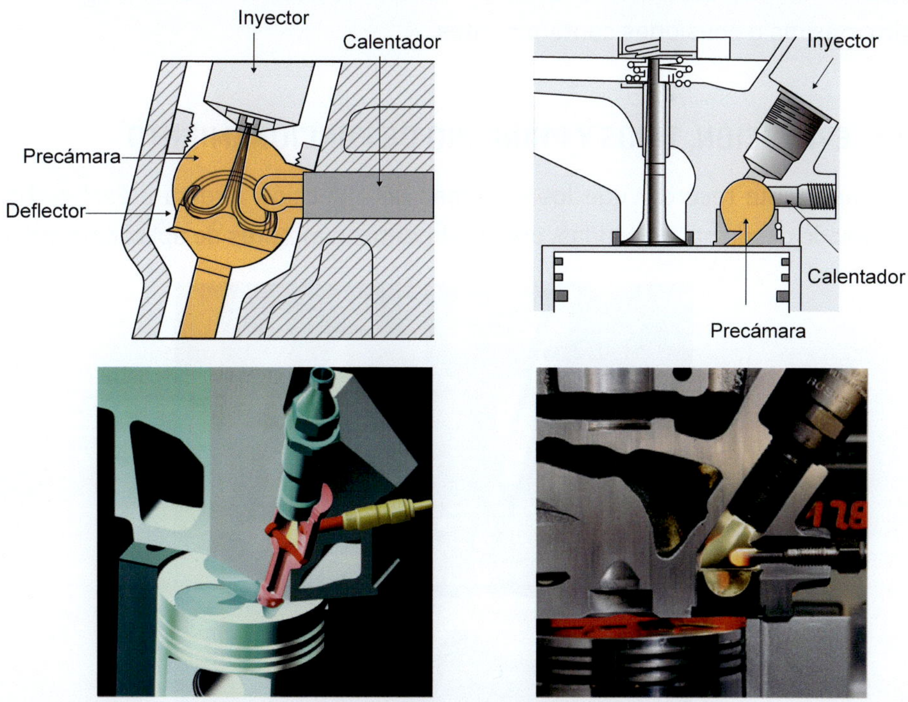

Figura 2.1. Tipos de precámaras de los motores diésel de inyección indirecta: de precombustión (izquierda) y de turbulencia (derecha).

  - *Cámara de turbulencia:* tiene forma esférica y constituye entre 2/3 y 3/4 del volumen total de la cámara de combustión. La mayor parte de la turbulencia se provoca durante la fase de compresión. Con este tipo de precámara, las presiones de inyección suelen ser algo mayores que en la cámara de precombustión, pudiendo llegar a unos 140 bar.

- **Inyección directa:** consiste en inyectar el combustible directamente en el cilindro, sobre la cabeza del pistón, que suele tener labrada la mayor parte de la cámara de combustión, normalmente con forma toroidal para favorecer la turbulencia. Con este sistema se minimizan las pérdidas de calor, por lo que el rendimiento térmico del motor aumenta, siendo necesarias relaciones de compresión menores en comparación con los sistemas de inyección indirecta. Actualmente, es el sistema más utilizado, gracias al avance de la electrónica y al aumento de las presiones de inyección, que han conseguido motores de gran rendimiento con un funcionamiento suave, aptos para su uso en automoción. La Figura 2.2 muestra un ejemplo de sistema de inyección directa.

Antes de que evolucionasen los sistemas de inyección directa que se encuentran hoy en día, los sistemas de inyección indirecta presentaban ventajas notables en cuanto a suavidad de funcionamiento, ruido de combustión, régimen de giro máximo y emisiones contaminantes.

2.1. EVOLUCIÓN, TIPOS Y PRINCIPIO DE FUNCIONAMIENTO

Es importante recordar que los sistemas de inyección directa diésel se han empleado desde hace décadas, principalmente en motores de aplicación indus-

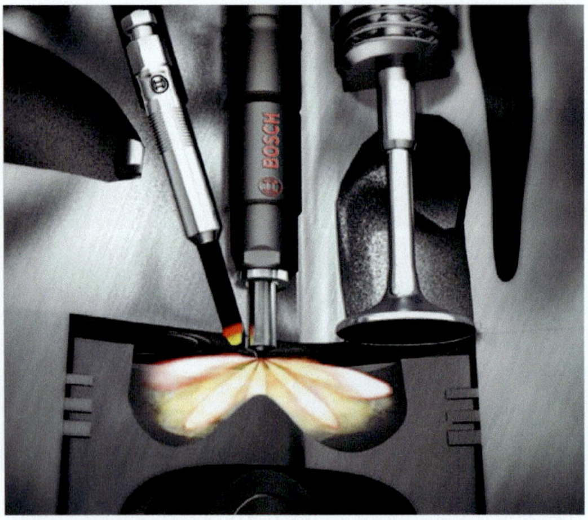

Figura 2.2. Sistema de inyección directa.

trial, maquinaria de obras públicas, camiones... En estos motores se utilizaban bombas de inyección en línea y sistemas de inyector-bomba de accionamiento totalmente mecánico.

Dado que la aplicación de estos sistemas provocaba un funcionamiento «rudo» del motor, con un nivel elevado de ruido y vibraciones, sumado a que con estos dispositivos el régimen máximo de giro estaba acotado a pocas revoluciones por minuto, el uso de la inyección directa por medios mecánicos se reservaba al tipo de motores mencionados anteriormente.

Por todo lo anterior, durante bastantes años estuvo muy extendido el empleo de la inyección indirecta en vehículos de turismo ligeros, montando bombas de inyección rotativas, bien de émbolo axial o bien de émbolos radiales.

Para conseguir una buena mezcla y combustión en los motores diésel, la situación óptima sería tener una muy elevada presión de inyección del gasóleo, que lo pulverice finamente, junto con una elevada turbulencia del aire, que facilite la mezcla. Se puede decir que existen dos filosofías de inyección en los motores diésel, cada una de ellas con sus ventajas y sus requerimientos:

- **Inyección indirecta:** se trata de inyectar el combustible antes del cilindro, normalmente en una precámara. Así, la baja presión de inyección, se ve compensada con una elevada turbulencia del aire, generando un funcionamiento del motor suave y apropiado para un vehículo de turismo.
- **Inyección directa:** en este caso, el gasóleo se inyecta directamente en el cilindro. La elevada presión de inyección, hasta unos 1.800 bar en algunos sistemas *common rail* y hasta 2.200 bar en determinados sistemas con inyector-bomba, hace que la turbulencia sea menos crítica y no sean necesarias las precámaras. Si además se tiene un sistema de gestión electrónica que controle la cantidad de combustible inyectado, la dosificación es mucho más precisa, ahorrando combustible y disminuyendo las emisiones contaminantes.

Aunque existen bombas en línea con control electrónico para sistemas de inyección directa, los sistemas más habituales aplicados en turismos son los siguientes:

- Bombas de inyección rotativas con control electrónico (de émbolo axial y de émbolos radiales).
- Sistemas de inyección con inyector-bomba.
- Sistemas de inyección *common rail*.

En la actualidad, se puede decir que prácticamente la totalidad de vehículos de turismo con motor diésel comercializados utilizan el sistema *common rail.*

A continuación, en los siguientes apartados, se va a explicar la constitución y funcionamiento de los sistemas de inyección electrónica con bomba rotativa, dejando para los dos últimos apartados la explicación de los sistemas con inyector-bomba y *common rail*, respectivamente.

2.2. IDENTIFICACIÓN DE COMPONENTES

En la Figura 2.3 aparece un esquema genérico del sistema de inyección con bomba rotativa de émbolo axial con regulación EDC. Estos elementos, en su mayoría sensores y actuadores, son los que se tomarán como base para explicar posteriormente su funcionamiento.

Las bombas rotativas de émbolos radiales evolucionaron incorporando a las mismas dispositivos electrónicos que perfeccionan su funcionamiento. Una evolución es la bomba de tipo DPCN, donde la N significa numérica. Su principio de funcionamiento es gestionar el avance de la inyección de forma muy precisa. Para conseguir esto, se incorpora un corrector de avance en la bomba, controlado por un calculador electrónico. Por otro lado, la regulación del caudal sigue siendo mecánica. El control del avance de inyección se realiza desplazando el anillo de levas por efecto de la presión hidráulica. El calculador determina la posición del anillo de levas y su desplazamiento está regulado por el corrector

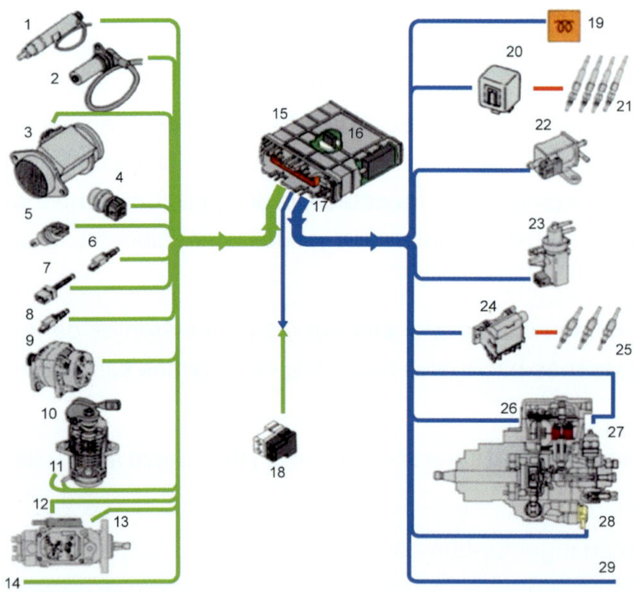

1. Sensor de carrera de la aguja.
2. Sensor de régimen de giro.
3. Medidor de la masa de aire.
4. Sensor de temperatura del refrigerante.
5. Sensor de temperatura del aire de admisión.
6. Conmutador del pedal de freno.
7. Conmutador de freno.
8. Conmutador del pedal de embrague.
9. Borne del alternador.
10. Sensor de posición del acelerador.
11. Interruptor de ralentí.
12. Sensor de posición del collarín de regulación.
13. Sensor de temperatura de combustible.
14. Señales suplementarias.
15. Unidad de control.
16. Sensor de presión atmosférica.
17. Sensor de presión del colector de admisión.
18. Conector de diagnóstico.
19. Testigo de precalentamiento y avería.
20. Relé de las bujías de incandescencia.
21. Bujías de incandescencia.
22. Electroválvula de control de presión de sobrealimentación.
23. Electroválvula de control de la recirculación de los gases de escape.
24. Relé de los calentadores adicionales.
25. Calentadores adicionales.
26. Dosificador.
27. Electroválvula de corte de combustible.
28. Electroválvula de control del avance de inyección.
29. Salidas suplementarias.

Figura 2.3. Esquema genérico del sistema de inyección con bomba rotativa de émbolo axial con regulación EDC.

de avance. El sistema de regulación cierra su bucle a través del sensor de carrera de la aguja del inyector, por lo que el calculador puede comparar el avance teórico con el real y así ajustar el momento exacto del inicio de la inyección. El control del avance de la inyección depende de los siguientes parámetros:

- Caudal de combustible.
- Carga del motor.
- Régimen de giro.
- Altitud.
- Temperatura del líquido refrigerante.
- Temperatura del aire.

Este tipo de bombas ya no incorporan el dispositivo de avance con carga parcial ni la válvula de sobrecarga.

Si el vehículo es sobrealimentado, incorpora un corrector de sobrealimentación. Al poner en marcha el motor, se aplica la presión de transferencia a los émbolos de sobrecarga, empujando el carro de sobrecarga. En ese momento, la carrera de los émbolos disminuye, ya que la corredera de regulación cierra el orificio de descarga hacia el retorno de la bomba. En la fase de sobrealimentación, la presión de soplado se aplica sobre las membranas del corrector de sobrealimentación, haciendo que la corredera de regulación se desplace progresivamente hasta descubrir el otro orificio de retorno. En estas circunstancias, disminuye la presión de transferencia aplicada cobre los émbolos de sobrecarga. Gracias al muelle de sobrecarga, el carro se desplaza por las rampas practicadas en las zapatas y en la placa de regulación, aumentando la carrera de los émbolos y con ella el caudal inyectado. El tarado del corrector de sobrealimentación se puede variar actuando sobre su tornillo de regulación.

La Figura 2.4 muestra los elementos principales, el sistema de regulación electrónico y el corrector de sobrealimentación de una bomba Lucas DPCN.

Al igual que las bombas rotativas de émbolo axial, las de émbolos radiales evolucionaron hacia la regulación electrónica. En la Figura 2.5 pueden verse los elementos más importantes del sistema Lucas EPIC (*Electronically Programmed Injection Control*), con control electrónico, donde se han eliminado los dispositivos de regulación mecánica.

Elementos principales de la bomba Lucas DPCN

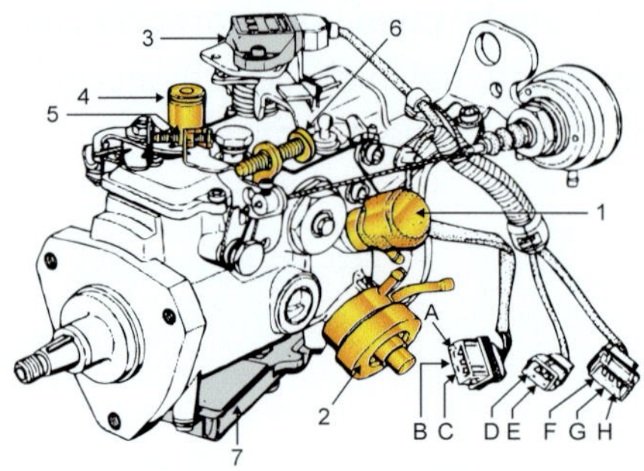

1. Corrector de avance de inyección.
2. Corrector de sobrealimentación.
3. Potenciómetro de carga.
4. Tapón de acceso para el calado.
5. Tornillo de reglaje de ralentí.
6. Tornillo de reglaje anticalado.
7. Módulo electrónico de la electroválvula codificada.

A. Masa.
B. Positivo después de contacto.
C. Línea codificada.
D. Señal de mando del corrector de avance.
E. Positivo después de contacto.
F. Masa.
G. Señal del potenciómetro de carga.
H. Alimentación del potenciómetro de carga (5 V).

Sistema de regulación electrónica de la bomba Lucas DPCN

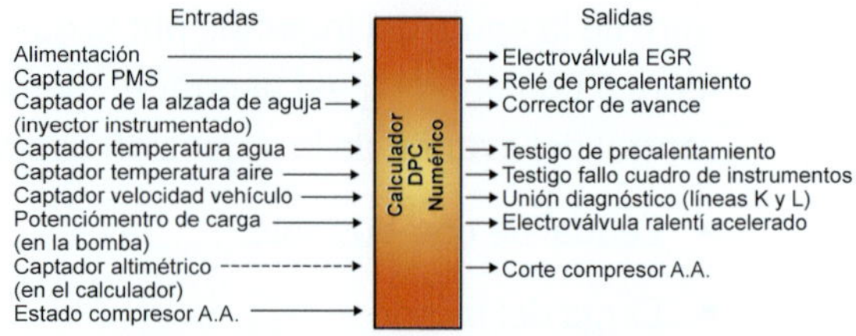

Corrector de sobrealimentación de la bomba Lucas DPCN

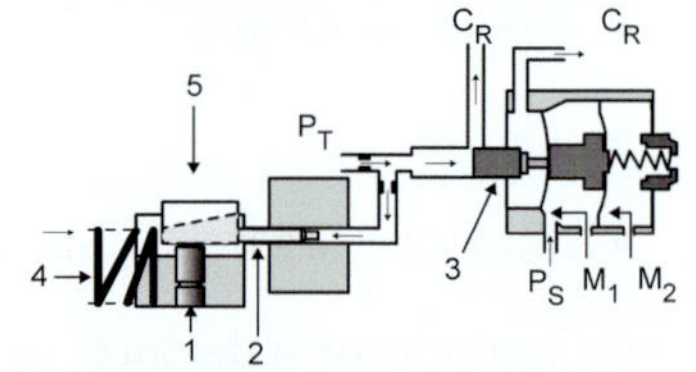

1. Émbolo de alta presión.
2. Émbolo de sobrecarga.
3. Corredera de regulación.
4. Muelle de sobrecarga.
5. Zapata y placa de regulación con rampa.

P_T Presión de transferencia.
P_S Presión de sobrealimentación.
C_R Caudal de retorno.
M_1 y M_2 Membranas del corrector.

Figura 2.4. Elementos principales, sistema de regulación electrónico y corrector de sobrealimentación de una bomba Lucas DPCN.

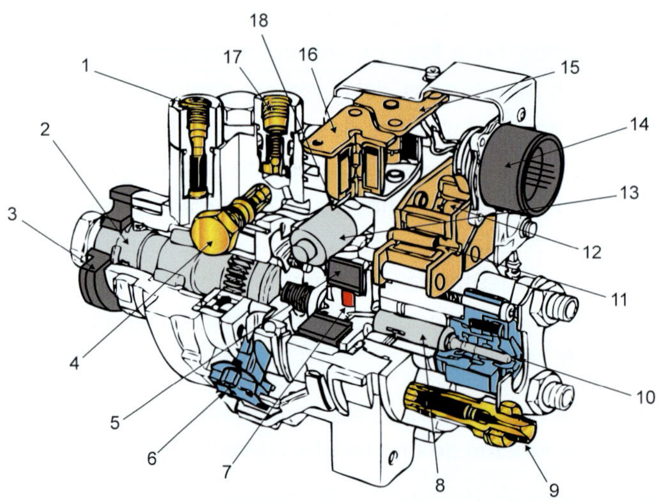

1. Entrada de combustible.
2. Árbol de mando.
3. Brida para la polea de accionamiento
4. Válvula reguladora de presión de transferencia.
5. Zapata portarrodillos.
6. Sensor Hall.
7. Émbolo de alta presión.
8. Rotor.
9. Válvula de suministro.
10. Sensor de posición del rotor.
11. Electroválvula de paro.
12. Electroválvula reguladora de menos caudal.
13. Émbolo del variador de avance.
14. Conexión eléctrica.
15. Electroválvula reguladora de más caudal.
16. Electroválvula reguladora de avance.
17. Válvula de mantenimiento de presión.
18. Sensor de posición del anillo de levas y de temperatura del combustible (no representado).

Figura 2.5. Elementos de la bomba Lucas EPIC.

2.3. SENSORES, UNIDAD DE CONTROL Y ACTUADORES

Los sistemas de inyección con bomba de inyección rotativa de émbolo axial con regulación EDC se componen de un conjunto de sensores y actuadores, que se explican a continuación.

Sensores:

- **Sensor de carrera de la aguja:** este elemento se integra en uno de los inyectores y detecta el momento en el que empieza la apertura del inyector. Se compone de un bobinado que es alimentado de forma constante por la unidad de control con una intensidad de unos 30 mA, generando un campo magnético. En el interior del bobinado se instala un perno de presión, que consiste en una prolongación del extremo superior de la aguja del inyector. El perno se mueve al ser empujado por la aguja, provocando una variación del campo magnético y, por tanto, una variación en la tensión de alimentación, que es continua. Gracias a esa perturbación, la unidad de control reconoce el inicio de inyección real y lo compara con el inicio teórico que tenía programado. En estos sistemas de alimentación se suelen instalar portainyectores bimuelle, que permiten realizar la inyección en dos fases, suavizando el proceso de combustión, ya que la presión en la cámara de combustión aumenta de forma más progresiva y, consecuentemente, se reducen las tensiones mecánicas y el ruido del motor. En el interior del inyector hay dos muelles con diferente rigidez, gracias a los cuales la inyección tiene lugar en dos fases:

  – *Primera fase:* empieza cuando la fuerza del primer muelle es vencida por la presión del combustible, estando limitada la carrera de la aguja por el casquillo de empuje, que a su vez está sometido a la presión del segundo muelle. En esta fase se inyecta una pequeña cantidad de combustible, correspondiente a cargas del motor bajas. Cuando la carga del motor es más elevada, sirve para realizar una preinyección que favorece un aumento progresivo de la presión en la cámara de combustión, antes de producirse la inyección principal.

  – *Segunda fase:* comienza cuando la presión del combustible es capaz de vencer la fuerza del primer muelle y del segundo por medio del casquillo de empuje. Durante esta fase se realiza la inyección principal, dándose a cargas medias y altas.

  La Figura 2.6 muestra el sensor de carrera de la aguja y el funcionamiento del portainyector bimuelle.

- **Sensor de posición del acelerador con interruptor de ralentí incorporado:** este dispositivo se ubica en el soporte del pedal del acelerador, dentro del habitáculo y es accionado por un cable de poca longitud, que provoca un par de giro alrededor de su eje. Gracias a un potenciómetro, la unidad de control reconoce con precisión la posición del pedal, interpretando la demanda de potencia por parte del conductor. En la carcasa donde se monta el transmi-

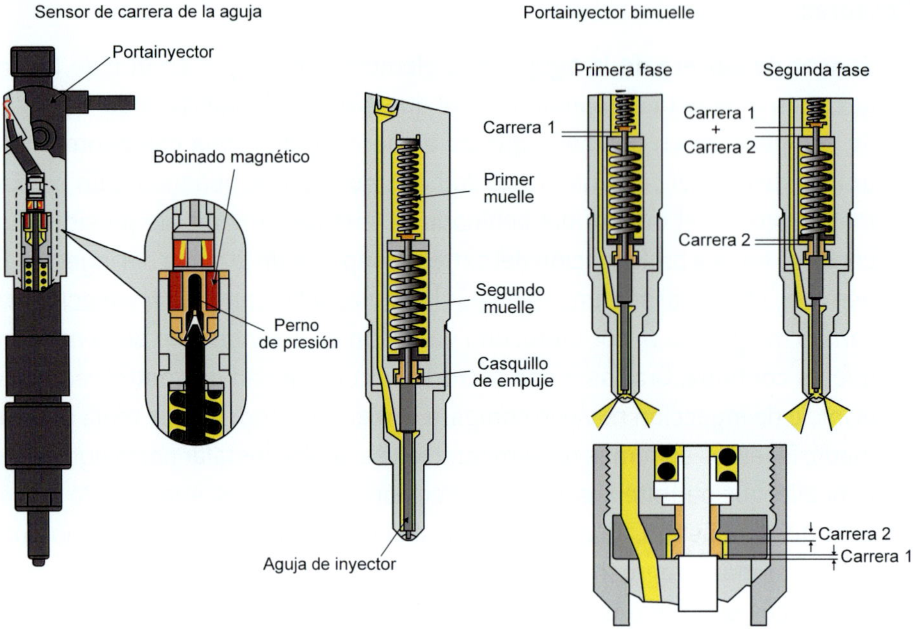

Figura 2.6. Sensor de carrera de la aguja y el funcionamiento del portainyector bimuelle.

sor, se dispone de un muelle de torsión que ofrece una reacción a la fuerza aplicada sobre el pedal. La señal ofrecida por el sensor de posición es necesaria para el cálculo del caudal y avance de la inyección. En el mismo sensor va integrado el interruptor de ralentí, que informa a la unidad de control de la posición de reposo del acelerador. Además, para los vehículos con cambio automático, se instala otro interruptor de *kick-down.* La función *kick-down* en los vehículos de transmisión automática consiste en incrementar la aceleración reduciendo a una marcha menor de forma automática, a partir de una determinada posición del pedal del acelerador. La Figura 2.7 muestra un esquema del sensor de posición del acelerador con interruptor de ralentí incorporado.

Al igual que en los sistemas de alimentación de gasolina, existen otros dispositivos para que la unidad de control reconozca la posición del acelerador.

- **Medidor de la masa de aire:** el medidor de la masa de aire suele ser de película caliente con detección del retroceso del aire, como los que se emplean en muchos motores de gasolina. Se instala después del filtro del aire y antes del compresor, si es que lo monta. La señal ofrecida por el medidor sirve para que la unidad de control calcule la masa aspirada. Esto es necesario para ajustar la proporción de gases de escape recirculados y para regular el caudal de combustible inyectado. La recirculación de gases de escape es un dispositivo anticontaminación que sirve para reducir las emisiones de NO_X.

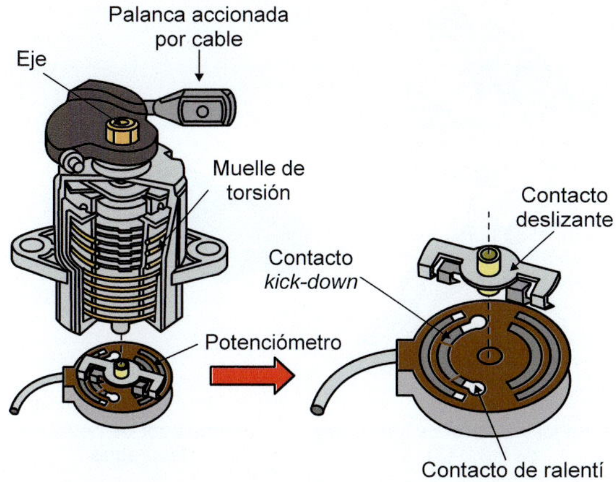

Figura 2.7. Sensor de posición del acelerador con interruptor de ralentí incorporado.

- **Sensor de temperatura del refrigerante:** la temperatura del líquido refrigerante es transmitida a la unidad de control a través de una sonda de tipo NTC. Esta información es necesaria para calcular el caudal y avance de inyección, así como para calcular el tiempo de precalentamiento y la proporción de gases de escape recirculados.
- **Sensor de temperatura del aire de admisión:** consiste en una sonda de tipo NTC, cuya información es utilizada por la unidad de control para limitar la presión de soplado, si el motor es sobrealimentado.
- **Conmutador de pedal de freno, de freno y de pedal de embrague:** los conmutadores de pedal de freno y de freno van instalados en el propio pedal. El primero se encarga de activar las luces de freno y el segundo sirve exclusivamente para la gestión electrónica. Su funcionamiento es opuesto, es decir, cuando uno está en reposo, está abierto, y cuando el otro está en reposo, está cerrado. La señal de los dos conmutadores la emplea la unidad de control para realizar el corte de inyección en deceleración y para comprobar la coherencia de la información. El conmutador de pedal de embrague informa a la unidad de control de si está o no en su posición de reposo, con el fin de modificar el caudal inyectado. De esta forma se reduce la cantidad de combustible inyectado durante un breve periodo de tiempo, suavizando el funcionamiento del motor durante los cambios de marcha. La Figura 2.8 muestra estos conmutadores.
- **Sensor de presión atmosférica y de presión del colector de admisión:** estos dos sensores pueden ir instalados en la unidad de control y suelen ser de tipo piezoeléctrico. El sensor de presión atmosférica sirve para que la unidad de control establezca el valor límite de la presión de sobrealimentación. El de presión en el colector de admisión registra la presión de soplado y la

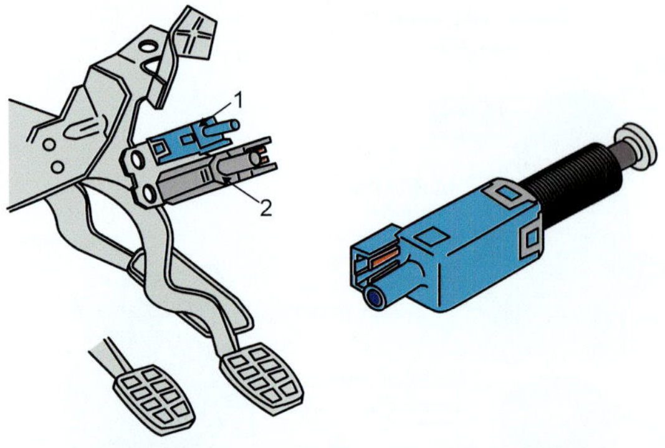

Figura 2.8. Conmutador de pedal de freno y de freno, y conmutador de pedal de embrague.

limita cuando llega a un cierto valor. Estos sensores se emplean en motores sobrealimentados.

- **Sensor de posición del collarín de regulación con sensor de temperatura del combustible incorporado:** este dispositivo se encuentra en el interior del cuerpo de la bomba rotativa, recibiendo el movimiento del eje del dosificador que acciona el collarín de regulación. Consta de dos captadores de tipo inductivo, por lo que no está sometido a desgastes mecánicos, ya que no hay contacto físico entre elementos. Tampoco hay errores de medición por caídas de tensión debidas al fluido en el que se sumerge. Cada captador está formado por un paquete de chapas y una bobina. Por otro lado, uno incorpora un anillo de cortocircuito fijo y el otro dispone de uno móvil. Las bobinas de los captadores son alimentadas con una tensión alterna de 10 kHz de frecuencia y de valor medio 5 V. Con esto se consigue un campo magnético alterno, que varía en función del anillo móvil. Debido a lo anterior, varía la tensión media a la salida del bobinado, sirviendo esta como información a la unidad de control. La señal del captador móvil se emplea para conocer la posición del collarín de regulación y la del captador fijo como referencia de la anterior, saliendo ambas con un mismo desfase hacia la unidad de control. La señal de este dispositivo es necesaria para que la unidad de control compare la posición real del collarín de regulación con la calculada teóricamente. La información del sensor de temperatura del combustible es recogida por la unidad de control para corregir el caudal de combustible inyectado. Esto es necesario porque la densidad del combustible varía con la temperatura. Como la cámara de alta presión en las bombas de émbolo axial es de muy reducidas dimensiones, por muy poco que varíe la masa de combustible con la temperatura puede no producirse una dosificación correcta. El sensor de temperatura de tipo NTC evita esta situación. La Figura 2.9 muestra los

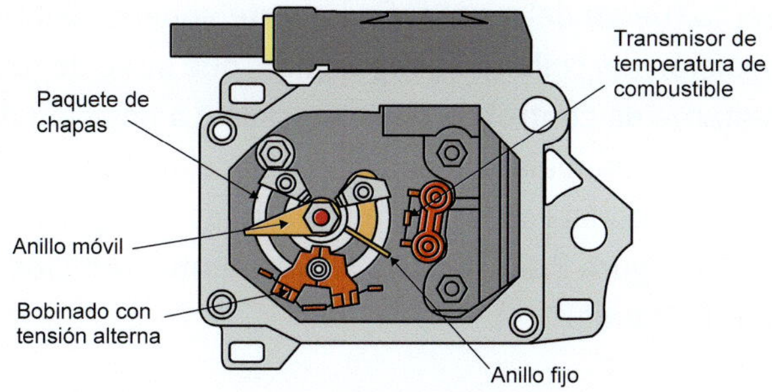

Figura 2.9. Elementos principales del sensor de posición del collarín de regulación con sensor de temperatura del combustible incorporado.

elementos principales del sensor de posición del collarín de regulación con sensor de temperatura del combustible incorporado.

La señal de referencia del captador fijo del sensor de posición del collarín de regulación es utilizada por la unidad de control para evitar las variaciones que sufre la señal del sensor móvil, por ejemplo, por efecto de la temperatura. Esto es posible porque la señal de referencia está sometida a las mismas condiciones de trabajo y sufre las mismas fluctuaciones que la del sensor móvil.

- **Otras señales:** en los sistemas EDC pueden ser necesarias otras señales suplementarias para adaptar el motor a diferentes condiciones de trabajo, como por ejemplo la de conexión del aire acondicionado, la de velocidad del vehículo, la del inmovilizador... Por otro lado, puede ser necesaria la señal del borne positivo del alternador para regular los calentadores del sistema de calefacción adicional, si lo lleva el vehículo.

Actuadores

- **Dosificador regulador del caudal:** este dispositivo se encuentra en la parte superior de la bomba rotativa. Está controlado por la unidad de control y su función es la de modificar el caudal de combustible suministrado, variando la posición del collarín de regulación. Esto último se lleva a cabo a través de un eje giratorio, en cuyo extremo se encuentra una rótula excéntrica. El eje puede girar un ángulo de unos 60° y regula el caudal de mínimo a máximo, de forma precisa y continua. El eje del regulador es accionado por un motor eléctrico de corriente continua formado por un inducido, que constituye el eje giratorio, y un bobinado, que genera el campo magnético en función de la excitación a masa que realiza la unidad de control. El eje retrocede a la posición de corte de combustible gracias a la acción de un muelle, siendo esta su posición inicial o de reposo. Con la variación de la tensión de excitación del bobinado por parte la unidad de control, esta puede controlar la posición del eje y vencer la fuerza del muelle. En la parte superior del eje se dispone el sensor de posición del collarín de regulación, que sirve de realimentación, teniendo un sistema de control de bucle cerrado. La posición del eje dependerá de las señales principales de posición de acelerador y régimen de giro, y de otras compensadoras como la temperatura del refrigerante, la masa de aire aspirada... La Figura 2.10 muestra los elementos principales del dosificador regulador del caudal.

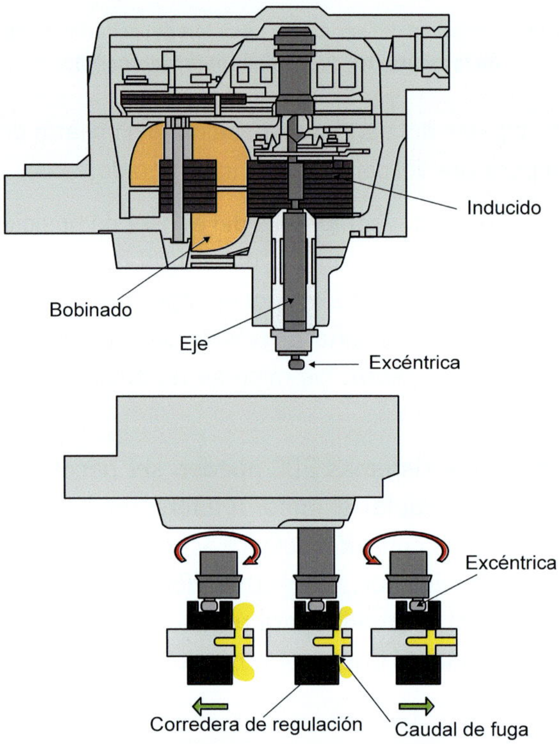

Figura 2.10. Elementos principales del dosificador regulador del caudal.

- **Electroválvula para la regulación del avance de inyección:** este elemento está situado próximo al variador de avance de la bomba y se encarga de modificar el avance, controlando la presión de combustible aplicada al émbolo del variador. Esta electroválvula está formada por un bobinado, un émbolo y un muelle. En su posición de reposo, el émbolo cierra el paso de combustible por la acción del muelle. La unidad de control se encarga de controlar la apertura de la electroválvula, regulando el combustible que se dirige hacia el retorno. De esta forma se puede gobernar la presión de combustible que se aplica al émbolo del variador y, por tanto, el avance de inyección. La unidad de control establece un avance teórico en función de la información recibida de diversos sensores. Con el sensor de carrera de la aguja reconoce el inicio exacto de la inyección y lo compara con el valor teórico. En consecuencia, operará sobre la electroválvula de regulación del avance. De esta forma se tiene un sistema de regulación automática de bucle cerrado. La unidad de control controla la electroválvula con una excitación a masa, teniéndose una señal de tipo PWM. Así, controlando la anchura del pulso se puede modificar el tiempo de activación de la electroválvula y la presión de combustible sobre el émbolo del variador. En la Figura 2.11 está representado este dispositivo.

- **Electroválvula de corte de combustible:** esta electroválvula es similar a la de los sistemas convencionales, salvo que ahora pasa a estar controlada por la unidad de control.

- **Otros actuadores:** en función del tipo de motor, se pueden tener otros actuadores. Algunos ejemplos son la electroválvula de control de la presión de sobrealimentación, la electroválvula de recirculación de gases de escape... Otro ejemplo serían las bujías de incandescencia para la calefacción adicional mostradas en la Figura 2.12. Los motores diésel de inyección directa son muy adiabáticos, es decir, que transmiten poco calor al sistema de refrigeración. Esto puede afectar al funcionamiento de la calefacción en climas fríos, por lo que es necesario instalar un sistema de bujías de incandescencia que calienten el líquido refrigerante en el tramo que se dirige hacia el radiador de la calefacción.

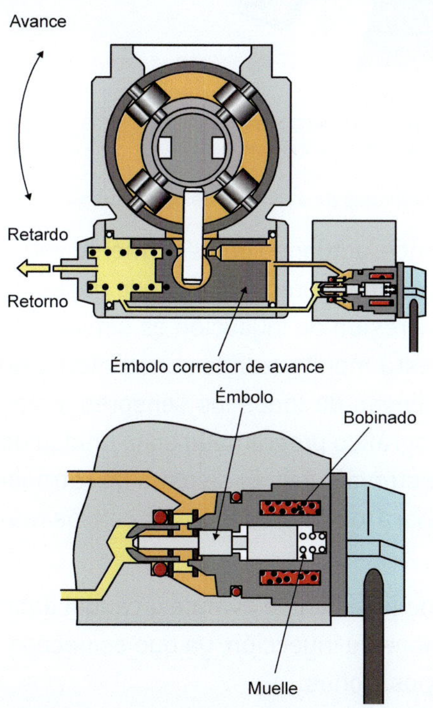

Figura 2.11. Electroválvula para la regulación del avance de inyección.

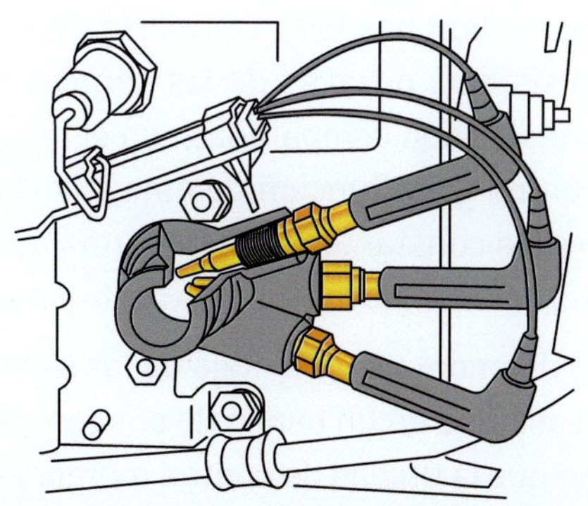

Figura 2.12. Bujías de incandescencia para la calefacción adicional.

A continuación se van a explicar los elementos más importantes de las bombas de inyección rotativas de émbolos radiales con regulación electrónica (EDC), tomando como ejemplo el sistema Lucas EPIC.

El conjunto de electroválvulas de avance y de más caudal es inseparable y se instala en la parte superior de la bomba, como indica la Figura 2.13. El conjunto de electroválvulas de paro y de menos caudal también es inseparable y se monta en la parte trasera de la bomba.

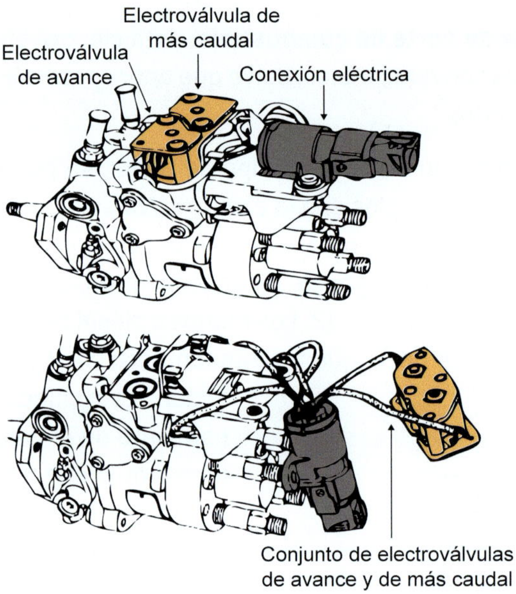

Figura 2.13. Conjunto inseparable de electroválvulas de avance y de más caudal.

La unidad de control calcula el caudal y avance, actuando posteriormente sobre las electroválvulas. Además, gestiona el sistema de recirculación de gases de escape (EGR). La forma de generar la alta presión de inyección es similar a la de las bombas DPC. La unidad de control está monitorizando constantemente el sistema a través de las señales que le llegan de todos los sensores. Estas señales son comparadas con el mapa cartográfico programado en la unidad de control y, en función de este, pilota las electroválvulas. El sistema se retroalimenta constantemente de forma que compara los valores teóricos con los reales, realizando los ajustes pertinentes.

El desmontaje y montaje de los sensores de posición de avance y caudal debe realizarse en un banco de ensayos de bombas de inyección, ya que es necesario que la unidad de control memorice sus posiciones.

El árbol de mando de la bomba se monta sobre dos rodamientos, entre los cuales se instala la bomba de transferencia, a diferencia de las bombas DPC. El extremo interior del eje está ranurado y tiene una sección cónica para introducir el rotor distribuidor, con los émbolos de alta presión, las zapatas portarrodillos y los rodillos, como aparece en la Figura 2.14. Las zapatas portarrodillos tienen fresadas lateralmente unas rampas que apoyan contra las superficies guía de la sección cónica del árbol de mando. La altura de las zapatas, y con ella la carrera de los émbolos de alta presión, varía por el movimiento axial del rotor y el contacto de las rampas.

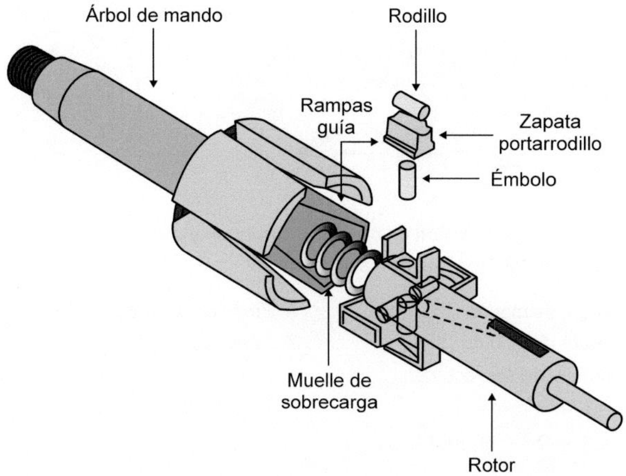

Figura 2.14. Detalle del árbol de mando y del rotor de una bomba Lucas EPIC.

En algunas bombas, se montan cuatro émbolos radiales de alta presión en lugar de dos. Esto permite disponer de una alta presión a la salida de la bomba, pudiendo superar los 750 bar, necesaria para motores de inyección directa.

El combustible se dosifica con el ajuste radial de las zapatas portarrodillos con la rampa practicada en el árbol de mando, que modifica el volumen de carga de los émbolos de alta presión. Esto se consigue con el desplazamiento axial del rotor, por medio de la presión de transferencia. Cuando el motor está parado, el muelle de sobrecarga obliga al rotor a situarse en la posición inicial, maximizando el llenado de los émbolos durante la fase de arranque. A la velocidad de arranque, se genera la presión de transferencia y el módulo electrónico activa las válvulas electromagnéticas de más y de menos caudal, mediante una señal de mando de tipo PWM. La válvula de menos caudal llena de combustible la cámara del rotor y la presión hace que se venza la fuerza del muelle de sobrecarga, deslizándose las zapatas por las rampas y reduciéndose el caudal inyectado. Este proceso se resume en la Figura 2.15.

El módulo electrónico utiliza un sensor inductivo para conocer la posición precisa del rotor. La señal emitida por el sensor se compara con los valores teóricos calculados por el módulo. De esta forma se ajusta el caudal de combusti-

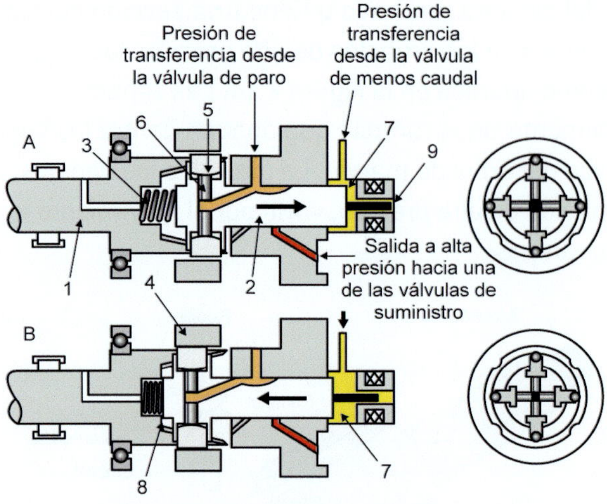

A. Posición de caudal de arranque y plena carga.
B. Posición de caudal nulo.

1. Árbol de mando.
2. Rotor distribuidor.
3. Muelle de sobrecarga.
4. Anillo de levas.
5. Zapatas portarrodillos.
6. Émbolos de alta presión.
7. Cámara del rotor.
8. Tope de caudal nulo.
9. Tope de caudal de plena carga.

Figura 2.15. Posición de caudal máximo y de caudal nulo de una bomba Lucas EPIC.

ble inyectado continuamente, al actuar sobre las electroválvulas de más y de menos caudal. Esto permite, por ejemplo, mantener una velocidad de ralentí estable. El sensor de posición del rotor se explica observando la Figura 2.16. Consiste en un generador inductivo con una armadura de hierro dulce de forma cónica, atornillada al centro del rotor, que se desplaza por el interior de una bobina sujeta a la carcasa. Con el movimiento de la armadura, se genera una señal reconocible por el módulo electrónico, que le informa de su posición. La posición axial del rotor solo se puede variar entre ciclos de inyección, coincidiendo con el momento en que los rodillos no están bajo carga. El sensor incorpora una resistencia NTC para compensar el valor de la señal en función de la temperatura. La instalación del sen-

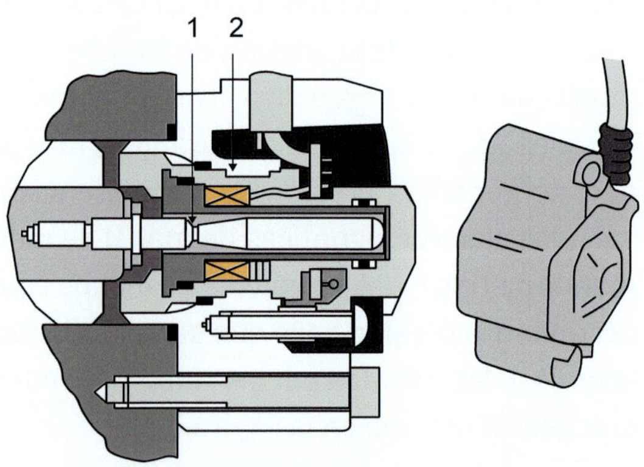

1. Armadura de hierro.
2. Bobina.

Figura 2.16. Sensor de posición del rotor.

sor de posición del rotor es muy delicada y se hace durante el ensamblado de la bomba. El ajuste fino del sensor se hace con una resistencia de calibración. El módulo electrónico corrige la señal del sensor con el valor de la caída de tensión de la resistencia de calibración, asociando este valor a una tabla de corrección programada.

El inicio de la inyección queda determinado por la posición del émbolo del mecanismo de avance. Para poder ajustar el avance de la inyección, la unidad de control o módulo electrónico necesita saber ciertos parámetros, que registra por medio de diversos sensores, como muestra la Figura 2.17. Un sensor inductivo informa sobre la posición del anillo de levas. Este sensor lleva integrado otro que mide la temperatura del combustible y una resistencia NTC adicional de compensación de temperatura. Para sincronizar las órdenes de mando, es necesario conocer la posición del pistón del cilindro 1 del motor, con un sensor montado en el cigüeñal o en el árbol de levas. La bomba incorpora un sensor de efecto Hall que mide el régimen de giro y la posición de la misma. El avance de inyección se varía hidráulicamente con el mecanismo de avance, donde su émbolo está sometido, por un lado a la presión de transferencia, y por el otro, a la fuerza de un muelle de compresión y a la presión reguladora. La presión reguladora se genera a partir de la de transferencia, modificada por la electroválvula de avance, comandada por la unidad de control mediante una señal de impulsos conectados a masa. La electroválvula de avance controla el paso de combustible a la cámara del variador donde se encuentra el muelle. La diferen-

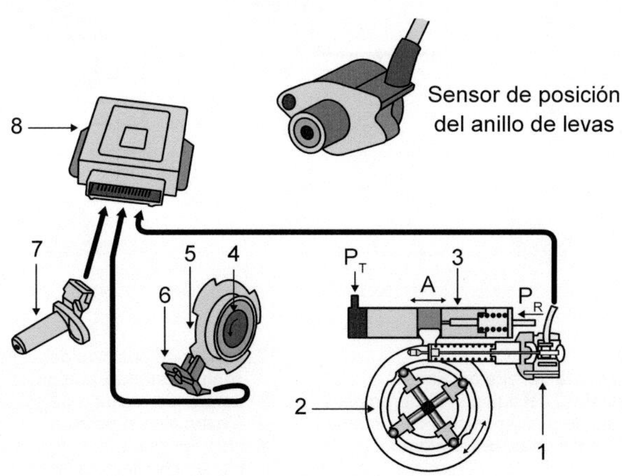

1. Sensor de posición del anillo de levas.
2. Anillo de levas.
3. Émbolo del variador de avance.
4. Disco con cuatro segmentos.
5. Segmento de posición más corto.
7. Sensor del cigüeñal.
8. Unidad de control.
A. Movimiento de avance.
P_T. Presión de transferencia.
P_R. Presión de regulación.

Figura 2.17. Sensores necesarios para ajustar el avance de la inyección.

cia de presiones a ambos lados del émbolo del variador hace posible el ajuste del avance de inyección, fijándose este cuando las fuerzas aplicadas se encuentren en equilibrio. Mediante válvulas de retención y orificios de reducción, se evita un avance de inyección descontrolado por fluctuaciones de la presión de combustible.

La Figura 2.18 muestra los elementos fundamentales del sistema de inyección con bomba rotativa de émbolos radiales Lucas EPIC. Como puede apreciarse, muchos dispositivos son similares a los estudiados en las bombas rotativas de émbolo axial con regulación electrónica EDC.

2.4. SISTEMAS DE AUTODIAGNOSIS

Antes de ser obligatorio el protocolo EOBD para vehículos con motor diésel, los sistemas que incorporaban regulación electrónica EDC implementaban un sistema de autodiagnosis que informaba al conductor de alguna anomalía en el

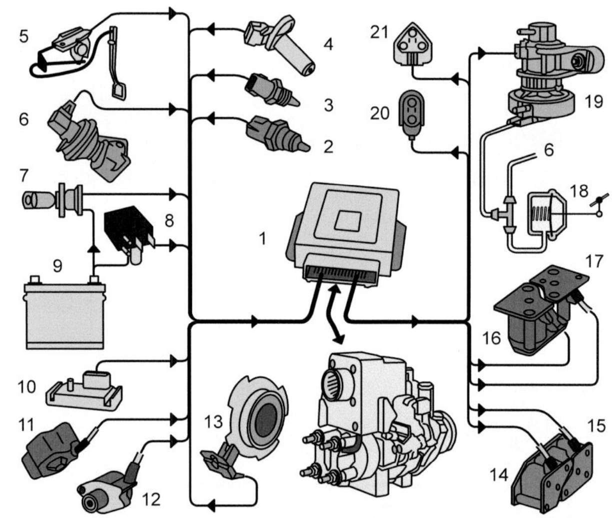

1. Unidad de control.
2. Sensor de temperatura del aire aspirado.
3. Sensor de temperatura del líquido refrigerante.
4. Sensor de régimen de giro y posición del cigüeñal.
5. Sensor de posición del pedal del acelerador e interruptor de Ralentí.
6. Sensor de la válvula EGR.
7. Llave de contacto.
8. Relé.
9. Batería.
10. Sensor MAP.
11. Sensor de posición del rotor.
12. Sensor de posición del anillo de levas y de temperatura del combustible.
13. Sensor de régimen de giro y posición de la bomba.
14. Electroválvula de paro.
15. Electroválvula de menos caudal.
16. Electroválvula de avance.
17. Electroválvula de más caudal.
18. Cápsula de vacío con mariposa.
19. Transductor de vacío.
20. Conexión de disgnóstico.
21. Conexión de autodiagnóstico.

Figura 2.18. Elementos fundamentales del sistema de inyección con bomba rotativa de émbolos radiales Lucas EPIC.

sistema a través de un testigo en el cuadro de instrumentos. Este testigo podía ser independiente o informar del precalentamiento, durante el tiempo que dura este antes del arranque, y de una avería, manteniéndose este iluminado de forma permanente. La Figura 2.19 muestra un ejemplo del testigo de precalentamiento y avería.

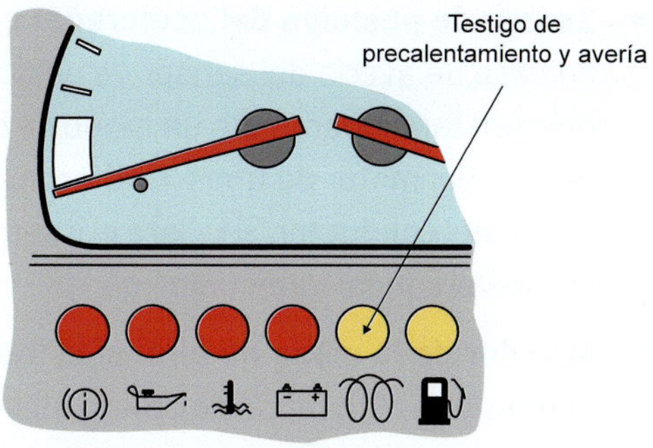

Figura 2.19. Testigo de precalentamiento y avería.

Muchos fabricantes pueden programar algún sistema de autodiagnosis mediante código de destellos. Por otro lado, pueden tener códigos propios de avería legibles mediante máquina de diagnosis, propia de cada marca.

Los códigos de averías que afectan a elementos influyentes en el control de la contaminación se unificaron mediante los protocolos OBD, OBDII y EOBD, pudiendo ser leídos con un aparato estandarizado al alcance de cualquier usuario, que se conecta a la toma de diagnosis.

Gracias a los sistemas de autodiagnosis, la unidad de control puede establecer determinados modos de funcionamiento de emergencia o modos degradados, que permiten al conductor llegar hasta el taller más cercano para resolver la avería, reduciendo las prestaciones del motor. A continuación se ponen algunos ejemplos de modos de compensación para determinados elementos del sistema EDC, pudiendo variar la estrategia en función del sistema utilizado:

- **Sensor de carrera de la aguja:** si se avería este sensor, la unidad de control pone en marcha un modo de emergencia, donde se establece un avance de inyección fijo en función de los valores teóricos que tiene programados y se reduce el caudal inyectado.
- **Sensor de régimen de giro y posición angular del cigüeñal:** en caso de avería, la unidad de control pasa a un modo de emergencia y el régimen de giro es estimado con la señal del sensor de carrera de la aguja. Este modo de emergencia implica que el avance de inyección se calcula a partir de valores teóricos prefijados y se limita tanto el caudal inyectado como la presión de soplado, si el vehículo es sobrealimentado. Por otro lado, el corte en deceleración y el aire acondicionado, si lo equipa, quedan desactivados. El conductor percibirá un ralentí acelerado ya que no se lleva a cabo la estabilización del ralentí y que al soltar el acelerador, bajando una pendiente por ejemplo, el motor no retiene de la misma forma.

- **Sensor de posición del acelerador con interruptor de ralentí incorporado:** en caso de avería del sensor de posición del acelerador, la unidad de control pone en funcionamiento un modo de emergencia en el que se fija un régimen de giro del motor de unas 1.300 rpm, no respondiendo a la demanda de potencia del conductor. Si fallara el interruptor de ralentí, la unidad de control no corrige el caudal inyectado.
- **Medidor de la masa de aire:** si el medidor se averiara, la unidad de control conmutaría a un modo de emergencia en el que se reduciría la presión de soplado a un valor fijo, en caso de vehículos con sobrealimentación, de forma que se optimice el funcionamiento del motor a carga parcial.
- **Sensor de temperatura del refrigerante:** si falla, la unidad de control, en su modo de emergencia, sustituye su señal por la de temperatura del combustible. Por otro lado, se establece un tiempo de precalentamiento máximo y no se pone en marcha la calefacción adicional.
- **Sensor de temperatura del aire de admisión:** en caso de avería, la unidad de control hace sus cálculos con respecto a un valor fijo de la temperatura del aire admitido de 20 °C. Por otro lado, limita la presión de soplado si el vehículo es sobrealimentado.
- **Conmutador de pedal de freno, de freno y de pedal de embrague:** si existe alguna avería en los conmutadores del pedal de freno o si su señal no es coherente, la unidad de control modifica el caudal inyectado. Sin embargo, si el conmutador de pedal de embrague falla, no se corrige el caudal.
- **Sensor de presión atmosférica y de presión del colector de admisión:** en caso de avería de alguno de estos dos sensores, la unidad de control entra en un modo de emergencia en el que no se regula la presión de soplado, si el vehículo es sobrealimentado. En su lugar, se establece una corriente de excitación fija para la electroválvula de regulación de la presión de sobrealimentación.
- **Sensor de posición del collarín de regulación con sensor de temperatura del combustible incorporado:** si el sensor de posición del collarín de regulación se averiara, el motor se para por seguridad, ya que la unidad de control corta el combustible a través del dosificador, llevándolo a la posición de parada. Si falla el sensor de temperatura del combustible, la unidad de control establece un valor fijo y a partir de ahí regula el caudal inyectado.
- **Dosificador regulador del caudal:** si el dosificador se avería, el motor se para, ya que el muelle lo devuelve a su posición de reposo y el collarín de regulación se desplaza en sentido de máxima fuga de combustible del émbolo distribuidor.

- **Electroválvula para la regulación del avance de inyección:** si la electroválvula falla, no se realiza la regulación del avance de la inyección y este queda excesivamente adelantado. La unidad de control establece un modo de emergencia en el que se corrige el caudal inyectado y se limita la presión de soplado, si el motor es sobrealimentado.

2.5. PROTOCOLO EOBD, LÍNEAS DE COMUNICACIÓN MULTIPLEXADAS

El diagnóstico de a bordo es un sistema que vigila constantemente si existe alguna avería que pueda influir en las emisiones contaminantes del vehículo. Existen dos versiones de diagnóstico de a bordo, que son el sistema OBD (*On Board Diagnosis*), que surge y se aplica en Estados Unidos, y el EOBD (*Euro On Board Diagnosis*), que se aplica en Europa.

El sistema OBD

La autoridad competente en California dedicada al mantenimiento de la pureza del aire CARB (*California Air Resources Board*) lleva desde el año 1970 emitiendo especificaciones legales para disminuir la contaminación atmosférica. Gracias a ello, surge el OBD I, que conllevaba la implantación de un sistema de diagnóstico de a bordo en todos los vehículos nuevos fabricados a partir del año 1991. El OBD I vigila la funcionalidad de los sensores y actuadores basándose en la medición de las caídas de tensión en cada componente, como por ejemplo cortocircuito a masa, cortocircuito a positivo o interrupción de una línea de corriente. El vehículo debe disponer de un testigo de mal funcionamiento MIL (*Malfunction Indicator Light*), que se enciende para alertar al conductor de cualquier fallo detectado. Por otro lado, los códigos de diagnóstico deben ser almacenados para identificar las áreas relacionadas con el fallo. Los sistemas OBD I no detectan algunos problemas relativos a la emisión de gases, como por ejemplo una avería en el catalizador. Es posible que el testigo MIL se encienda tras un cierto tiempo en el que el vehículo ha estado emitiendo un exceso de sustancias nocivas. Por otro lado, puede que no se encienda, ya que hay determinados fallos que no puede detectar.

El sistema OBD II: tras la implantación del sistema OBD I surgió una directriz que obligaba a ampliarlo, apareciendo el OBD II. El OBD II empezó a ser obligatorio para vehículos nuevos de gasolina a partir de año 1996 y para vehículos diésel a partir de 1997. El sistema ODB II realiza las mismas funciones de vigilancia que el sistema OBD I, pero además monitoriza:

- El funcionamiento de los componentes que tienen importancia para los gases de escape, así como la coherencia de sus señales.
- El funcionamiento de sistemas completos.
- El área de tracción.

La tabla de la Figura 2.20 muestra los objetivos del sistema OBD II y los componentes y sistemas que vigila, tanto en motores de gasolina como diésel.

OBJETIVOS DEL SISTEMA OBD II	VIGILANCIA DE COMPONENTES Y SISTEMAS	
	EN MOTORES DE GASOLINA	EN MOTORES DIÉSEL
Vigilar todos los componentes importantes para la calidad de los gases de escape. Proteger el catalizador ante un posible peligro del mismo. Avisar visualmente al conductor de si hay componentes relacionados con los gases de escape que presentan fallos en su funcionamiento. Memorizar averías. Posibilitar el diagnóstico.	Catalizador. Sondas lambda. Fallos de combustión. Sistema de aire secundario. Sistema EGR. Sistemas de desaireación del depósito con prueba de fugas. Sistema de distribución del combustible. CAN-Bus. Sensores y actuadores relacionados con las emisiones de gases de escape, conectados a la unidad de control. Cambio automático.	Fallos en la combustión. Sistema EGR. Regulación del comienzo de la inyección. Regulación de la presión de sobrealimentación. CAN-Bus. Unidad de control para sistemas de inyección directa. Sensores y actuadores relacionados con las emisiones de gases de escape, conectados a la unidad de control. Cambio automático.

Figura 2.20. Objetivos del sistema OBD II y los componentes y sistemas que vigila, tanto en motores de gasolina como diésel.

El sistema EOBD

Es una adaptación del sistema OBD II a las normativas anticontaminación que rigen en la Unión Europea. El 13 de octubre de 1998 la Unión Europea aprobó la directriz UE 98/69/CE, por la que se establece la implantación obligatoria del sistema EOBD para todos los países miembros. Alemania, por su parte, transformó esta directriz en una normativa jurídica nacional. La implantación del sistema EOBD no tiene relación directa con las normativas referentes a los gases de escape, como por ejemplo las normas EURO. A partir del 1 de enero de 2000, es necesario que todos los vehículos nuevos con motor de gasolina dispongan de sistema EOBD para su homologación. Los vehículos nuevos con motor diésel deben disponer de sistema EOBD para su homologación a partir del 1 de enero de 2003.

La Figura 2.21 representa cronológicamente la implantación de los sistemas OBD I, OBD II y EOBD.

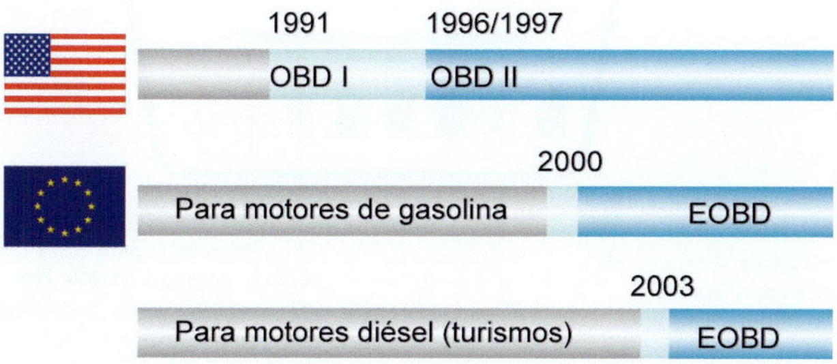

Figura 2.21. Representación cronológica de la implantación de los sistemas OBD I, OBD II y EOBD.

Los objetivos del sistema EOBD son similares a los del sistema OBD II, aunque puede haber diferencias en los componentes y sistemas que debe vigilar. Los fabricantes, por su parte, también pueden añadir funciones de vigilancia además de las prescritas para cada normativa.

Para conseguir llevar a cabo el diagnóstico de a bordo de una forma estandarizada, es necesario lo siguiente:

- **Un terminal de diagnóstico normalizado en una zona cercana al puesto de conducción.**

  La Figura 2.22 muestra este terminal, define su forma y ubica los pines correspondientes.

- **Unos códigos de avería estandarizados para todos los fabricantes.**

  Los códigos de diagnóstico de averías o DTC [*Data Trouble Codes*] orientan en la detección de fallos. La Sociedad Americana de Ingenieros [SAE] publicó la norma J2012 para estandarizar el formato de los códigos de diagnóstico. De esta forma, los escáneres genéricos pueden acceder a cualquier sistema. El código de avería consta de un valor alfanumérico de cinco dígitos con la siguiente estructura:

  – *Primer dígito:* designado siempre por un letra:

    - Pxxxx para el área del grupo motopropulsor.
    - Bxxxx para el área de carrocería.

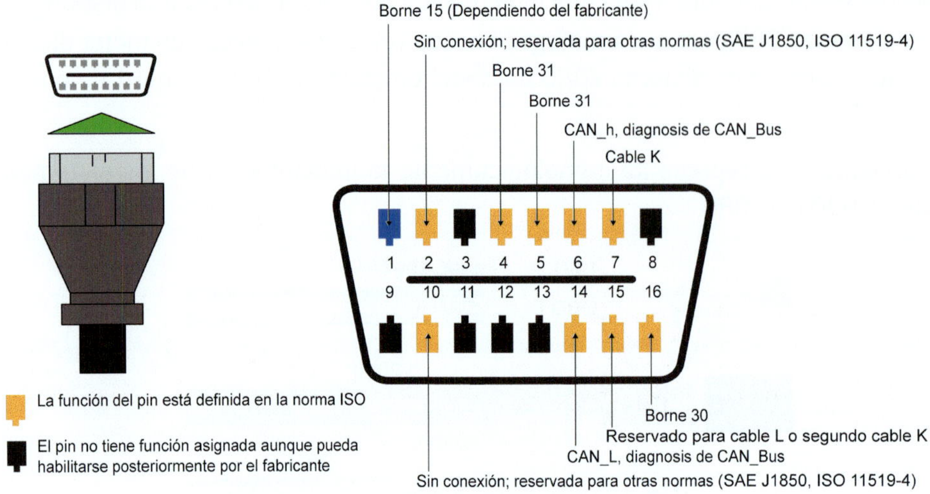

Figura 2.22. Terminal de diagnóstico normalizado.

- Cxxxx para el área del tren de rodaje.
- Uxxxx para sistemas futuros y comunicación en red.

– *Segundo dígito:* identifica el código de la norma:

- P0xxx para códigos de avería definidos por la norma SAE, que pueden ser visualizados por sistemas de diagnóstico universales y que tienen textos descriptivos específicos. Una ampliación de estos códigos son los de tipo P2xxx.
- P1xxx para códigos de avería definidos por el fabricante, que no tienen textos descriptivos específicos, aunque pueden ser conocidos por la autoridad competente. Una ampliación de estos códigos son los que tienen una estructura P3xxx.

– *Tercer dígito:* informa sobre el sistema o componente en el que se presenta la avería:

- Px1xx: medición de combustible y aire.
- Px2xx: medición de combustible y aire.
- Px3xx: sistema de encendido.
- Px4xx: regulación suplementaria de los gases de escape (control de emisiones adicional).
- Px5xx: regulación de la velocidad y del ralentí.

- Px6xx: señales de la unidad de control y señales de salida.
- Px7xx: transmisión.
- Px8xx: transmisión.
- Px9xx: módulos de control, señales de entrada y salida.

– *Cuarto y quinto dígitos:* sirven para identificar los componentes y el sistema.

Un ejemplo de código de avería es el P0131, que pertenece al área del grupo motopropulsor, está definido por la norma SAE, se refiere a la medición del combustible y aire y el componente involucrado es el sensor de oxígeno antes del catalizador, que tiene su señal cortocircuitada a masa.

- **Poder visualizar las averías a través de un escáner universal para diagnóstico disponible en el mercado.**

La legislación exige que el sistema de diagnóstico de a bordo permita que sus datos puedan ser consultados por cualquier equipo de lectura genérico para OBD (*OBD Generic Scan Tool*). Las averías memorizadas se pueden consultar por medio de este dispositivo, que se conecta a una terminal de diagnóstico accesible desde el asiento del conductor. El documento J1978 de la SAE describe los requerimientos mínimos para un escáner de OBD II. Los fabricantes de estos dispositivos pueden añadir funciones complementarias, pero los requerimientos básicos han de ser:

– Detección automática de la interfaz de comunicación usada.

– Detección automática y exhibición de la disponibilidad de información sobre inspección y mantenimiento.

– Exhibición de los códigos de diagnóstico relacionados con las emisiones, con los datos en curso, con el congelado de datos y con la información del sensor de oxígeno.

– Posibilidad de borrado de los códigos de avería (DTC), de los datos congelados y del estado de las pruebas de diagnóstico.

La Figura 2.23 muestra un ejemplo de escáner para OBD.

Figura 2.23. Ejemplo de escáner para OBD.

- **Definir el momento y forma en el que ha de visualizarse un fallo relacionado con los gases de escape.**

  Esto se hace a través del testigo de avería de los gases de escape MIL (*Malfunction Indicator Light*). El funcionamiento puede diferir entre el sistema OBD II y EOBD. Generalmente, el modo de operar es el que se indica a continuación:

  – *En el sistema OBD II:* si se presentan fallos que puedan dañar el catalizador, el testigo de aviso de gases de escape (MIL) se ilumina de forma intermitente, con una frecuencia de una vez por segundo. Si el fallo provoca que se superen 1,5 veces las emisiones contaminantes indicadas por la norma, durante el primer ciclo de conducción, se apaga el testigo y se inscribe el fallo en la memoria de averías. Si el fallo persiste tras el segundo ciclo de conducción, el testigo se ilumina de forma continua. Un ciclo de conducción o *driving cycle* se compone del arranque del motor, la ejecución de una función de diagnóstico prefijada y la parada del motor. La Figura 2.24 representa esquemáticamente este proceso.

Figura 2.24. Representación esquemática del proceso de iluminación del testigo MIL en el sistema OBD II.

  – *En el sistema EOBD:* al activar el contacto, el testigo MIL debe iluminarse, apagándose tras arrancar el motor si no hay inscrita ninguna memoria de avería. Si se detecta algún fallo que pueda afectar a la composición de los gases de escape, el testigo se ilumina de forma permanente y el sistema tiene un cuentakilómetros que mide la distancia recorrida desde que se encendió el testigo. El testigo MIL se ilumina si el sistema detecta el mismo fallo importante para la composición de los gases de escape durante 2 o 3 ciclos de calentamiento. Se apaga si el sistema deja de observar el fallo tras 4 ciclos de calentamiento. No obstante, la avería sigue memorizada. Si se realizan 40 ciclos de calentamiento y no se reproduce el fallo, se borra la memoria de la avería, la distancia recorrida desde la incidencia y los datos de entorno del fallo. La Figura 2.25 muestra esquemáticamente este proceso. El cuentakilómetros interno del sistema se pone a cero cuando se borra la memoria de averías, tras 40 ciclos de calentamiento sin fallo o después de apagarse el testigo después de cuatro ciclos sin fallo y se vuelve a encender porque resurge. Un ciclo de calentamiento o *warm-up cyle* (WUP) consiste en un ciclo de conducción en el que la temperatura del motor se ha incrementado como mínimo 23 °C y ha alcanzado al menos 70 °C.

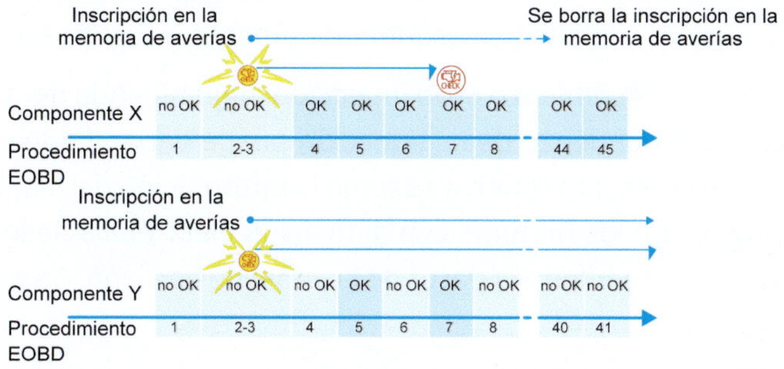

Figura 2.25. Representación esquemática del proceso de iluminación del testigo MIL en el sistema EOBD.

- **Normalizar las denominaciones y abreviaturas de componentes y sistemas.**

  Dada la aparición de numerosas normas sobre la emisión de gases de escape, ha sido necesario incorporar una gran cantidad de componentes y sistemas al motor. Para facilitar el diagnóstico y la reparación de averías, en 1991 la SAE publicó un listado de términos, definiciones, abreviaturas y acrónimos de componentes y sistemas susceptibles de diagnóstico. La publicación resultante es la J1930 y hace referencia a:

  – Manuales de reparación, servicio y diagnóstico.

  – Boletines y actualizaciones.

  – Manuales de entrenamiento.

  – Bases de datos de reparaciones.

  – Clasificación de las emisiones del motor.

  – Aplicaciones de certificados de emisiones.

  A continuación se exponen los componentes y sistemas más importantes que vigila el OBD II y el EOBD en motores diésel:

  – *Fallos en la combustión:* la vigilancia se realiza de la misma forma que en los motores de gasolina, explorando las marcas practicadas en el volante de inercia y la fase. La fase, dependiendo del sistema, puede ser tomada de un sensor de fase o a través del sensor de carrera de la aguja, que va instalado en uno de los inyectores.

- *Sistema EGR:* en el caso de los motores diésel, esta comprobación se realiza a través del medidor de la masa de aire. El sistema funciona correctamente si durante la recirculación de los gases de escape, la masa de aire admitida disminuye con respecto a la fase en la que no se produce recirculación, como indica esquemáticamente la Figura 2.26.
- *Regulación del comienzo de la inyección:* dependiendo del sistema, la regulación del comienzo de la inyección puede variar. En los motores con bomba de inyección rotativa se toma la información del sensor de carrera de la aguja. En los motores con activación electrónica de los inyectores, la información se toma a partir de la señal de corriente de alimentación a los inyectores.
- *Regulación de la presión de sobrealimentación:* el sistema monitoriza la presión de soplado para comprobar si supera el límite prescrito. En algunos motores modernos se vigila la desviación de la presión de sobrealimentación, pudiéndose realizar en ciertas condiciones operativas, establecidas según el régimen de giro y cantidad de combustible inyectado. Si la desviación de la regulación de la presión de sobrealimentación se encuentra fuera de un margen admisible sobre un período de tiempo definido, significa que hay una avería en el sistema de presión de sobrealimentación. La Figura 2.27 representa a modo de ejemplo cómo se procede en estas circunstancias y puede servir de referencia para entender el modo de monitorizar otro tipo de parámetros.
- *CAN-Bus:* el sistema conoce todos los componentes que están conectados a la red CAN-Bus. Si se detecta que uno de ellos no puede transmitir

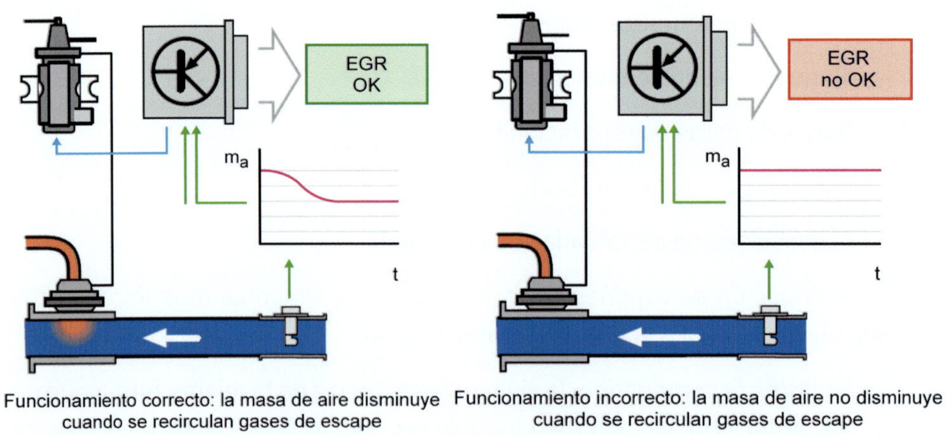

Figura 2.26. Vigilancia del sistema EGR en un motor diésel.

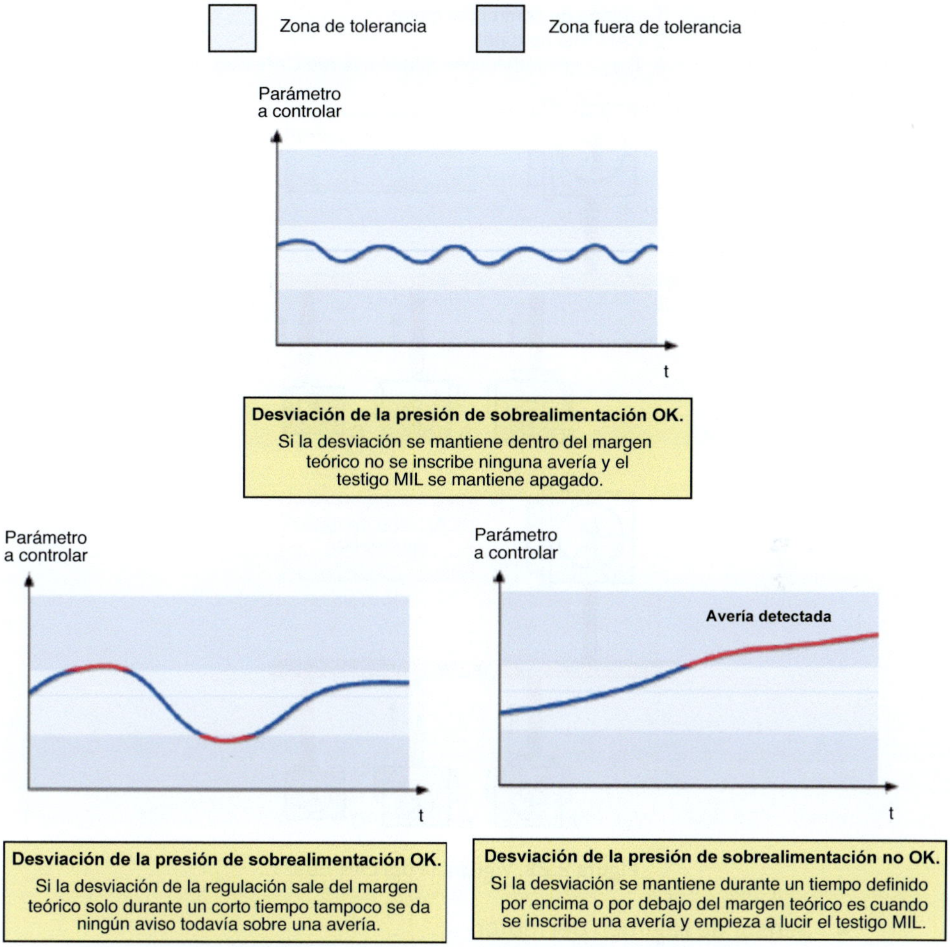

Figura 2.27. Regulación de la presión de sobrealimentación.

información, se memoriza la avería, como puede verse esquemáticamente en la Figura 2.28.

– *Otros sensores y señales:* existen otros elementos susceptibles de ser vigilados, como el medidor de la masa de aire, la unidad de control del sistema de precalentamiento y otros similares a los que emplean los motores de gasolina. A medida que se han ido implantando nuevas tecnologías, en el diagnóstico de a bordo se han implementado nuevos protocolos de vigilancia, como por ejemplo para el filtro de partículas diésel DPF o el sistema de reducción catalítica selectiva SCR. A continuación y a modo de ejemplo, se encuentra una relación de componentes relevantes para el protocolo EOBD en motores diésel modernos, recordando que el tipo, el número y la función de estos elementos dependerá del sistema de alimentación y gestión empleado.

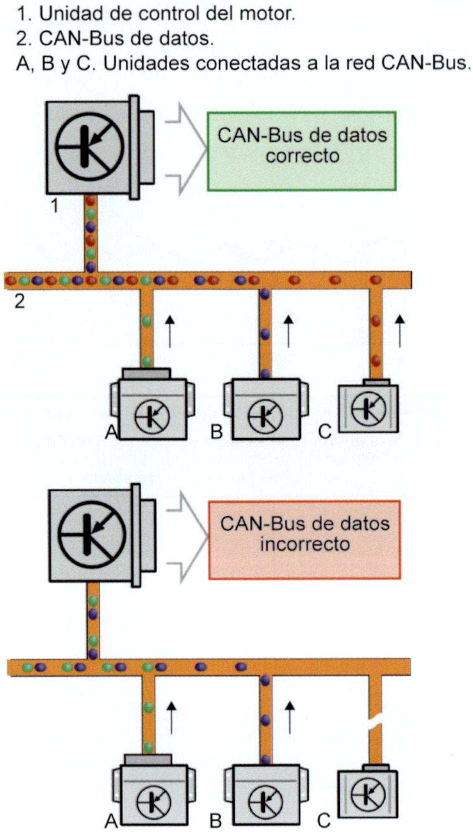

Figura 2.28. Vigilancia del CAN-Bus.

- Sensor de régimen del motor.
- Sensor de temperatura del líquido refrigerante.
- Sensor de altitud.
- Medidor de la masa de aire por película caliente.
- Sensor de presión de sobrealimentación.
- Sensor de temperatura del combustible.
- Sensor de carrera de la aguja en bombas rotativas EDC.
- Sensor de recorrido de la corredera de regulación en bombas rotativas EDC.
- Sensor de temperatura del aire aspirado.
- Sensor de depósito de aditivo de combustible vacío (para DPF).
- Sensor de temperatura del aire antes del compresor.

- Sonda lambda.
- Sensor de temperatura anterior al filtro de partículas (para DPF).
- Sensor de presión diferencial (para DPF).
- Electroválvula para limitación de la presión de sobrealimentación.
- Electroválvula o mariposa robotizada para recirculación de gases de escape.
- Motor eléctrico para la chapaleta en el colector de admisión.
- Válvula de conmutación para el radiador de recirculación de gases de escape.
- Actuador de dosificación en bombas rotativas EDC.
- Válvula para el comienzo de la inyección en bombas rotativas EDC.
- Electroválvulas para el inyector bomba e inyectores en sistemas *common rail.*
- Bomba eléctrica de combustible de transferencia.
- Unidad de control de activación de las bujías de precalentamiento.
- Bomba para el aditivo del filtro de partículas (para DPF).
- Calefacción para la sonda lambda.
- Testigo MIL.

Las redes multiplexadas interconectan las diferentes unidades de mando entre sí mediante un cableado específico, denominado bus de datos. De esta forma se intercambia y comparte información, reduciendo de forma significativa volumen, peso y complejidad de la instalación eléctrica.

Se pueden encontrar diferentes tipos de redes multiplexadas en función de lo siguiente:

- El canal de transmisión: cables eléctricos, fibra óptica, ondas de radio...
- El tipo de señal para transmitir la información: corriente eléctrica, luz...
- El protocolo de comunicación.

En función de la estructura y velocidad necesaria en la red, los fabricantes han implementado en los vehículos los siguientes tipos de redes:

- CAN-BUS.
- VAN-BUS.

- LIN-BUS.
- MOST-BUS.
- Bluetooth™.

Para la gestión del motor, normalmente se emplea una línea CAN-BUS de alta velocidad. Consiste en un par trenzado de cables de cobre, denominados CAN-HIGH y CAN-LOW, al que están conectadas todas las unidades de control y por el que envían y reciben la información. Por ambos cables circula la misma información para tener un sistema redundante y protegerse de perturbaciones electromagnéticas, aumentando la fiabilidad.

La Figura 2.29 representa un esquema de una línea CAN-BUS empleada en el sistema de tracción de un vehículo, en el que pueden verse todas las unidades de control que intervienen en el mismo. A modo de ejemplo, se va a suponer que se quiere gestionar la información relativa a la velocidad de desplazamiento del vehículo. Esta información es recibida por la unidad de control del ABS, a través de sus sensores. El mensaje se vuelca al CAN-BUS y lo reciben todas las unidades de control, pero no a todas las unidades de control les interesa esta información, por lo que unas procesarán el mensaje y otras lo desecharán. El

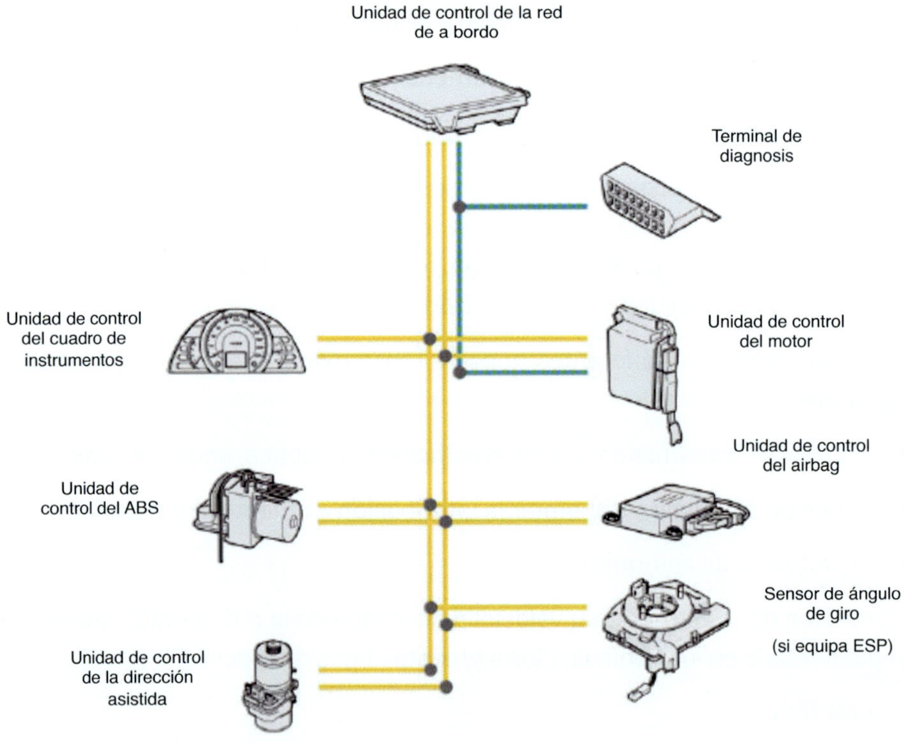

Figura 2.29. Ejemplo de una red multiplexada.

mensaje le interesará principalmente a las unidades de control de gestión del motor y del cuadro de instrumentos, a la primera para ajustar los parámetros de inyección y a la segunda para indicar la velocidad del vehículo. De esta forma se evita tener un cable que vaya del sensor de velocidad a cada unidad de control implicada (ABS, motor y cuadro de instrumentos), teniéndose solo uno que va a la unidad del ABS y compartiéndose esta información por medio del BUS de datos.

2.6. PROCESOS DE DESMONTAJE, MONTAJE Y REPARACIÓN

A continuación se van a explicar las operaciones más habituales sobre los sistemas de inyección diésel, especialmente en los de gestión electrónica.

Sistemas con bomba de inyección rotativa de émbolo axial

Las operaciones a realizar sobre este sistema se pueden dividir en operaciones sobre la bomba y operaciones sobre los elementos EDC.

- **Operaciones sobre la bomba:** las operaciones sobre la bomba de inyección rotativa varían muy poco con respecto a otro tipo de bombas. A modo de referencia, a continuación se van a explicar los pasos genéricos de reparación de una bomba rotativa mecánica, que se dividen en los siguientes grupos:
  - *Desmontaje:* el desmontaje de la bomba de inyección ha de llevarse a cabo una vez confirmado que la avería procede de la bomba y no es debida a otras causas. Consiste en extraer la bomba del motor. Los pasos fundamentales, mostrados en la Figura 2.30, son los siguientes:
    - Desconectar el borne negativo de la batería, la electroválvula de corte, el cable del acelerador y el cable de arranque en frío.
    - Colocar el pistón del cilindro 1 en el PMS de la carrera de compresión.
    - Desconectar los conductos de entrada y retorno de combustible, así como las tuberías de alta presión.
    - Desacoplar la bomba del sistema de distribución. Quitar los tornillos y tuercas de fijación y extraer la bomba.
  - *Desarmado:* antes de proceder al desarmado de la bomba es conveniente probarla en banco y anotar los resultados obtenidos para luego compararlos. La bomba y el puesto de trabajo deben estar perfectamente limpios. Las operaciones sobre las bombas de inyección son muy delicadas, por lo que hay que disponer del utillaje específico y del manual

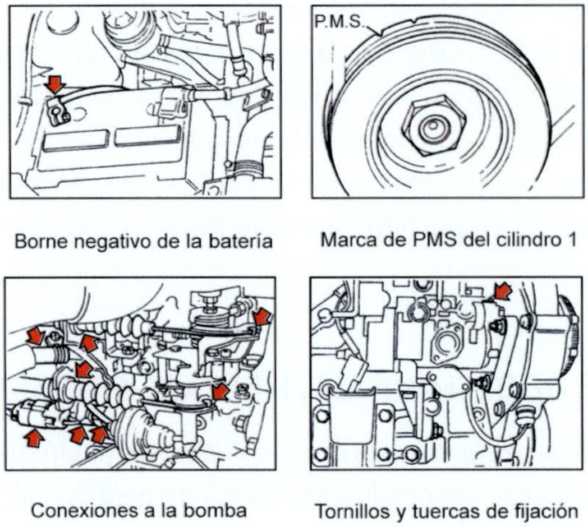

Figura 2.30. Operaciones básicas del desmontaje de la bomba.

del fabricante. Hay que desacoplar todos los elementos del sistema EDC necesarios. Tomando como base una bomba de inyección mecánica, los elementos principales, clasificados según su orden de desmontaje, son los siguientes:

- Dispositivo de arranque en frío.
- Cubierta del regulador.
- Dispositivo compensador de la presión de sobrealimentación (pudiendo a su vez ser desmontado).
- Eje del regulador y conjunto de contrapesos.
- Tapón de la cabeza distribuidora, válvulas de suministro y electroválvula de corte de combustible.
- Cabeza distribuidora.
- Émbolo distribuidor, con el collarín de regulación, el espaciador, el asiento de los muelles y los muelles.
- Palanca de regulación.
- Disco de levas y cruceta.
- Anillo de rodillos.
- Árbol de mando.
- Tapa del conjunto de avance y conjunto del variador de avance, con los resortes y el émbolo.

- Válvula reguladora del avance.
- Tapa y bomba de transferencia conjuntamente.
- Retén del árbol de mando, sustituyéndolo por uno nuevo.

Tras el desarmado de la bomba hay que limpiar todas las piezas, sustituyendo aquellas que estén defectuosas o gastadas. El borde del émbolo distribuidor debe estar afilado, ya que si no es así habrá que sustituirlo. Hay que comprobar la altura de todos los rodillos, no debiendo superar una diferencia de altura entre ellos superior a 0,02 mm.

La Figura 2.31 representa las operaciones más importantes del desarmado de la bomba.

– *Armado:* para armar la bomba, se procede en orden inverso al desarmado, teniendo en cuenta los reglajes de cada elemento, indicados en el manual del fabricante. Hay que tener en cuenta que en caso necesario, los siguientes elementos deben sustituirse como un conjunto:

  - Cabeza distribuidora, émbolo distribuidor y collarín de regulación.
  - Bomba de transferencia.

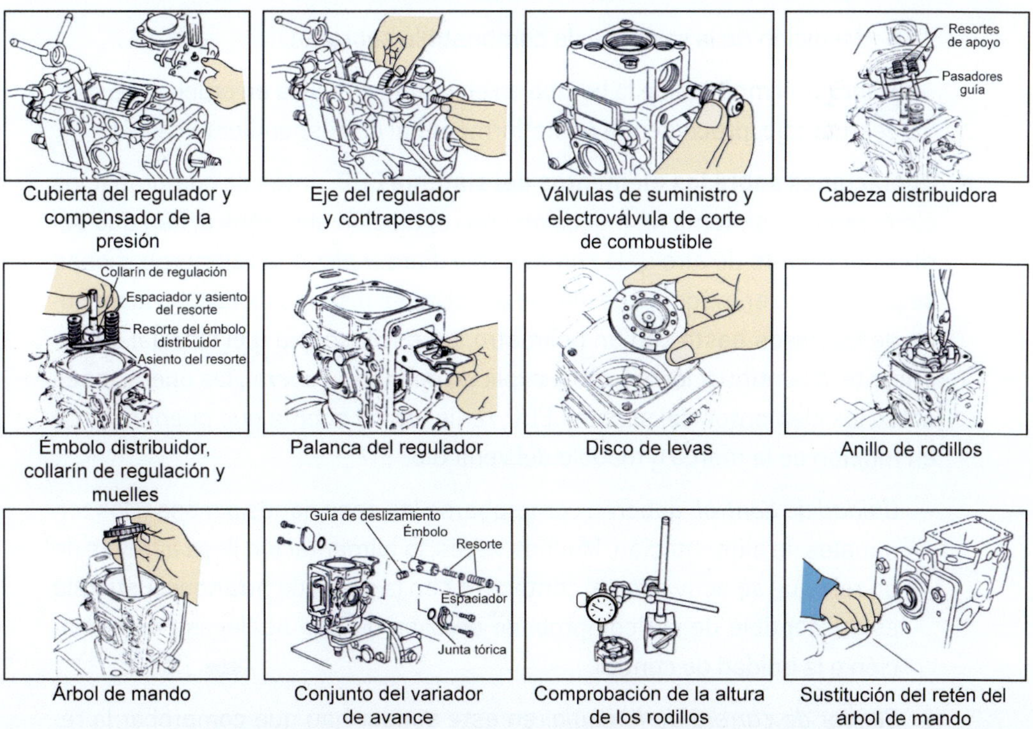

Figura 2.31. Operaciones fundamentales del desarmado de la bomba.

- Juego de muelles del émbolo distribuidor.
- Rodillos.
- Contrapesos del regulador.
- Palanca de regulación.

– *Prueba en banco:* la bomba ha de probarse en banco antes de desarmarla y tras su armado. Las operaciones principales son las que se enumeran a continuación:

- Ajuste del tope de plena carga.
- Ajuste de la presión de la bomba de transferencia.
- Ajuste de la carrera del émbolo del variador de avance.
- Ajuste del compensador de presión de sobrealimentación, si lo incorpora.
- Comprobación del ajuste del caudal de plena carga.
- Ajuste del caudal al ralentí.
- Ajuste del caudal durante la fase de arranque.
- Ajuste del caudal a régimen de giro máximo.
- Medición de la cantidad de combustible sobrante.

– *Montaje:* el montaje de la bomba en el motor se realiza en orden inverso al desmontaje, procediendo posteriormente al correspondiente calado.

- **Operaciones sobre los elementos del sistema EDC:** antes de comprobar los elementos del sistema de inyección con regulación electrónica, hay que verificar el circuito de aire y de combustible. Para realizar las comprobaciones se puede utilizar máquina de diagnosis. Si no se dispone de ella, en la mayoría de los casos basta con un polímetro, un osciloscopio y el manual del fabricante. A continuación se van a explicar, de modo general, las operaciones sobre los elementos del sistema EDC, teniendo en cuenta que pueden variar en función de la marca y modelo del vehículo:

– *Unidad de control:* deberán comprobarse las conexiones a masa y los terminales de alimentación. Muchas veces, la alimentación llega a través de un relé que se activa con el contacto o con la señal de arranque. Este relé es susceptible de ser comprobado en caso de que no llegase alimentación a la unidad de control.

– *Sensor de carrera de la aguja:* en este sensor hay que comprobar la resistencia del bobinado, que debe oscilar entre 90 y 150 Ω. También debe verificarse el aislamiento a masa. Si se monitoriza la señal con un osciloscopio, esta debe aumentar su amplitud a medida que se incrementa el régimen de giro. Por otro lado se puede comprobar la frecuencia de la señal con un polímetro que permita hacer esta medida. La frecuencia estará comprendida entre 6 y 10 Hz al ralentí, aumentando conforme lo haga la velocidad de giro del motor.

- *Sensor de régimen de giro y posición angular del cigüeñal:* si este sensor es inductivo se comprobará el valor óhmico del bobinado con un polímetro. Tanto si es inductivo como de efecto Hall, hay que verificar si la forma de la señal es correcta con un osciloscopio.
- *Sensor de posición del acelerador con interruptor de ralentí incorporado:* lo primero que hay que verificar es si a este sensor le llega alimentación de la unidad de control, con un valor de 5 V. En su posición de reposo, entre el terminal de señal y masa, debe registrarse una tensión de entre 0,2 y 0,5 V. Por otro lado, con el pedal pisado a fondo, la tensión deberá ser de unos 3,4 V. Estas comprobaciones pueden hacerse con un polímetro o con un osciloscopio. El osciloscopio sirve, además, para comprobar que en el accionamiento progresivo del pedal, la señal varía homogéneamente y sin saltos bruscos. También se puede comprobar el interruptor de ralentí con un polímetro.
- *Medidor de la masa de aire:* este dispositivo puede ser de diferentes tipos. En cualquier caso las comprobaciones básicas son la tensión de alimentación y forma de la señal correcta.
- *Sensor de temperatura del refrigerante:* se tomará el valor de resistencia a diferentes temperaturas, especificadas por el fabricante, y se compararán con el valor prescrito.
- *Sensor de temperatura del aire de admisión:* como valor de referencia, la caída de tensión en este sensor a una temperatura de 20 °C debe ser de unos 3 V.
- *Conmutador de pedal de freno, de freno y de pedal de embrague:* en este caso se comprobará la continuidad estando el interruptor pisado y no pisado.
- *Sensor de posición del collarín de regulación con sensor de temperatura del combustible incorporado:* a modo de referencia, para una temperatura del combustible de 10 °C, la caída de tensión en el sensor de temperatura ha de ser de unos 3,7 V, siendo para 60 °C de 1,5 V, comprobándose la característica de una resistencia NTC.

- *Dosificador regulador del caudal:* para verificar este actuador lo primero que hay que hacer es desconectar la unidad de control y comprobar la resistencia de su bobinado, que debe ser de alrededor de 1 Ω. Posteriormente se conecta la unidad de control y se activa el contacto, comprobándose que al dosificador le llega tensión de batería. Después, se arranca el motor y con un polímetro en posición de medida de frecuencia, se comprueba que esta oscila entre 200 y 900 Hz, dependiendo del caudal necesario. Esta última comprobación se puede realizar con un osciloscopio.
- *Electroválvula para la regulación del avance de inyección:* la primera comprobación de esta electroválvula consiste en medir la resistencia de su bobinado. Para ello se desconecta la unidad de control y se utiliza un polímetro. El valor de resistencia debe estar comprendido entre 14 y 25 Ω. Seguidamente se conecta la unidad de control y se activa el contacto, verificando que la electroválvula es alimentada con tensión de batería. Con ayuda de un osciloscopio se comprueba la señal de mando, que es de tipo PWM. De esta forma, debe observarse un porcentaje de conexión a masa del 50 % al ralentí, aumentando al acelerar. Cuando se suelta el acelerador, el porcentaje de conexión a masa disminuye momentáneamente a un 40 %.
- *Electroválvula de corte de combustible:* hay que desconectar la unidad de control para medir la resistencia de su bobinado, que debe ser de entre 6 y 9 Ω. Posteriormente, se conecta la unidad de control y se arranca el motor. En estas circunstancias, la tensión entre el terminal de alimentación y masa ha de ser la de batería.

■ Sistemas con bomba de inyección rotativa de émbolos radiales

El tipo de operaciones de mantenimiento y comprobaciones en las bombas rotativas de émbolos radiales son similares a las de émbolo axial.

Antes de proceder al desmontaje de la bomba, hay que preparar un espacio limpio, las herramientas adecuadas, los útiles específicos y disponer de un banco de pruebas, así como de un comprobador de inyectores.

A continuación se van a secuenciar las operaciones genéricas específicas de las bombas de inyección de émbolos radiales, basándose en una de la marca Lucas CAV de tipo DPC. Posteriormente se explicarán las operaciones características en los sistemas con regulación electrónica.

- **Operaciones sobre la bomba:**
  - *Desmontaje:* las operaciones de desmontaje, algunas mostradas en la Figura 2.32, se resumen a continuación:

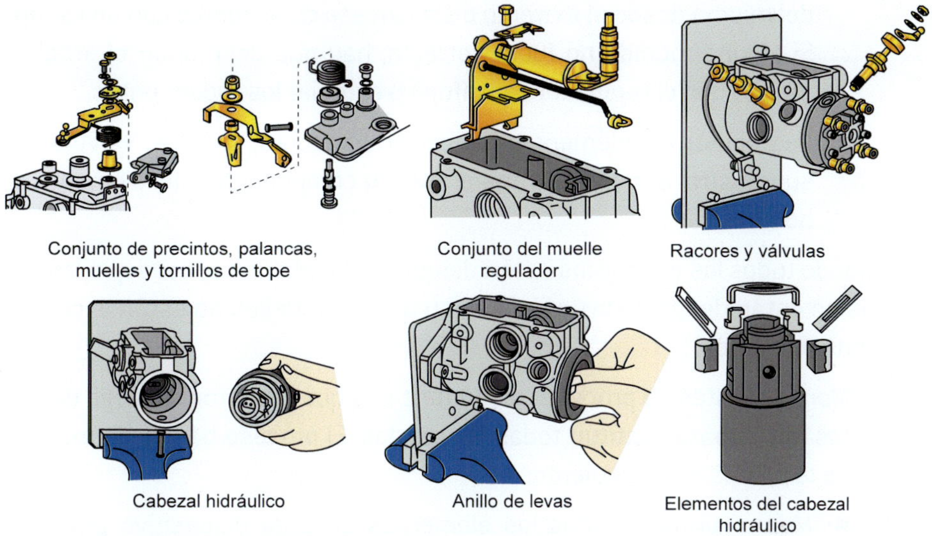

Figura 2.32. Algunas operaciones de desmontaje de la bomba Lucas CAV de tipo DPC.

- Quitar los precintos, la palanca de mando del acelerador, las bieletas, los tornillos de tope, los muelles y el soporte de los cables.
- Desmontar la tapa del regulador, dejando el eje de mando del acelerador.
- Retirar el conjunto del muelle del regulador, la horquilla, desdoblar las patillas de la chapa de seguridad y sacar la válvula dosificadora.
- Quitar los tornillos del soporte de la palanca de control del regulador y extraerla.
- Aflojar la rótula del mecanismo de avance y desmontar dicho mecanismo.
- Aflojar los racores de salida hacia los inyectores y quitar la válvula de regulación de presión.
- Quitar los tornillos de la placa de extremo de la bomba de transferencia.
- Desmontar el resto de válvulas.
- Retirar el tornillo de sujeción del cabezal, centrando el taco de puesta a punto con la ventana de inspección.
- Extraer el cabezal y sacar el anillo de levas.
- Si no hay partículas metálicas o agua, no debe desmontarse el árbol de mando con el regulador centrífugo, aunque se puede medir con un comparador su juego axial y su juego radial, así como la profundidad

del mismo desde el extremo de la carcasa de la bomba con un calibre. Si alguna medida no fuera correcta, hay que desmontar el árbol de mando con el regulador centrífugo y cambiar los rodamientos.

- Desmontar los elementos del cabezal: racores, muelles, válvulas de suministro, bomba de transferencia y componentes del elemento de bombeo.

Cuando todos los elementos estén desmontados, se comprueba que las piezas no están desgastadas o dañadas y que los muelles no están excesivamente fatigados.

– *Montaje:* antes de proceder al montaje hay que preparar un juego de juntas nuevo para sustituir todas las usadas. El proceso básico de montaje de la bomba es el siguiente:

  - Montar primero todos los elementos de cada dispositivo principal, como los del dispositivo de avance con carga parcial, el mecanismo de avance, la válvula de regulación de presión... instalando correctamente las juntas tóricas con los útiles específicos.
  - Instalar el conjunto del regulador centrífugo, si fuese necesario desmontarlo, poniendo un retén nuevo con el útil adecuado y verificando el giro del árbol de mando, que debe ser suave y uniforme.
  - Montar todos los elementos del cabezal hidráulico, incluyendo la bomba de transferencia con su tapa.
  - Instalar la válvula de regulación de presión con todos sus elementos.
  - Colocar el anillo de levas teniendo en cuenta su orientación.
  - Montar el mecanismo de avance y la rótula del anillo de levas, apretándola al par correspondiente con el útil específico.
  - Introducir el cabezal hidráulico instalando previamente el muelle de sobrecarga con su diámetro más pequeño hacia el rodamiento.
  - Instalar una junta nueva en el tornillo de sujeción del cabezal hidráulico y montar el resto de válvulas.
  - Armar los elementos del mecanismo del regulador, comprobando la altura del resorte de ralentí.
  - Al montar la bieleta que actúa sobre la válvula dosificadora, comprobar que esta se desplaza con suavidad.
  - Ajustar la cota del regulador con un calibre y actuando sobre la tuerca de reglaje. Introducir el conjunto del muelle de máxima, apretando a fondo su tuerca.

- Montar el eje de ralentí y paro en la tapa del regulador.
- Posteriormente introducir el eje de mando del acelerador.
- Instalar el soporte de los cables, la placa tope de ralentí acelerado con su muelle de recuperación y el tornillo guía. Posteriormente montar las palancas.

– *Ajustes y pruebas en banco:* una vez que se ha montado la bomba, hay que probarla en un banco de pruebas y verificar, principalmente, lo siguiente:

- Presión interna y medida del sobrante.
- Avance de inyección.
- Presión de transferencia.
- Alimentación de la electroválvula de corte.
- Salida de alta presión.

- **Operaciones en los sistemas con regulación electrónica**

El tipo de comprobaciones a realizar en sistemas como el EPIC de Lucas, son muy similares a las que se llevan a cabo en las bombas rotativas de émbolo axial EDC. Esto se debe a que muchos sensores y actuadores son de constitución parecida y pueden verificarse con máquina de diagnosis. Si no se dispusiera de esta máquina, salvo excepciones, se puede utilizar un polímetro y un osciloscopio, siguiendo el manual del fabricante. En cualquier caso, a continuación se explican algunas peculiaridades de este sistema:

– Desde que se activa el contacto hasta que se arranca el motor, el sistema efectúa los siguientes controles:

- La posición de tope máximo del rotor distribuidor.
- La posición de tope mínimo del émbolo de avance.
- El funcionamiento de las electroválvulas de más caudal y de menos caudal.
- El funcionamiento de la electroválvula de avance.

– En la fase de arranque del motor, el rotor se sitúa en la posición prescrita y la electroválvula de paro es pilotada.

– Durante la marcha normal del motor, el caudal inyectado es regulado por la unidad de control a través de las electroválvulas de más y de menos caudal. Si se produce una aceleración o una deceleración brusca el caudal es ajustado o interrumpido según la cartografía grabada en la memoria de la unidad de control.

- Cuando se quiere parar el motor a través de la llave de contacto, la unidad de control interrumpe la alimentación de la electroválvula de paro y vigila el régimen de motor, ya que si este no disminuye, pilota la electroválvula de menos caudal.
- El sistema utiliza un testigo único en el cuadro de instrumentos que tiene dos funciones:
  - Informar de la fase de precalentamiento, encendiéndose solo mientras estén activados los calentadores.
  - Informar de un fallo en el sistema de inyección. En ese caso, se enciende durante la fase de precalentamiento, se apaga y se vuelve a encender, esta vez de manera continua.
- Los componentes del sistema que pueden ocasionar el encendido del testigo de avería son los siguientes:
  - Unidad de control o bomba de inyección por falta de alimentación.
  - Unidad de control por error de cálculo.
  - Sensor de régimen de giro.
  - Sensor de posición de la bomba.
  - Dispositivo de memoria interna de la bomba.
  - Sensor de posición del pedal del acelerador.
  - Electroválvula de más caudal.
  - Electroválvula de menos caudal.
  - Electroválvula de parada.
- El sistema es capaz de cambiar los parámetros de la bomba en función del consumo de energía eléctrica del vehículo. De esta forma, se incrementa el régimen de ralentí, haciendo girar el alternador más rápido para compensar la demanda de los consumidores. El régimen de ralentí máximo para esta corrección se establece en 900 rpm.
- El régimen de ralentí también es regulado en función de la marcha introducida en la caja de velocidades, por ejemplo, es de 850 rpm para la primera, de 875 para la segunda, y de 900 para el resto.
- Las electroválvulas de menos caudal y de paro hay que sustituirlas conjuntamente. Esto es igual para las de más caudal y de avance.

Sistemas con inyector-bomba

Las operaciones de mantenimiento y muchas de las comprobaciones del sistema de gestión electrónica no difieren mucho de otros sistemas de inyección diésel con regulación EDC, dado que muchos sensores y actuadores funcionan de forma parecida.

La diferencia más importante se encuentra en que no es necesaria la puesta a punto de la bomba de inyección, ya que el elemento de bombeo está integrado en cada inyector y la unidad de control, gracias a diversos sensores, se encarga de decidir el momento de inyección, como se ha explicado anteriormente. Asimismo, las operaciones de desmontaje, montaje y ajuste en banco de la bomba de inyección desaparecen al no existir este elemento.

Si alguna de las electroválvulas de los inyectores-bomba falla, el motor funciona de forma irregular y pierde potencia. Si la válvula se queda abierta, no se puede generar la alta presión de inyección. Si la válvula se queda cerrada, no se puede llenar la cámara de alta presión. Por tanto, en cualquiera de los dos casos no se inyecta combustible a los cilindros. Para comprobar si existe algún fallo en las electroválvulas, la unidad de control monitoriza el intervalo en el que espera encontrar el BIP, que debe aparecer dentro de un margen llamado de regulación. Dentro de este margen, la unidad de control regula el inicio de la inyección, corrigiéndolo si es diferente a su valor teórico prescrito. Si el BIP aparece fuera de este margen, la inyección comienza según unos valores fijos programados, no produciendo la regulación.

Antes de proceder a la comprobación de las electroválvulas de los inyectores-bomba debe comprobarse el circuito de alimentación. Empezando por la calidad de combustible, los filtros y midiendo con un manómetro la presión de alimentación.

La primera verificación de las electroválvulas es la de resistencia y continuidad. También se puede comparar el oscilograma de la electroválvula que se supone defectuosa con la de un cilindro que se supone que trabaja correctamente. Esto se hace con un osciloscopio y una caja de bornes, identificando las tomas correspondientes, como indica la instalación mostrada en la Figura 2.23. Esta instalación puede servir para comprobar el resto de componentes del sistema de gestión electrónica. Para confirmar el diagnóstico de la electroválvula sospechosa, debe intercambiarse con la del cilindro que funciona correctamente.

En caso de avería de una electroválvula, hay que sustituir el conjunto inyector-bomba completo. Primero se retira el balancín, el eje y la brida de fijación del inyector-bomba, debiendo sacarlo con el extractor de inercia adecuado. Al montar el inyector-bomba, ya sea nuevo o usado, hay que sustituir las juntas de aceite

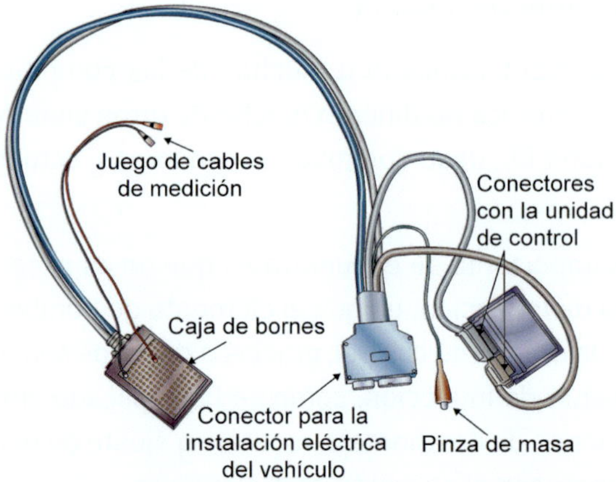

Figura 2.33. Instalación para la comprobación de componentes del sistema de gestión electrónica mediante caja de bornes.

y de aislamiento térmico. Para su instalación, se procede en orden inverso y se regula el tornillo de ajuste del balancín según indique el manual de reparación.

Sistemas *common rail*

A continuación se va a explicar un procedimiento genérico de diagnosis, basado en un sistema de la marca Bosch implementado en algunos motores del grupo PSA. Aunque las operaciones y valores de medición se basan en una aplicación real, deberá consultarse la documentación técnica del sistema particular a inspeccionar.

Antes de cualquier intervención, hay que tener en cuenta que se está manipulando un sistema que trabaja con altas presiones de combustible, por lo que existen riesgos de sufrir daños si no se toman las debidas precauciones. Algunas precauciones a tomar son las siguientes:

- No manipular el circuito de alta presión con el motor arrancado.
- Al parar el motor, esperar un mínimo de 30 segundos antes de cualquier operación, ya que es el tiempo que tarda en reducirse la alta presión a valores atmosféricos.
- No aplicar tensión de batería directa a los inyectores, ya que podrían sufrir daños irreversibles y quedar inutilizables.
- Antes de aflojar un racor o desmontar un inyector, hay que limpiarlos con un desengrasante adecuado, protegiendo las conexiones eléctricas.
- Tras desacoplar una tubería de combustible, hay que taponarla para evitar que entre suciedad.

- Tras el desmontaje de un inyector, siempre se sustituirá la junta, el retén y la tuerca de fijación.
- No se deben desmontar los racores de las salidas hacia los inyectores de la rampa de inyección.
- No hay que desacoplar de la bomba de alta presión el regulador de presión, el desactivador del tercer pistón, el retén o el racor de salida hacia la rampa de inyección.
- Después de cualquier intervención hay que comprobar la estanqueidad del circuito.

Comprobaciones del circuito de combustible

Antes de proceder a la verificación del sistema de gestión electrónica, hay que asegurar que el circuito de combustible funciona correctamente.

- **Circuito de baja presión:** para hacer esta comprobación es necesario instalar dos manómetros, escalados hasta 5 bar y conectarlos como muestra la Figura 2.34. El montaje es en derivación, de forma que uno de ellos se ubica en la tubería de alimentación, entre la bomba de alimentación y el filtro, y otro en el conducto de retorno, entre la bomba de alta presión y el filtro. Se deben tener medidas de presión de alimentación y de retorno con el motor parado y en funcionamiento. Posteriormente, se compararán con los datos ofrecidos por el fabricante. Si al parar el motor, la presión residual es inferior a la prescrita, se arranca el motor y se pinza la tubería entre la bomba eléctrica y el filtro. Si al volver a parar el motor el valor se mantiene, hay que sustituir la bomba eléctrica de alimentación por fallo de su válvula antirretorno.

1. Manómetro para la medición de la presión de alimentación.
2. Manómetro para la medición de la presión de retorno.

Figura 2.34. Instalación de los manómetros de comprobación del circuito de baja presión.

- **Circuito de alta presión:** la verificación de este circuito se podría realizar con un manómetro a la entrada de la rampa de inyección, pero constituye una operación muy peligrosa. Por este motivo existen equipos especiales o bien se puede emplear la máquina de diagnosis. En cualquier caso, en la fase de arranque, a unas 200 rpm, la presión debe superar 150 bar. Posteriormente, al ralentí, la presión debe ser de 300 bar y aumentar en función de la carga de motor.

Comprobaciones del sistema de gestión electrónica

Antes de iniciar la inspección del sistema de gestión electrónica, es necesario verificar el esquema eléctrico y los datos técnicos del vehículo.

- **Relé doble:** se encarga de alimentar a la unidad de control y a la bomba eléctrica de combustible. El relé de la unidad de control se alimenta a través de un positivo de batería, pasando previamente por el sensor de impacto, cerrando el circuito a masa la unidad de control. Al arrancar el motor, la unidad de control detecta que el motor está en fase de puesta en marcha y reconoce la autorización por parte del inmovilizador electrónico. De esta forma, permite el cierre a masa del circuito. En ese momento, el relé se activa y la corriente alimenta a la unidad de control, a cada uno de los sensores y al positivo de la bomba eléctrica. Como el motor está en fase de arranque, la unidad de control alimenta al relé de la bomba de forma continua.

  El sensor de impacto o contactor de inercia interrumpe la masa de uno de los circuitos de mando del relé doble para dejar de alimentar a la bomba eléctrica, en caso de un choque del vehículo en el que se experimente una deceleración superior a 8 g. En caso de que el vehículo pueda seguir circulando, este dispositivo se puede rearmar apretando el pulsador del contactor.

- **Medidor de la masa de aire:** está formado por seis vías, dos para el sensor de temperatura del aire, un positivo de alimentación a la unidad de control, dos masas y la información de caudal de aire. La alimentación al sensor se puede medir con un voltímetro, verificando que le llega tensión de batería. Con el mismo aparato se puede comprobar la información de caudal de aire, variando la tensión desde 0,1 V a ralentí hasta unos 4,7 V a plena carga. Para comprobar el sensor de temperatura del aire, se quita el conector y se mide su resistencia, que debe valer unos 2.500 Ω a 20 °C y 300 Ω a 80 °C.

- **Sensor de régimen de giro:** se encarga de registrar la velocidad de rotación del motor y la posición angular del cigüeñal. En caso de avería en este dispositivo, el motor no arranca o si está en funcionamiento se para. Para su comprobación se puede emplear un voltímetro, midiendo la tensión generada. Como es un sensor inductivo, la tensión tiene que aumentar con el régimen de giro del motor. A modo de referencia, a la velocidad de arranque se debe leer una tensión de aproximadamente 1 V y al régimen de ralentí de 5 V. La verificación también puede llevarse a cabo con un osciloscopio, observando que la señal varía en amplitud y fase en función del régimen de giro. Además, puede comprobarse el cambio de la forma de onda cuando se enfrentan los dientes dobles opuestos 180°. Otra verificación posible es la del entrehierro, que aunque no es ajustable, su valor debe oscilar entre 0,5 y 1,5 mm. Esta separación se mide empleando un juego de galgas.

- **Sensor Hall:** en caso de que se averíe este dispositivo, el motor se para o no arranca ya que la unidad de control no sabe en qué cilindro se tiene que producir la inyección. Este sensor se alimenta por el relé de inyección y el circuito se cierra a masa por la unidad de control. Su verificación consiste en medir la tensión con un voltímetro, o la forma de su señal con un osciloscopio. De esta forma, debe observarse que los impulsos de tensión valen 0 V cuando el captador está enfrentado con una parte metálica y 5 V cuando está enfrentado con una ventana. El entrehierro es ajustable y debe valer entre 1,2 y 1,3 mm.

- **Sensor de posición del acelerador:** en caso de fallo, el sistema entra en un modo de emergencia en el que el motor funciona correctamente a cargas parciales, pero sus prestaciones están limitadas en cuanto a aceleración y velocidad máxima. Su comprobación se hace colocando dos voltímetros en los terminales de información. Sin accionar el pedal, en uno de los terminales debe leerse unos 0,5 V y en el otro unos 0,28 V. Con el pedal pisado a fondo, se debe registrar en uno de los terminales aproximadamente 3,4 V y en el otro alrededor de 1,5 V. Con un osciloscopio se puede comprobar que la tensión aumenta progresivamente y sin saltos entre la posición de reposo y la de plena carga.

- **Sensor de temperatura del líquido refrigerante:** este sensor suele tener cuatro terminales, dos para la información de temperatura del cuadro de instrumentos y dos para la unidad de control. Para su comprobación se mide la resistencia a diferentes temperaturas, comprobando los resultados obtenidos con los valores del fabricante. La señal de temperatura del líquido refrigerante es importante porque con ella la unidad de control regula el tiempo de precalentamiento, el régimen de ralentí, el funcionamiento del sistema EGR y la puesta en marcha del electroventilador.

- **Sensor de presión en el colector de admisión:** este dispositivo se alimenta de la unidad de control a unos 5 V y tiene un terminal de información. A modo de referencia, si la presión en el colector de admisión es de 1 bar, a través de dicho terminal debe registrarse unos 2,3 V. De la misma forma a 1,5 bar la tensión es de unos 3,2 V y a 2 bar de 4 V.
- **Sensor de presión de combustible:** sin la información de este sensor el motor reduce sus prestaciones y la unidad de control no puede regular la presión de sobrealimentación. Tiene tres terminales, dos de alimentación de 5 V procedentes de la unidad de control y otro de información. Si se conecta un voltímetro a este último terminal, se debe leer una tensión de 1 V durante la fase de arranque y con el motor en marcha una tensión que puede variar de 0,3 a 4,7 V. Por otro lado, su valor óhmico es de entre 600 y 650 Ω.
- **Conmutador de pedal de freno:** la unidad de control recibe de este sensor una información de positivo de batería. Su funcionamiento se puede comprobar con un voltímetro, de forma que con el pedal pisado se deben registrar 12 V y con el pedal suelto 0 V.
- **Conmutador de pedal de embrague:** cuando el pedal de embrague es accionado, conmuta a masa el terminal de información con la unidad de control. Con el uso de un voltímetro se comprueba que con el pedal pisado se leen 0 V y con el pedal suelto 12 V.
- **Sensor de temperatura de combustible:** una de las verificaciones posibles es la de alimentación. Retirando el conector del dispositivo, con un voltímetro entre los terminales correspondientes, debe comprobarse que la unidad de control suministra 5 V. A modo de referencia, los valores óhmicos en función de la temperatura son, a 25 °C unos 2.400 Ω y a unos 80 °C unos 270 Ω.
- **Regulador de presión de combustible:** su tensión de alimentación es la de batería. Cuando el regulador está en reposo, la presión está limitada a unos 100 bar. Cuando pasan al menos 30 segundos tras haber parado el motor, la presión ha de ser nula. El valor óhmico de la electroválvula oscila entre 2 y 3 Ω.
- **Desactivador del tercer pistón:** es alimentado por la segunda etapa del relé doble a una tensión de 12 V y su resistencia es de alrededor de 25 Ω.

Comprobación de los inyectores

El valor óhmico de la electroválvula, si los inyectores son de accionamiento electromagnético, es de alrededor de 0,4 Ω. Con un osciloscopio debe verificarse su ciclo de trabajo.

La unidad de control regula la duración del impulso de mando enviado al inyector, en función del cual varía el inicio y el tiempo de inyección. Debido a las tolerancias generadas durante el proceso de fabricación del inyector, la cantidad de combustible inyectada varía ligeramente de su valor teórico. Esta desviación se determina tras la fabricación de cada inyector, realizando medidas en diferentes puntos de funcionamiento. El resultado de dichas medidas es un código propio para cada inyector, que queda registrado en la unidad de control con el fin de que esta corrija los valores teóricos calculados para cada cilindro. Estas correcciones son de las magnitudes eléctricas y de las magnitudes mecánicas. El código del inyector se conoce como IMA o ISA (que puede obtenerse con un lector QR), dependiendo de si es de accionamiento electromagnético o piezoeléctrico, pudiendo variar el número de caracteres. La Figura 2.35 muestra un ejemplo de código de referencia del inyector y de código IMA. Cuando hay que sustituir algún inyector, debe asegurarse el registro de su código en la unidad de control para el cilindro correspondiente. Esta operación hay que realizarla con máquina de diagnosis y es obligatoria también en caso de sustituir la unidad de control.

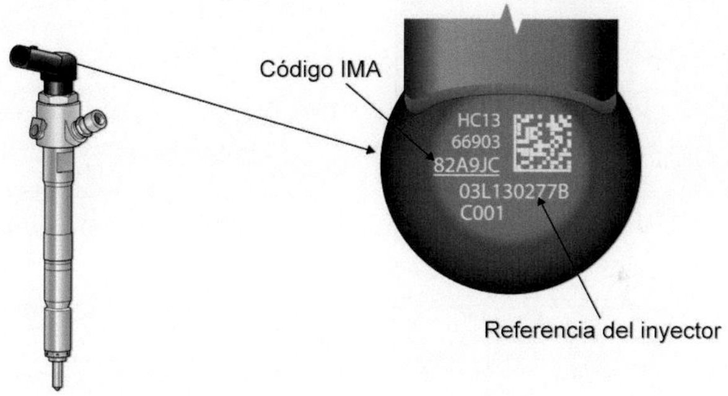

Figura 2.35. Ejemplo de referencia de inyector y código IMA.

En caso de desmontar un inyector siempre hay que reponer las juntas. Si hubiera que rectificar el plano de junta de la culata, hay que sustituir las juntas de los inyectores por otras de sobremedida en altura.

■ Desmontaje y montaje de la bomba de alta presión

El procedimiento genérico de desmontaje de la bomba a presión, representado en la Figura 2.36, es el siguiente:

- **Desmontaje:**
  - Desconectar la batería.
  - Retirar la correa de la distribución.
  - Desconectar las conexiones eléctricas.

- Desacoplar los conductos de alimentación, retorno y alta presión.
- Inmovilizar la polea de la bomba para aflojar su tuerca de fijación al árbol de mando.
- Desmontar la polea de la bomba con un extractor adecuado.
- Retirar los tornillos de fijación delanteros y traseros, así como su soporte.

- **Montaje:**
  - Comenzar en orden inverso al desmontaje.
  - Sustituir el conducto de alta presión.
  - Una vez instalada la bomba, accionar varias veces el contacto, para que se ponga en funcionamiento la bomba eléctrica de alimentación y se purgue el aire.
  - Comprobar la estanqueidad del circuito.

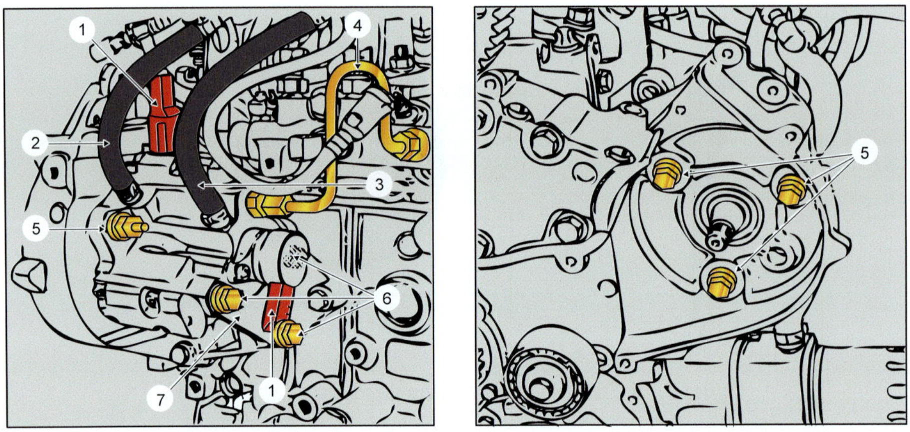

1. Conectores eléctricos.
2. Conducto de alimentación.
3. Conducto de retorno.
4. Conducto de alta presión.
5. Tornillos de fijación delanteros.
6. Tornillos de fijación traseros.
7. Soporte trasero.

Figura 2.36. Procedimiento genérico de desmontaje de la bomba de alta presión.

2.7. SISTEMAS POR RAIL COMÚN (*COMMON RAIL*), TIPOS Y CARACTERÍSTICAS

Este sistema de inyección diésel es muy diferente a los que emplean bomba mecánica, ya sea en línea o rotativa, y a los que incorporan inyectores-bomba. Está ampliamente extendido y se aplica a motores de inyección directa. Su funcionamiento se basa en suministrar a los inyectores el combustible necesario a través de un conducto común, de ahí el nombre de *common rail,* también denominado rampa de inyección o acumulador. La rampa de inyección puede ser lineal o radial, como indica la Figura 2.37.

Figura 2.37. Rampa de inyección lineal y radial.

A la vista del funcionamiento básico del sistema, puede observarse que se asemeja a los sistemas de inyección electrónica de gasolina multipunto.

La explicación de los componentes y funcionamiento se va a basar en un sistema de la marca Bosch, implantado en multitud de aplicaciones del grupo PSA. Los principios de funcionamiento son similares para otras marcas y modelos aunque pueden diferir sus componentes, tanto cuantitativamente como cualitativamente.

La Figura 2.38 muestra el esquema general del sistema *common rail*. El combustible contenido en el depósito es aspirado por la bomba eléctrica de alimentación, que a su vez lo trasvasa hacia la bomba de alta presión, pasando previamente por el filtro. En el filtro se retienen las impurezas y se decanta el agua que pudiera contener. La bomba de alta presión es accionada por el motor y presuriza el combustible a una presión que puede superar los 1.400 bar. Posteriormente, el combustible a alta presión llega a la rampa de inyección, de la que salen tantas tuberías como cilindros tenga el motor hacia los inyectores. El combustible sobrante de los inyectores es enviado al circuito de retorno, que lo conduce al depósito, pasando previamente por el enfriador de combustible.

Para analizar detalladamente el sistema, hay que dividirlo en tres partes, que son el circuito de baja presión, el circuito de alta presión y el sistema de gestión electrónica:

- **Circuito de baja presión:** se encarga de conducir el combustible desde el depósito a la entrada de la bomba de alta presión. Sus componentes más importantes son la bomba eléctrica de alimentación y el filtro.
  - *Bomba eléctrica de alimentación:* su accionamiento es eléctrico y suele ser de aletas, aunque en algunas aplicaciones se puede encontrar de rodillos, de rotor o helicoidal, como muestra la Figura 2.39. La bomba incorpora las válvulas de retención y de seguridad.

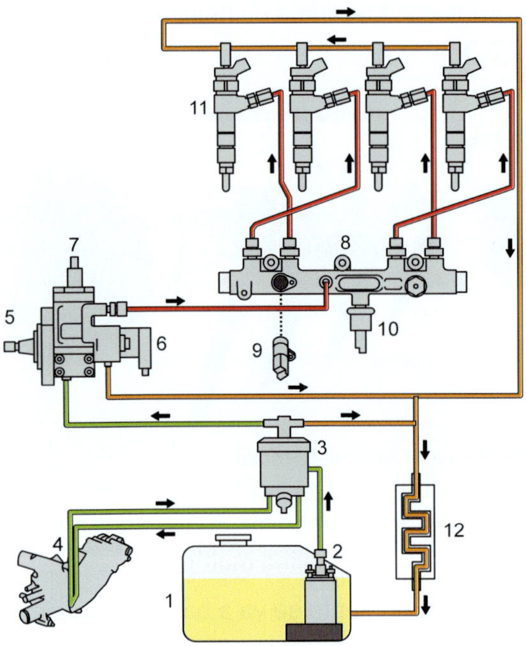

Circuito de baja presión.

Circuito de alta presión.

Circuito de retorno

1. Depósito de combustible.
2. Bomba eléctrica de alimentación.
3. Filtro de combustible.
4. Calentador de combustible con regulador de baja presión.
5. Bomba de alta presión.
6. Regulador de alta presión.
7. Desactivador del tercer pistón.
8. Rampa de inyección.
9. Sensor de temperatura del combustible.
10. Sensor de presión de combustible.
11. Inyectores.
12. Enfriador de combustible.

Figura 2.38. Esquema general del sistema *common rail.*

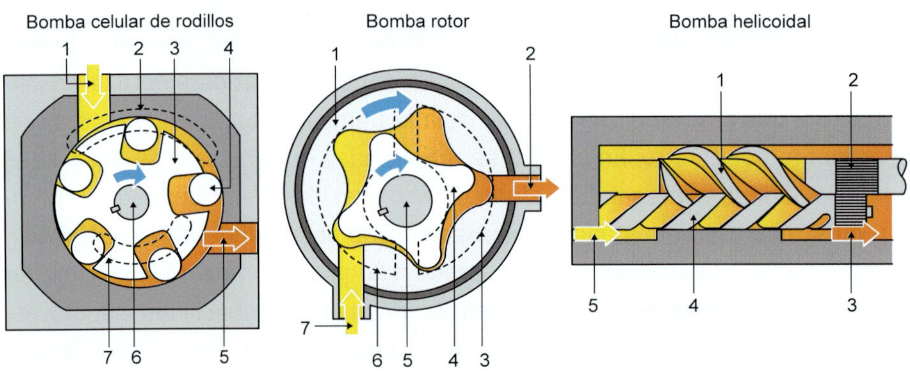

Bomba celular de rodillos:

1. Entrada desde el depósito.
2. Lado de aspiración.
3. Rotor.
4. Rodillo.
5. Salida hacia el motor.
6. Árbol de accionamiento.
7. Lado de impulsión.

Bomba rotor:

1. Rotor exterior.
2. Salida hacia el motor.
3. Lado de impulsión.
4. Rotor interior.
5. Árbol de accionamiento.
6. Lado de aspiración.
7. Entrada desde el depósito.

Bomba helicoidal:

1. Husillo helicoidal del árbol de accionamiento.
2. Engranaje.
3. Salida hacia el motor (lado de impulsión).
4. Husillo helicoidal arrastrado.
5. Entrada desde el depósito (lado de aspiración).

Figura 2.39. Diferentes tipos de bomba eléctrica de alimentación.

- *Filtro:* en muchas ocasiones, el propio filtro es el encargado de regular la presión del circuito de baja y el calentamiento del combustible, como indica la Figura 2.40. El filtro incorpora una válvula de regulación de presión, que abre el paso hacia el circuito de retorno cuando la presión del combustible vence la fuerza del muelle. El control del calentamiento del combustible lo lleva a cabo un elemento termostático que abre o cierra el paso del mismo hacia un intercambiador instalado en la caja de aguas del motor, de forma que el refrigerante calienta el combustible. El elemento termostático consiste en una lámina bimetálica que por debajo de 15 °C permanece curvada, desviando todo el combustible entrante hacia el calentador. Entre 15 y 25 °C, la lámina bimetálica no está tan curvada y parte del combustible pasa al calentador y parte hacia el filtro. Por encima de 25 °C, la lámina permanece plana obstruyendo el paso hacia el calentador y la totalidad del combustible pasa por el filtro.

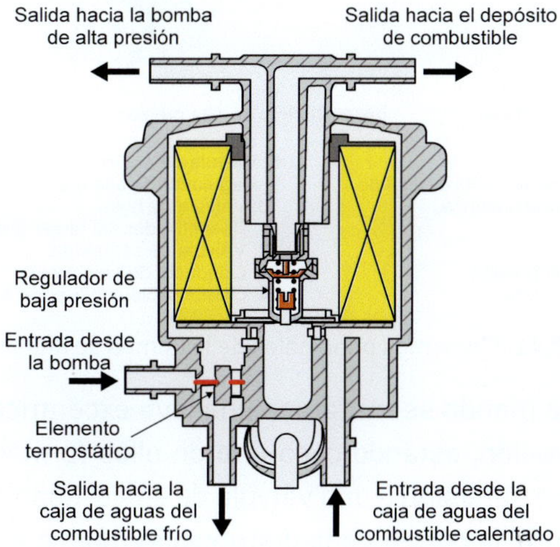

Figura 2.40. Filtro de combustible con regulador de baja presión y elemento termostático.

Existen otros sistemas de calentamiento del combustible, como por ejemplo los calentadores eléctricos, que calientan el combustible hasta que alcanza cierta temperatura. Otro ejemplo sería aquel en el que una cápsula termostática dilatable forma una válvula de precalentamiento, de forma que, si el combustible procedente del depósito está frío, se mezcla con el de retorno. Sin embargo, cuando está caliente, el combustible de retorno se dirige al depósito y el impulsado por la bomba de alimentación hacia el motor, sin mezclarse.

- **Circuito de alta presión:** los elementos del circuito de alta presión se explican pormenorizadamente a continuación:
  - *Bomba de alta presión:* los elementos principales de la bomba están representados en una sección de la misma, en la Figura 2.41.

    Aunque la bomba sea accionada por la correa de la distribución, al no ejercer función distribuidora, no necesita calado.

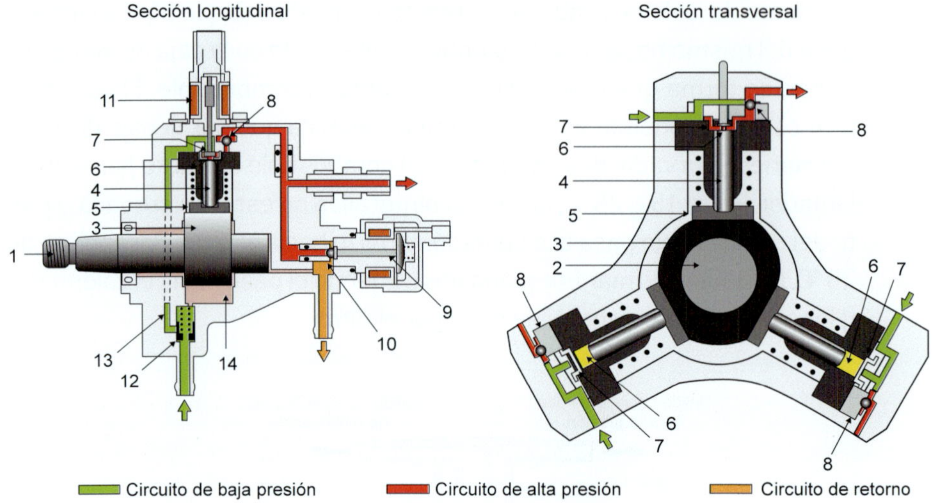

1. Árbol de mando.
2. Leva excéntrica del árbol de mando.
3. Anillo de la leva excéntrica.
4. Émbolo.
5. Patín.
6. Cámara de compresión.
7. Válvula de admisión.
8. Válvula de envío.
9. Regulador de alta presión.
10. Válvula de bola.
11. Desactivador del tercer pistón.
12. Válvula de seguridad.
13. Conducto de baja presión de la bomba.
14. Combustible con función lubricante y refrigerante.

Figura 2.41. Elementos principales de la bomba de alta presión.

En el árbol de mando se mecaniza una leva excéntrica que acciona tres grupos de presión, estando cada uno de ellos formado por un émbolo, una válvula de admisión y una válvula de envío. Cuando el motor está en funcionamiento, la correa de la distribución mueve el árbol de mando y su excéntrica, que a través del anillo de leva, acciona los émbolos, interponiendo entre ambos elementos un patín deslizante. En la carrera descendente del émbolo, el combustible entra a la cámara de compresión, a través de la válvula de admisión. En la carrera ascendente, la válvula de admisión permanece cerrada y el combustible se presuriza hasta que se abre la válvula de envío, saliendo por el conducto de alta presión hacia el regulador de alta presión. Esta válvula reguladora de presión limita la presión de combustible que sale hacia la rampa de inyección, mediante la acción de un muelle que oprime la válvula de bola. Cuando la presión de combustible vence la fuerza del muelle, aproximadamente a 100 bar, la válvula de bola abre el conducto de retorno enviando el combustible sobrante al depósito.

Para conseguir una alta presión a la salida de la bomba, pudiendo superar 1.400 bar, el regulador de alta presión es controlado por la unidad de control. El regulador, aparte de la válvula y el muelle, incorpora una bobina que hace que se desplace la válvula de bola, al formar su vástago un núcleo magnético. Para aumentar la presión, la unidad de control alimenta la electroválvula con una señal de mando de tipo PWM, que provoca el desplazamiento del núcleo, cerrando la válvula. En estas circunstancias, la fuerza a la que está sometida la válvula es la suma de la del muelle y la del campo magnético. De esta forma, al cerrar el retorno, la presión aumenta. En caso de que el motor necesite una menor presión en la rampa, la unidad de control disminuirá la relación de impulsos y con ella la intensidad de corriente y el campo magnético, reduciendo la fuerza sobre la válvula y permitiendo más paso hacia el retorno.

Las variaciones de presión generadas por el movimiento de los émbolos y la activación de los inyectores provocan oscilaciones de presión que podrían afectar al funcionamiento del sistema. La acción del muelle y la válvula de bola del regulador de presión amortigua estas oscilaciones.

Este tipo de bombas puede tener diferentes versiones. Siguiendo la nomenclatura de Bosch, se pueden encontrar de tipo CP1, CP1H, CP2, CP3... La diferencia fundamental entre unas bombas y otras consiste en la forma de generar la presión, su aplicación y su valor máximo. Existen diferentes posibilidades de generar la alta presión:

- Regulando el caudal de retorno, como en las bombas CP1, donde la presión en el rail se regula permitiendo un mayor o menor paso del caudal de combustible generado por la bomba de alta presión hacia el retorno.
- Regulando el caudal de entrada manteniendo fijo el retorno, como en las bombas CP3, donde se controla el caudal de entrada en la bomba de alta presión. Este sistema disminuye la potencia absorbida por la bomba de alta presión, ya que solo se comprime la cantidad de combustible realmente necesaria.
- Haciendo regulación en dos puntos, de forma que se puede regular la presión en la rampa a través de la válvula reguladora de presión instalada en él o de la válvula reguladora de caudal instalada en la bomba. Este tipo de regulación permite al sistema controlar la presión de rail con una mayor exactitud.

  El desactivador del tercer pistón o del tercer émbolo tiene la misión de anular uno de los tres grupos de presión para disminuir la potencia absorbida al motor, cuando trabaja con poca carga. Consiste en una bobina con un vástago que se desplaza por su interior debido a la acción de un campo magnético, como muestra la Figura 2.42. En posición de reposo, la unidad de control no alimenta el circuito de mando y la válvula de admisión abre para permitir la entrada de combustible a la cámara de compresión, cerrándose para que una vez presurizado salga por la válvula de envío. Cuando la unidad de control estima necesario desactivar el tercer pistón, cierra a masa el circuito de mando de la electroválvula y el campo magnético creado desplaza el vástago, abriendo la válvula de admisión. De esta forma no se genera presión en el interior de la cámara de compresión. El desactivador permanece en reposo cuando el motor está al ralentí o cuando el pedal del acelerador no supera los dos primeros tercios de su recorrido. Por el contrario, se pone en funcionamiento cuando el motor supera 1.100 rpm, cuando el pedal del acelerador no llega a los dos primeros tercios de su recorrido y siempre que la temperatura del combustible sea mayor de 105 °C.

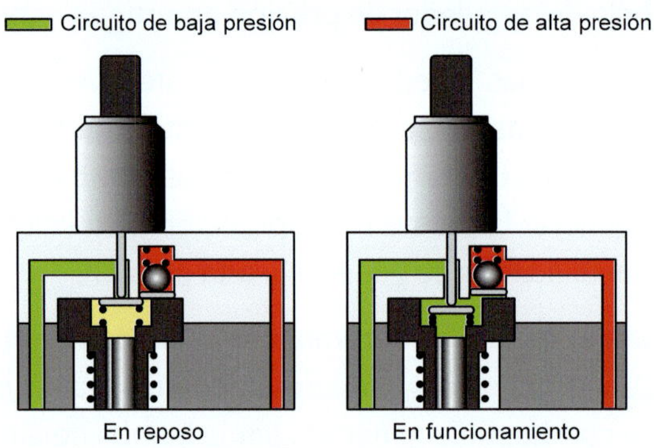

Figura 2.42. Funcionamiento del desactivador del tercer pistón.

La refrigeración y el engrase de la bomba la realiza el propio combustible que circula por determinados conductos de la bomba. En la entrada de combustible a la bomba se instala una válvula de seguridad, que en condiciones normales de funcionamiento está retraída, ya que la presión del combustible es capaz de vencer la fuerza de su muelle. Así, el combustible pasa al conducto de baja presión y una pequeña parte del mismo se introduce en el interior de la bomba a través de un paso calibrado incorporado en la válvula, para su refrigeración y lubricación, acabando posteriormente en el circuito de retorno. Si ocasionalmente descendiera la presión de alimentación a la bomba, el muelle de la válvula de seguridad cierra el paso hacia el conducto de baja presión, pero se permite que entre en el interior de la bomba a través del surtidor de la válvula. Con esto se asegura la lubricación mientras la bomba esté girando.

– *Rampa de inyección:* dadas las altas presiones que tiene que soportar este elemento, se fabrica en acero forjado. Incorpora el sensor de temperatura de combustible, el de presión de combustible y los racores de salida hacia los inyectores. Algunos modelos montan en dichos racores un limitador de paso de combustible para amortiguar las fluctuaciones que se producen en la presión de combustible cuando abren los inyectores.

En muchas aplicaciones, se instala en un extremo de la rampa la válvula reguladora de la presión de combustible, excitada por la unidad de control a través de una señal PWM, de forma que puede regular la alta presión en el interior de la rampa comunicándola con el retorno.

– *Inyectores:* los inyectores se instalan en la culata y son de accionamiento electromagnético. La Figura 2.43 muestra los elementos principales del inyector y describe su funcionamiento. La unidad de control es la encargada de regular el inicio y el fin de la inyección a través de la electroválvula del inyector, que tiene dos estados fundamentales:

  - En reposo: la electroválvula no es excitada por la unidad de control y el inducido mantiene la válvula de bola cerrando el paso hacia el estrangulador de salida. De esta forma, el combustible a alta presión proce-

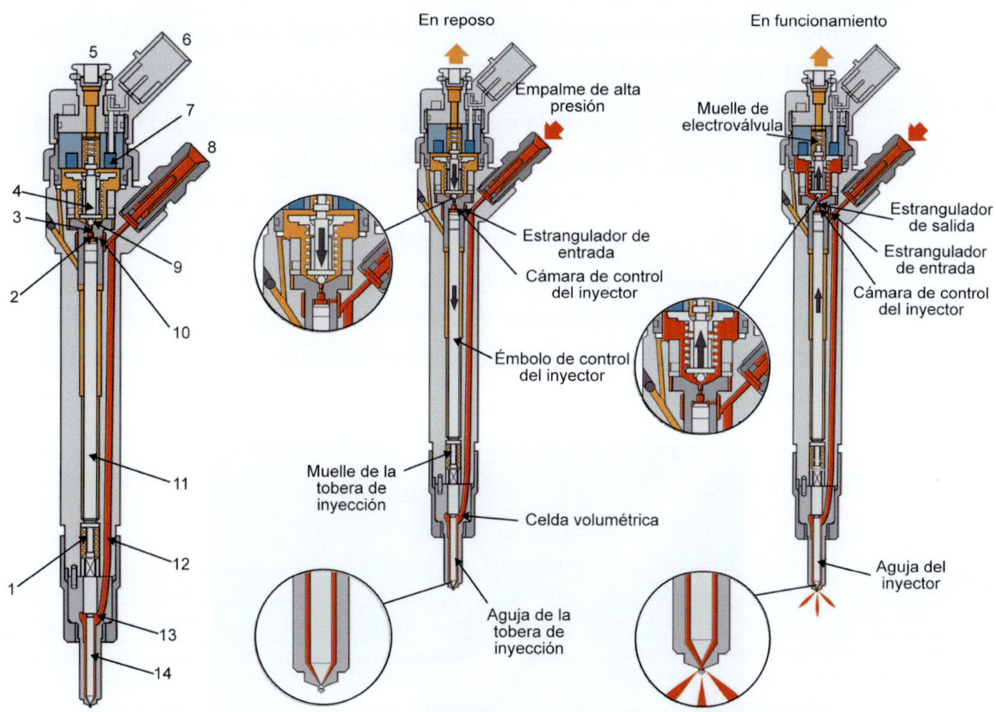

1. Muelle de la tobera.
2. Cámara de control.
3. Estrangulador de salida.
4. Inducido de la electroválvula.
5. Retorno de combustible.
6. Conexión eléctrica.
7. Electroválvula.
8. Entrada de combustible.
9. Válvula de bola.
10. Estrangulador de entrada.
11. Émbolo de control.
12. Alimentación de la tobera.
13. Celda volumétrica.
14. Aguja de la tobera.

Figura 2.43. Elementos principales del inyector de accionamiento electromagnético y descripción de su funcionamiento.

dente de la rampa entra a la cámara de control y a la celda volumétrica. El equilibrio de presiones entre ambas cámaras hace que la aguja permanezca cerrada por la fuerza que sobre ella ejerce su muelle. En estas circunstancias no se inyecta combustible.

- En funcionamiento: la unidad de control excita la electroválvula, levantando la válvula de bola de su asiento. En ese momento se abre el estrangulador de salida de combustible hacia el retorno, por lo que la presión en la cámara de control desciende, desapareciendo el equilibrio de presiones. Este fenómeno hace que la menor presión de la cámara de control haga ascender la aguja, comenzando la inyección. La inyección termina cuando la unidad de control deja de alimentar la electroválvula y la válvula de bola vuelve a cerrar el estrangulador de salida, reestableciéndose el equilibrio de presiones entre las dos cámaras.

La cantidad de combustible inyectado depende de la presión en la rampa, el número y diámetro de los taladros del inyector, el tiempo de inyección y la velocidad de apertura de la aguja. La Figura 2.44 muestra un inyector de cinco orificios.

El rápido movimiento de la aguja se consigue alimentando la electroválvula en dos etapas, como representa la Figura 2.45. La primera etapa dura aproximadamente 0,3 ms, siendo la tensión de alimentación de 80 V y la corriente suministrada de 20 A. La segunda etapa comienza cuando se ha desplazado la aguja y la señal de mando pasa a la fase de mantenimiento, descendiendo la tensión a unos 50 V y la corriente unos 12 A. Cuando la electroválvula deja de ser excitada finaliza la inyección.

Figura 2.44. Inyector de cinco orificios.

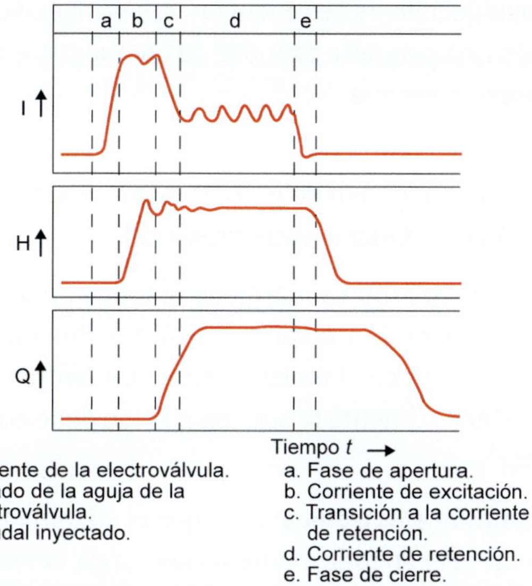

Figura 2.45. Representación gráfica de la evolución de la corriente de excitación de la electroválvula, alzado de la aguja y caudal inyectado en un inyector de accionamiento electromagnético.

Para conseguir los anteriores valores de tensión, superiores al voltaje de la batería, la unidad de control incorpora dos etapas de condensadores. Cuando el inyector está en reposo, la unidad de control manda una serie de impulsos a la bobina de la electroválvula que genera una tensión inducida que carga el condensador. Este sistema permite adaptar el ciclo de inyección, de forma que, aparte de la inyección principal, se pueden producir hasta dos preinyecciones y hasta dos posinyecciones, como muestra la Figura 2.46. Las preinyecciones introducen una pequeña cantidad de combustible que hace que aumente la presión y la temperatura progresivamente en el interior del cilindro, reduciendo el tiempo de retraso y con él el ruido de combustión.

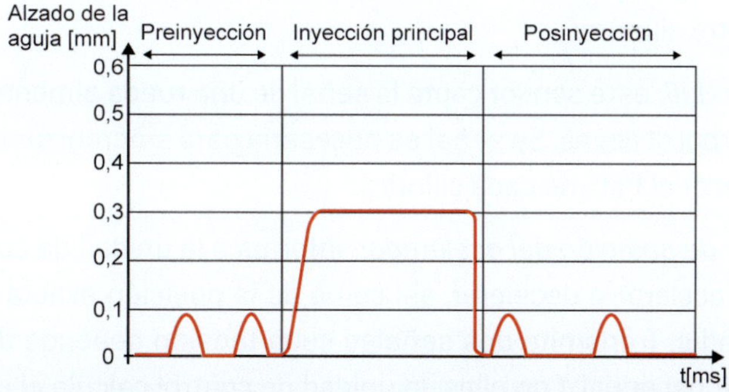

Figura 2.46. Representación gráfica de un ciclo de inyección con inyecciones múltiples.

Las posinyecciones se producen tras la inyección principal y aportan también una pequeña cantidad de combustible para el tratamiento de los gases de escape.

La unidad de control puede suprimir las preinyecciones a partir de un determinado régimen de giro del motor o si la presión en la rampa de inyección es inferior al valor prescrito.

Con el *common rail* se mantiene prácticamente constante la presión durante la inyección, creando una atmósfera favorable para la mezcla. En los sistemas con bomba mecánica, mientras se está inyectando el combustible aumenta la presión y luego desciende hasta que cierra el inyector.

- **Sistema de gestión electrónica:** para que el sistema funcione, la unidad de control debe conocer en todo momento las condiciones operativas del motor, a través de diversos sensores. Los sensores principales son los que figuran a continuación. Muchos de ellos son similares a los implementados en otros sistemas, por lo que se detallarán las funciones específicas para el caso del *common rail.*

  – *Medidor de la masa de aire:* se instala después del filtro de aire y antes del compresor. Suele ser de película caliente e incorpora una resistencia NTC para medir la temperatura del aire de admisión. Con la información de este dispositivo, la unidad de control regula la cantidad de gases de escape a recircular y limita la formación de humos en las fases de aceleración y deceleración.

  – *Sensor de régimen de giro:* suele ser de tipo inductivo y normalmente va instalado sobre la campana del embrague, enfrentándose a una corona almenada perteneciente al volante de inercia. Informa a la unidad de control del régimen de giro y de la posición angular del cigüeñal, gracias a dos huecos equivalentes a dos dientes, desfasados 180°, si el motor es de cuatro cilindros.

  – *Sensor Hall:* este sensor capta la señal de una rueda almenada dispuesta en el árbol de levas. Su señal es necesaria para sincronizar la inyección y reconocer el PMS de cada cilindro.

  – *Sensor de posición del acelerador:* informa a la unidad de control de si se desea acelerar o decelerar, así como de la posición exacta del pedal del acelerador. Transmite dos señales cuya tensión depende de la posición angular del pedal. Con ellas, la unidad de control calcula el caudal, la presión y el tiempo de inyección.

- *Sensor de temperatura del líquido refrigerante:* consiste en una resistencia NTC cuya información es utilizada por la unidad de control para determinar el tiempo de pre y poscalentamiento, el caudal de combustible a inyectar, el régimen de ralentí y la puesta en marcha del electroventilador.
- *Sensor de presión en el colector de admisión:* mide la presión de aire en el colector de admisión para que la unidad de control regule la presión de sobrealimentación, la presión de combustible y el tiempo de inyección.
- *Sensor de presión de combustible:* gracias a este sensor, la unidad de control conoce la presión de combustible en la rampa de inyección para ajustarla al valor óptimo según las condiciones de funcionamiento del motor. Con este dato también puede regular el caudal de combustible inyectado.
- *Conmutador de pedal de freno:* informa a la unidad de control de cuándo se está accionando el pedal de freno, para que entre en funcionamiento el programa antitirones. Así, durante el frenado, el motor funciona suavemente.
- *Conmutador de pedal de embrague:* sirve para informar a la unidad de control que se está produciendo un cambio de marchas, para que ajuste los parámetros de inyección con el fin de suavizar este transitorio.
- *Sensor de temperatura de combustible:* suele ir instalado en la rampa de inyección y su información es requerida por la unidad de control para calcular la densidad del combustible y regular el caudal de inyección.
- *Sensor de altitud:* suele ser de tipo piezoeléctrico e integrado en la unidad de control, que determina la densidad del aire atmosférico e impide el funcionamiento del sistema EGR cuando el vehículo circula por zonas de elevada altitud.
- *Señales adicionales:* en función del equipamiento pueden ser necesarias otras señales. Cabe destacar la señal de velocidad del vehículo, que junto con la señal de régimen de giro, la unidad de control estima la marcha que tiene engranada para optimizar el régimen de ralentí cuando está circulando. La señal de conexión del compresor del aire acondicionado también es importante para ajustar el ralentí.

Aunque el número y tipo de sensores y actuadores puede variar de unas aplicaciones a otras, el principio de funcionamiento del sistema *common rail* es el mismo. A continuación, se explican dos elementos principales que pueden diferir de unas unidades a otras, que son la bomba de alta presión y los inyectores piezoeléctricos.

- **Otras bombas de alta presión.**
  - *Bombas de émbolos radiales:* algunos sistemas montan una bomba que genera la alta presión con un elemento de bombeo de émbolos radiales, similar al empleado en determinadas bombas rotativas. La Figura 2.47 muestra una visión general del conjunto.

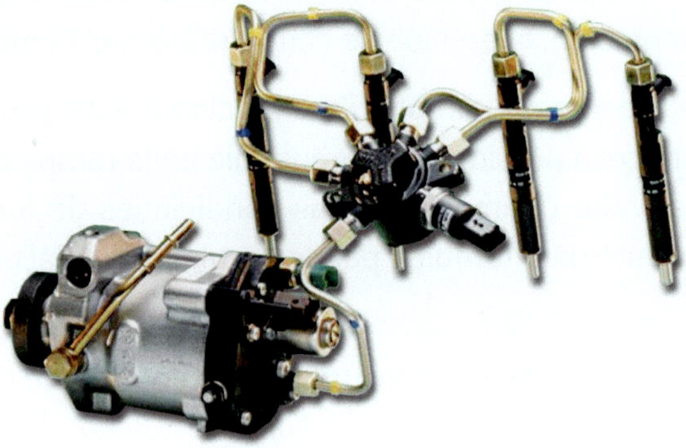

Figura 2.47. Sistema *common rail* con bomba de alta presión de émbolos radiales.

  - *Bombas de dos émbolos opuestos:* un ejemplo de este tipo de bomba es la que se detalla en la Figura 2.48. En el tramo de baja presión, la bomba eléctrica del depósito suministra el combustible a la entrada de la bomba previa a una presión de entre 0,6 y 0,8 bar. La bomba previa alimenta a la bomba de alta presión a unos 5 bar. Esta bomba suele ser de engranajes, accionada por la correa de la distribución, junto con la bomba de alta presión, y asegura a esta un suministro de combustible en todas las condiciones operativas del motor. Posteriormente, la bomba de alta presión envía el combustible a la rampa de inyección a una presión que puede superar los 1.600 bar. Está formada por dos émbolos opuestos, de forma que por cada vuelta del árbol de mando, se realiza un ciclo de aspiración y otro de compresión. En la fase de aspiración, el émbolo aumenta el volumen de la cámara de compresión, abriendo la válvula de entrada y cerrando la de retención. De esta forma, el combustible se introduce en la cámara de compresión. En la fase de compresión, el émbolo disminuye el volumen de la cámara, presurizando el combustible, por lo que la válvula de entrada se cierra y la de retención se abre, saliendo el combustible hacia la rampa. Este sistema incorpora una válvula dosificadora en el cuerpo de la bomba, controlada por la unidad de control, que regula la cantidad de combustible que la bomba previa suministra a la de alta presión. La válvula reguladora de la presión de combustible se instala en un extremo de la rampa de inyección, es gobernada por la unidad de control y limita la presión en la rampa comunicando esta con el retorno según las condiciones de funcionamiento. Este tipo de bombas

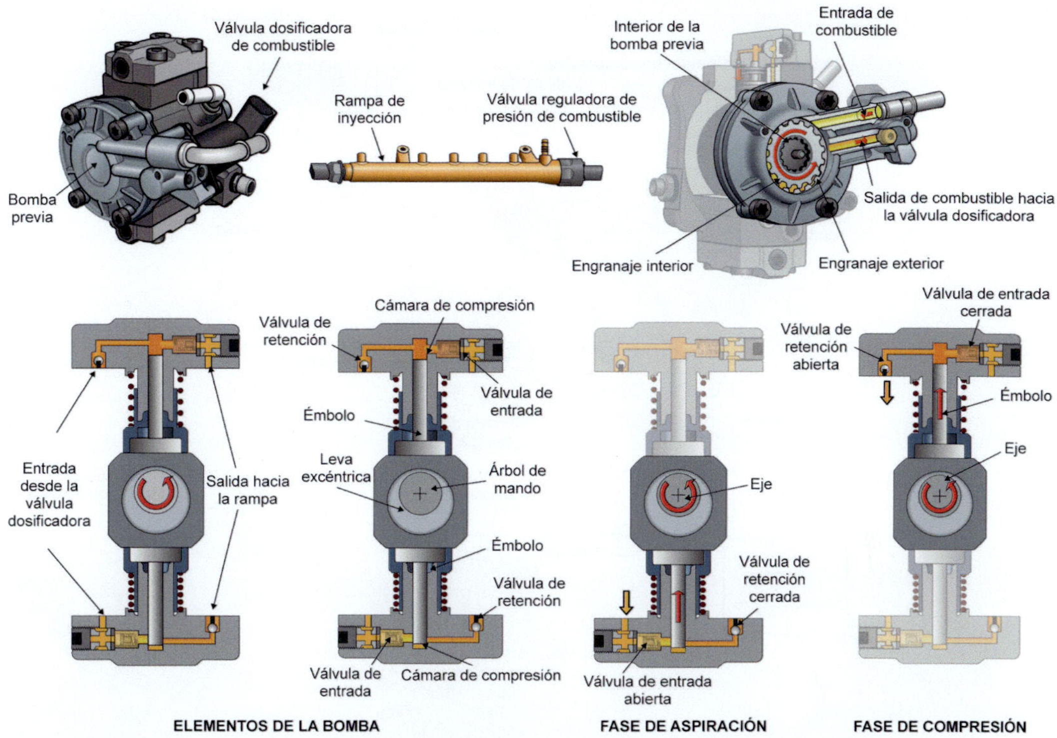

Figura 2.48. Bomba de alta presión de dos émbolos opuestos.

tienen que ir sincronizadas con el cigüeñal para mantener una presión de combustible constante y evitar las caídas de presión debidas a la apertura de los inyectores.

– *Bombas de un único émbolo:* la constitución y funcionamiento de esta bomba se explica a través de la Figura 2.49. Una bomba eléctrica previa alimenta de combustible a la bomba de alta presión, a unos 5 bar y de forma constante. La válvula hidráulica de rebose mantiene una presión de alimentación constante de unos 4,3 bar, ya que cuando se supera esta presión, abre el conducto de retorno. La válvula dosificadora de combustible, gobernada por la unidad de control, regula el caudal que llega hasta la válvula de aspiración. En la fase aspirante, el muelle del émbolo hace que este aumente el volumen de la cámara de compresión, al estar en contacto el rodillo con la parte plana del árbol de mando. La válvula de aspiración se abre y la cámara se llena de combustible. En la fase de compresión, el rodillo es atacado por el perfil del árbol de mando, empujando el émbolo y reduciendo el volumen de la cámara de compresión. El combustible se presuriza y se abre la válvula de salida hacia la rampa, permaneciendo cerrada la válvula de aspiración. Estos sistemas pueden tener una bomba eléctrica de trasvase desde el depósito de combustible

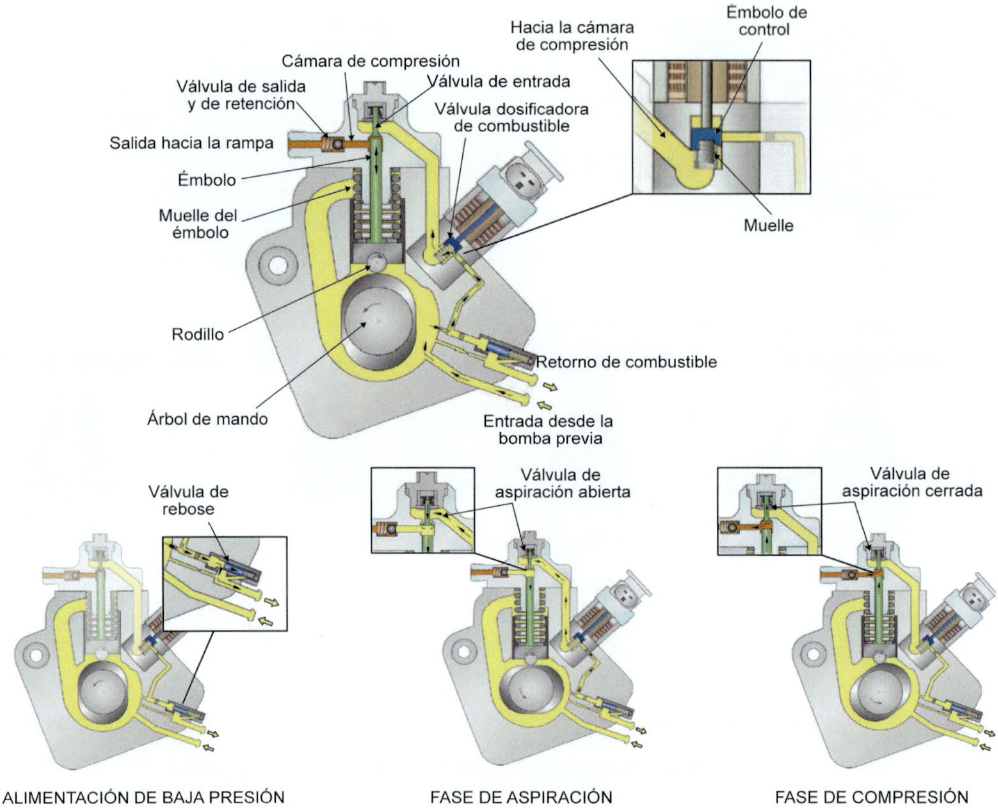

Figura 2.49. Bomba de alta presión de un único émbolo.

y una bomba eléctrica previa, que asegura un suministro correcto a la bomba de alta presión.

- **Inyectores piezoeléctricos:** en los sistemas *common rail* también pueden montarse inyectores piezoeléctricos. Un ejemplo de este tipo de inyector y sus partes fundamentales aparecen en la Figura 2.50.

  El funcionamiento del inyector piezoeléctrico se explica a través de la Figura 2.51. Su función hidráulica es muy parecida a la de los inyectores de accionamiento electromagnéticos, salvo que la válvula que abre el retorno de combustible es de accionamiento piezoeléctrico. El elemento piezoeléctrico se integra en el llamado módulo actuador, que cuando lo activa la unidad de control, abre la válvula de conmutación. Entre el módulo actuador y la válvula de conmutación se interpone el módulo acoplador, que es un elemento hidráulico que compensa las dilataciones longitudinales por efecto de la temperatura. Cuando la unidad de control excita al actuador piezoeléctrico, este se dilata y empuja el módulo acoplador, abriendo la válvula de conmutación, que cierra el *by-pass*. El combustible de la cámara de control sale por el

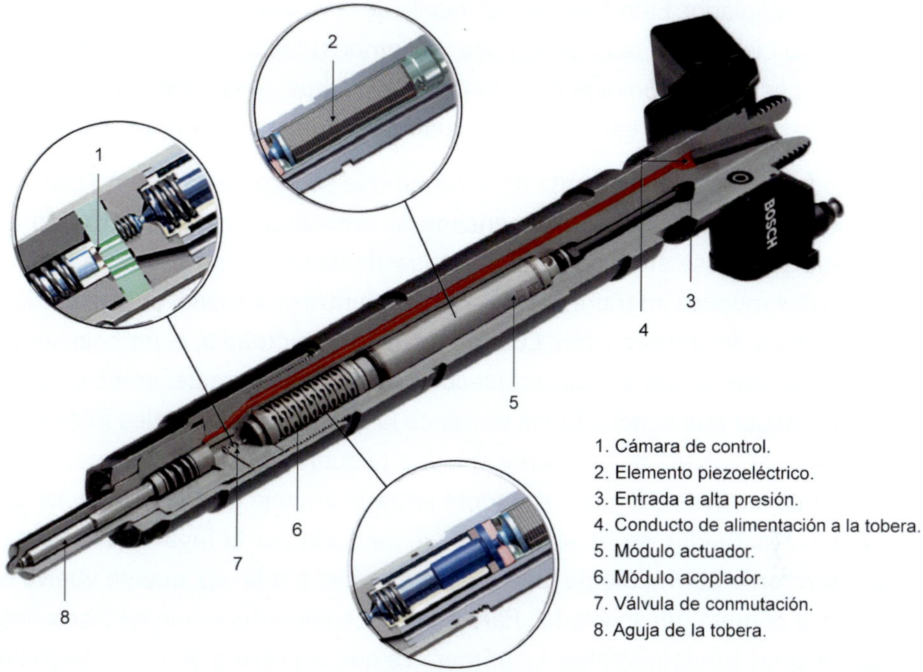

1. Cámara de control.
2. Elemento piezoeléctrico.
3. Entrada a alta presión.
4. Conducto de alimentación a la tobera.
5. Módulo actuador.
6. Módulo acoplador.
7. Válvula de conmutación.
8. Aguja de la tobera.

Figura 2.50. Inyector piezoeléctrico de un sistema *common rail.*

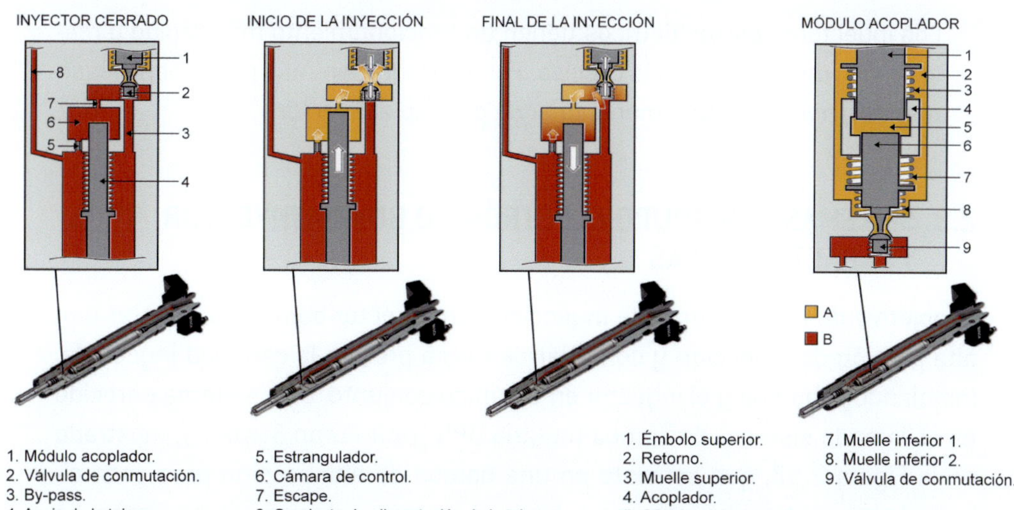

1. Módulo acoplador.
2. Válvula de conmutación.
3. By-pass.
4. Aguja de la tobera.
5. Estrangulador.
6. Cámara de control.
7. Escape.
8. Conducto de alimentación de la tobera.

1. Émbolo superior.
2. Retorno.
3. Muelle superior.
4. Acoplador.
5. Cámara del acoplador.
6. Émbolo inferior.
7. Muelle inferior 1.
8. Muelle inferior 2.
9. Válvula de conmutación.

A. Alimentación.
B. Alta presión.

Figura 2.51. Funcionamiento de un inyector piezoeléctrico de un sistema *common rail.*

orificio de escape y por la válvula de conmutación. En estas circunstancias, la presión en la cámara de control desciende y la aguja de la tobera se levanta de su asiento por diferencia de presiones. Cuando la unidad de control interrumpe la alimentación del actuador, este se contrae, retrocediendo el módulo acoplador. Esto hace que el muelle de la válvula de conmutación provoque su cierre y se abra el *by-pass*. El combustible entra en la cámara de control desde el *by-pass* por el conducto de escape, y por otro lado a través del estrangulador. De esta forma se igualan las presiones y el inyector cierra.

El módulo acoplador funciona de la forma que se explica a continuación. El actuador piezoeléctrico está por encima del émbolo superior. Por otro lado, el émbolo inferior se sitúa por encima de la válvula de conmutación. La fuerza de los dos muelles inferiores elimina el juego entre el actuador piezoeléctrico y la válvula de conmutación. Cuando se activa el actuador, el émbolo superior comprime la cámara del acoplador. Como el diámetro del émbolo superior es mayor que el del inferior, se vence la fuerza de los muelles inferiores y se abre la válvula de conmutación. Una pequeña fuga hacia el retorno es permitida a través del juego existente entre el émbolo y su guía. Al dejar de excitar al actuador, se recupera el juego causado por la fuga de combustible al retorno por medio de los muelles inferiores, a la vez que se vuelve a llenar la cámara del acoplador. Para que el acoplador funcione necesita dos condiciones fundamentales. La primera es que la presión de retorno sea de al menos 10 bar, consiguiéndose gracias a un estrangulador instalado en el inyector. La segunda es que exista presión de alimentación.

Los inyectores piezoeléctricos tienen un funcionamiento más rápido y realizan una dosificación más precisa. Por otro lado, son más pequeños, pesan menos y necesitan una menor energía para su activación.

2.8. SISTEMAS POR GRUPO ELECTRÓNICO BOMBA INYECTOR, TIPOS Y CARACTERÍSTICAS

El objetivo de los sistemas de inyección con inyector-bomba es generar una alta presión de inyección y controlar de forma precisa la cantidad inyectada, instalando la bomba y el inyector en un único conjunto. Otro sistema parecido es el llamado sistema de bomba unitaria UPS (*Unit Pump System*), mostrado en la Figura 2.52, que consiste en una bomba de alta presión para cada cilindro, conectada mediante una tubería al portainyector correspondiente. La bomba es accionada por el árbol de levas del motor y, en los sistemas más modernos, una electroválvula se encarga de permitir el paso de combustible hacia el inyector.

La primera aplicación de inyector-bomba tuvo lugar en motores marinos, siendo de control mecánico. El inyector-bomba con control mecánico se utilizó mucho en motores diésel de camiones y maquinaria.

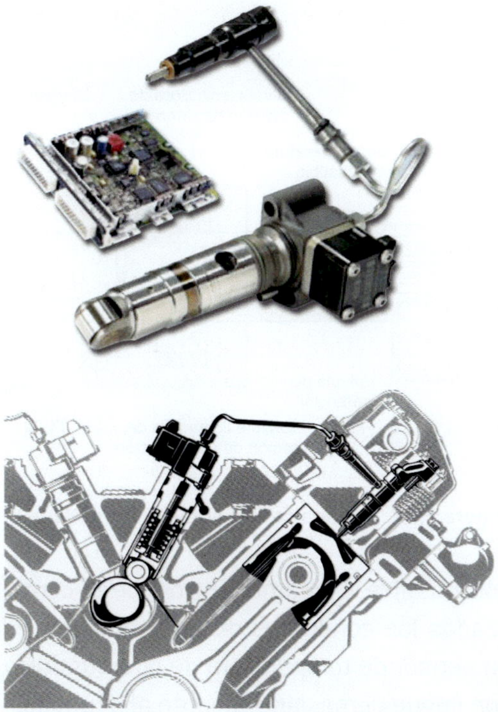

Figura 2.52. Sistema de bomba unitaria UPS.

El sistema de inyector-bomba UIS (*Unit Injector System*), con control electrónico EDC, es el que más se ha empleado en vehículos de turismo diésel con inyección directa. A continuación se va a explicar este sistema basándose en el diseñado por la marca Bosch y el grupo VAG.

■ Sistema de alimentación de combustible

La Figura 2.53 muestra el esquema general del sistema de alimentación de combustible. El combustible es aspirado del depósito por una bomba mecánica accionada por el motor. Antes de llegar a la bomba, pasa por el filtro y por una válvula de retención que impide el retorno de combustible desde la bomba hacia el depósito, estando el motor parado. Esta válvula se abre cuando la presión supera 0,2 bar. Dentro del cuerpo de la bomba, la válvula limitadora de presión de alimentación comunica el lado impelente con el aspirante cuando la presión de combustible supera 7,5 bares. El tamiz interior se encarga de retener las burbujas de aire del combustible, para ser evacuadas por el estrangulador hacia el retorno. En el interior de la bomba se instala también una válvula limitadora de presión de retorno, que se fija en 1 bar, con el fin de mantener la misma fuerza en la aguja de la electroválvula del inyector. El *by-pass* es necesario para evacuar el aire en caso de necesitar cebar el circuito, por ejemplo, si el depósito se

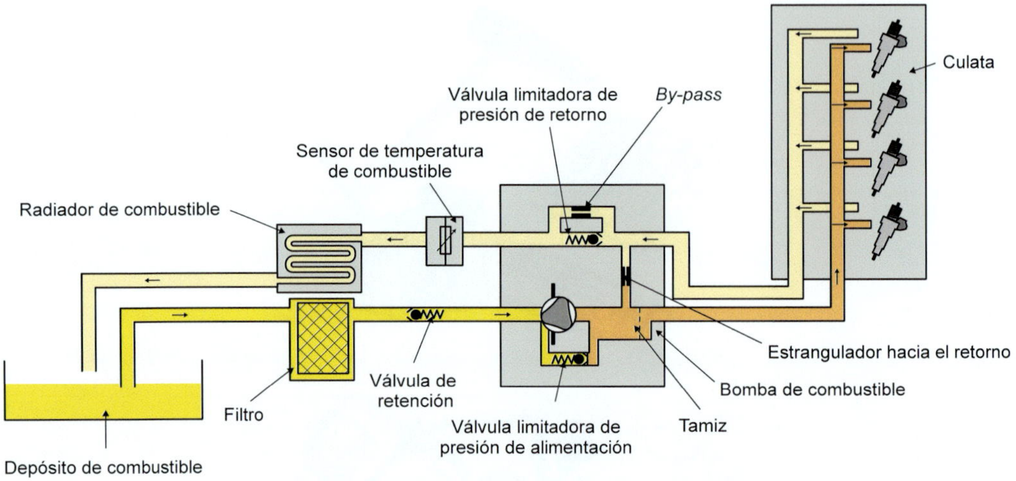

Figura 2.53. Sistema de alimentación de combustible.

ha quedado sin combustible. La bomba introduce el combustible en la culata, que lleva mecanizados los conductos de alimentación y de retorno. En el retorno se instala un sensor de temperatura de combustible y un radiador que lo enfría, evitando que llegue demasiado caliente al depósito.

El tubo distribuidor se inserta en el conducto de alimentación de la culata y su función es la de distribuir uniformemente el combustible hacia los inyectores-bomba. Su funcionamiento se explica por medio de la Figura 2.54. El combustible procedente de la bomba de alimentación fluye por el interior del tubo distribuidor. Gracias a los taladros transversales, pasa a la ranura anular que se genera entre el tubo distribuidor y la culata, mezclándose con el combustible caliente del retorno de los inyectores-bomba. Así, se homogeneiza la temperatura del combustible, siendo la misma para todos los cilindros.

Gracias a la función del tubo distribuidor, el motor tiene una mayor regularidad cíclica y, por tanto, un régimen de giro más uniforme. Esto es debido a que la densidad del combustible es la misma y, por ello, no varía el caudal inyectado ni la forma de pulverización.

■ Componentes y funcionamiento del inyector-bomba

El inyector-bomba se compone de tres grandes grupos funcionales, que son la bomba de alta presión, la electroválvula de control y el inyector. En el árbol de levas del motor se monta una leva adicional encargada de impulsar la bomba de alta presión, interponiendo entre ambos elementos un balancín de cojinete central y rodillo. La leva tiene un flanco de ataque muy pronunciado para accionar la bomba a gran velocidad, aumentando rápidamente la presión. Por otro

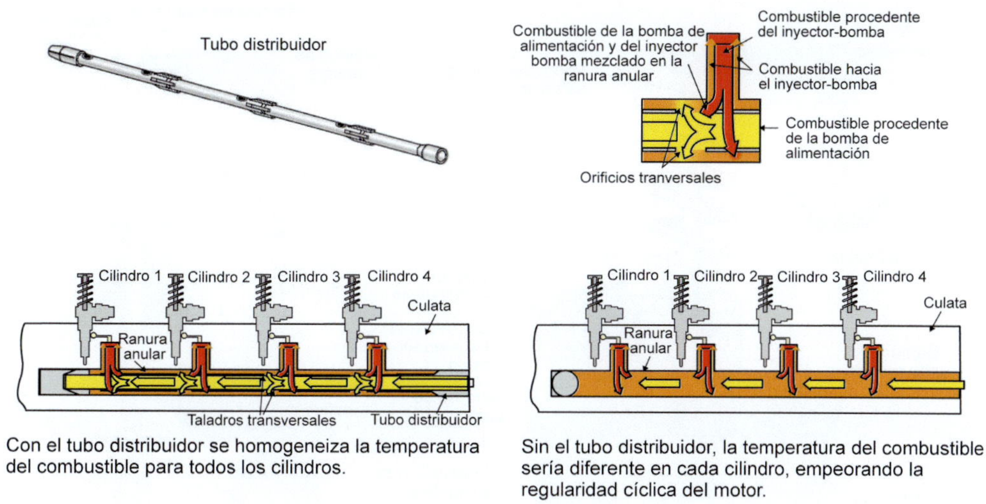

Figura 2.54. Funcionamiento del tubo distribuidor de combustible.

lado, el flanco de salida tiene un perfil suave para que no se generen burbujas de aire en la cámara de alta presión del inyector. El balancín tiene un tornillo de regulación para ajustar el juego con la bomba de alta presión. En la Figura 2.55 aparecen los componentes principales del inyector-bomba, así como su sistema de accionamiento.

El funcionamiento del inyector-bomba se divide en las siguientes fases:

- **Alimentación de combustible:** siguiendo la Figura 2.56, el émbolo de la bomba asciende ayudado por la fuerza del muelle cuando la leva ataca el balancín por su círculo base. En este momento aumenta el volumen de la cámara de alta presión. Como la electroválvula está en reposo, el combustible fluye desde el conducto de alimentación (A) hasta la cámara de alta presión.
- **Preinyección:** para suavizar el proceso de combustión y el ruido del motor es preciso disminuir el tiempo de retraso. Esto se consigue realizando una preinyección, que consiste en introducir una pequeña cantidad de combustible a baja presión, de aproximadamente 180 bar, antes de la inyección principal, para aumentar la presión y temperatura de la cámara de combustión, proporcionando las condiciones óptimas para la autoinflamación del combustible inyectado en la fase principal. La Figura 2.57 muestra el proceso de preinyección, que empieza cuando la leva ataca el balancín por su flanco más plano, haciendo que descienda el émbolo. El combustible que se encuentra en la cámara de alta presión, dado que la electroválvula está en reposo, se dirige hacia el conducto de alimentación de combustible. En un instante dado, la unidad de control alimenta la electroválvula y

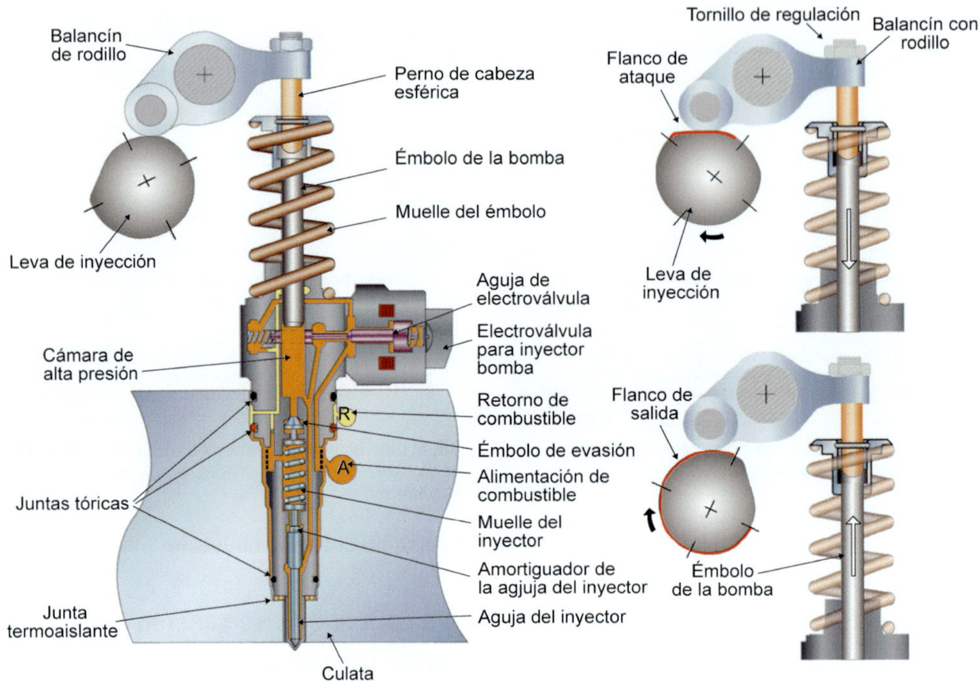

Figura 2.55. Componentes del inyector-bomba y sistema de accionamiento.

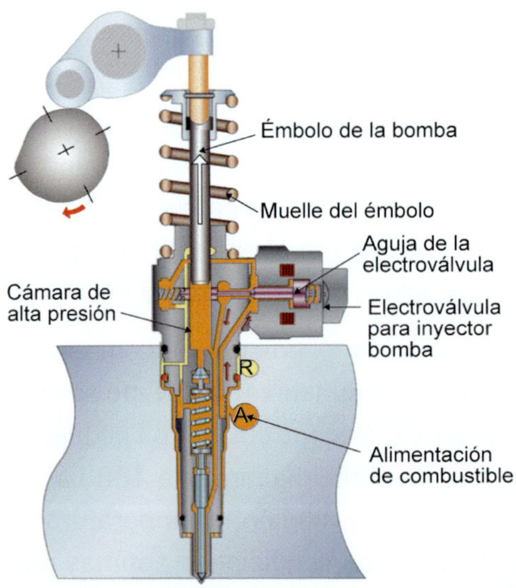

Figura 2.56. Fase de alimentación de combustible.

esta cierra el paso del combustible hacia el conducto de alimentación. En ese momento empieza a aumentar la presión en la cámara, levantándose la aguja del inyector de su asiento cuando alcanza 180 bares, produciéndose la preinyección. La preinyección dura muy poco tiempo y el movimiento de la aguja se limita a un tercio de su carrera total, gracias a un colchón hidráulico generado por el estrechamiento entre el émbolo amortiguador y el cuerpo del inyector. Cuando el émbolo se introduce en el estrechamiento, el combustible sale más lentamente por los orificios del inyector, ocasionando un aumento de la presión en la cámara. El aumento de presión vence la fuerza del muelle del émbolo de evasión, descendiendo este y, consecuentemente, provocando una caída brusca de la presión en la cámara. Por este motivo el inyector se cierra, ya que su muelle tiene una fuerza mayor que la generada por la presión de combustible para su alzado, acabando la fase de preinyección.

- **Inyección principal:** como el émbolo continúa descendiendo y la electroválvula permanece cerrada, la presión en la cámara de la bomba vuelve a ascender. Cuando se alcanzan 300 bar, se supera la fuerza del muelle pretensado del inyector, abriéndose este y comenzando la inyección principal. Ahora, la

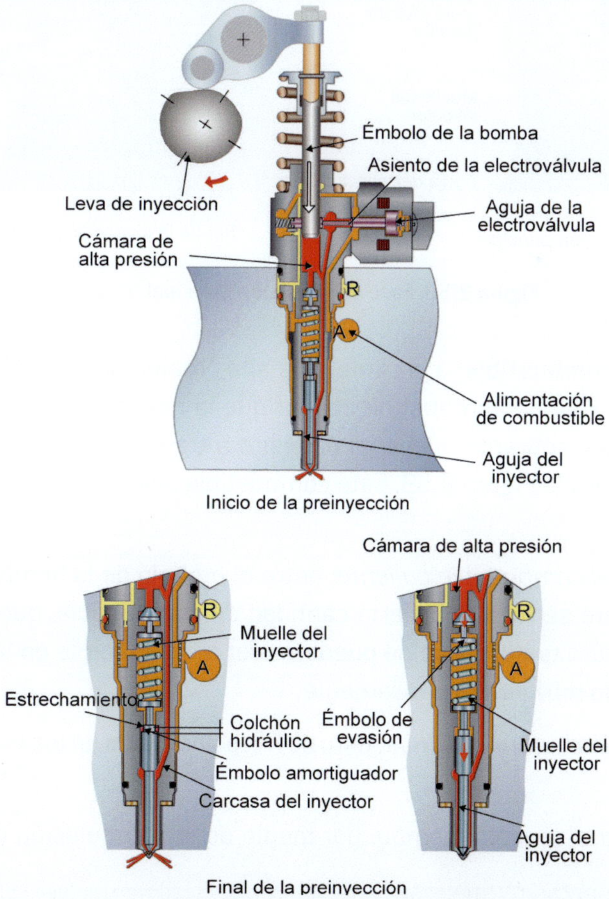

Figura 2.57. Fase de preinyección.

cámara de alta presión comprime una cantidad de combustible mayor que la que puede salir por los orificios del inyector, motivo por el que la presión de inyección asciende hasta unos 2.000 bar. La inyección principal termina cuando la unidad de control deja de alimentar la electroválvula, permitiendo que el combustible pueda dirigirse hacia el conducto de alimentación. En estas circunstancias, el muelle del inyector provoca su cierre y el émbolo de evasión recupera su posición inicial. La Figura 2.58 representa el proceso de inyección principal.

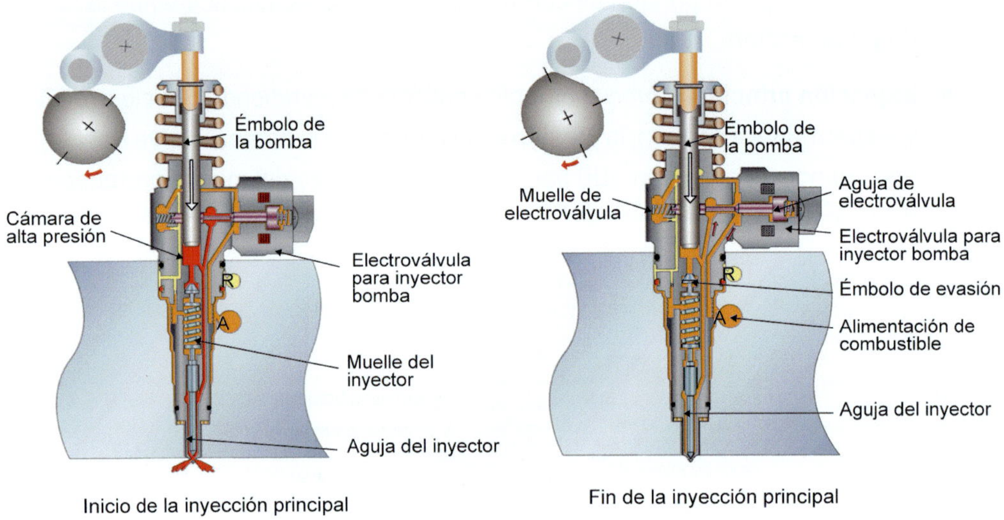

Figura 2.58. Fase de inyección principal.

- **Retorno de combustible:** a la cámara de alta presión se le suministra siempre una cantidad de combustible mayor que la necesaria. Por este motivo, el combustible sobrante vuelve al depósito a través del conducto de retorno, como indica la Figura 2.59. Este combustible sobrante cumple una triple función:
  - *Recoger el combustible caliente:* entre el émbolo de la bomba y su cuerpo siempre se fuga una cierta cantidad de combustible, que está a una temperatura tan alta que no puede volver a introducirse en la bomba sin haber sido refrigerado previamente.
  - *Eliminar las burbujas de aire:* esto se hace por medio de los estranguladores.
  - *Refrigerar el inyector-bomba:* por medio de la recirculación del combustible.

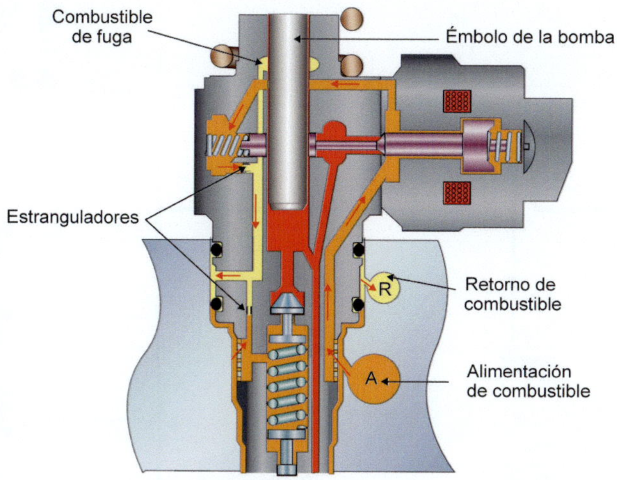

Figura 2.59. Fase de retorno de combustible.

■ Gestión del sistema

La gestión por parte de la unidad de control se explica a partir de la Figura 2.60, que representa los elementos que intervienen en el sistema. Estos elementos variarán en función de la marca, modelo y equipamiento del vehículo. A su vez, muchos de ellos ya son conocidos de otros sistemas de inyección diésel con regulación EDC, por lo que a continuación solo se van a explicar las peculiaridades para la aplicación de inyector-bomba.

- **Sensores:**
  - *Medidor de la masa de aire:* está instalado en el conducto de admisión y suele ser de película caliente con detección de reflujo.
  - *Sensor de régimen de giro:* es de tipo inductivo y se ubica en el bloque motor. Se encarga de captar la señal producida al enfrentarse a él una rueda generatriz de impulsos. Esta rueda tiene 56 dientes y dos huecos dobles, equivalentes a la distancia de dos dientes, desfasados 180°, sirviendo de marca de referencia para la posición del cigüeñal. La señal de este sensor informa a la unidad de control del régimen de giro del motor y de la posición del cigüeñal, para que pueda establecer el inicio y la duración de la inyección.
  - *Sensor Hall:* su función es la de captar la señal producida al enfrentarse a él una rueda generatriz de impulsos, montada en el extremo del árbol de levas. Esta señal es necesaria en la fase de arranque del motor para que la unidad de control detecte qué cilindro está al final de la fase de compresión. Esto es posible porque la rueda generatriz tiene cuatro marcas

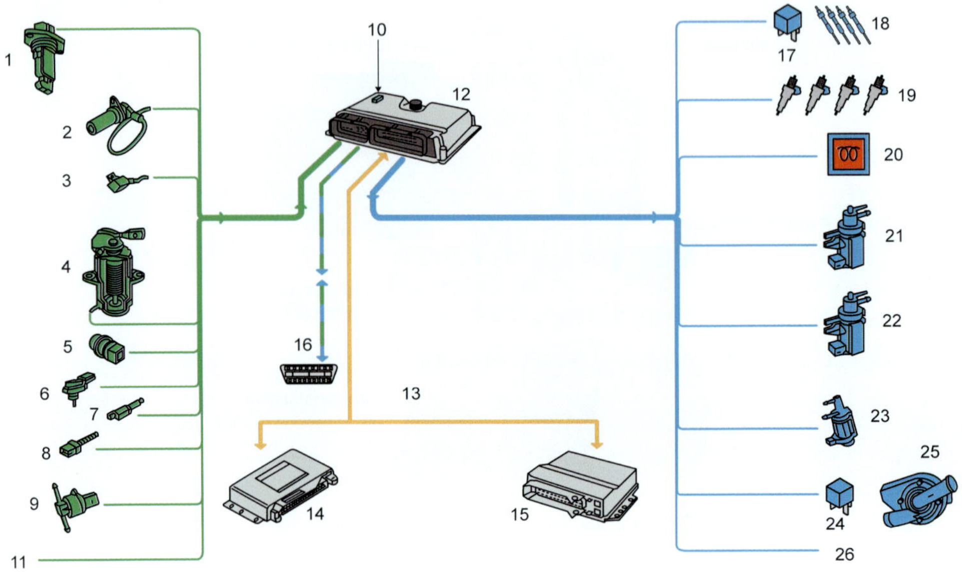

1. Medidor de la masa de aire.
2. Sensor de régimen de giro.
3. Senor Hall.
4. Sensor de posición de acelerador, de kick-down y conmutador de ralentí.
5. Sensor de temperatura del líquido refrigerante.
6. Sensor de presión y de temperatura en el colector de admisión.
7. Conmutador de luz de freno y de pedal de freno.
8. Conmutador de pedal de embrague.
9. Sensor de temperatura de combustible.
10. Sensor de altitud.
11. Señales adicionales.
12. Unidad de control del motor.
13. CAN-Bus de datos.
14. Unidad de control del ABS.
15. Unidad de control del cambio automático.
16. Conector de diagnosis.
17. Relé de precalentamiento.
18. Bujías de precalentamiento.
19. Electroválvulas de los inyectores-bomba.
20. Testigo de precalentamiento.
21. Electroválvula de presión de sobrealimentación.
22. Electroválvula del sistema EGR.
23. Electroválvula de chapaleta del colector de admisión.
24. Relé de la bomba de agua adicional.
25. Bomba de agua adicional.
26. Señales adicionales.

Figura 2.60. Elementos que intervienen en la gestión electrónica del sistema inyector-bomba.

desfasadas 90°, si el motor es de cuatro cilindros. La marca del cilindro cuatro consiste en un diente y las del resto de cilindros en dos, separados entre sí una distancia diferente según el cilindro que represente. De esta forma, la señal temporal del sensor Hall presentará un pulso para el cilindro cuatro y dos pulsos a diferentes distancias para los cilindros uno, dos y tres. La Figura 2.61 muestra el sensor de régimen de giro, el sensor Hall y sus ruedas generatrices correspondientes. Asimismo, se representa la señal de ambos sensores para un determinado régimen de giro en un motor de cuatro cilindros.

Para que el motor arranque de forma rápida, la unidad de control procesa la señal del sensor de régimen de giro y del sensor Hall. Con el sensor del cigüeñal, la unidad de control conoce la posición angular de este con media vuelta de giro, si el motor es de cuatro cilindros. Con el sensor Hall se complementa la información anterior con la posición del cilindro co-

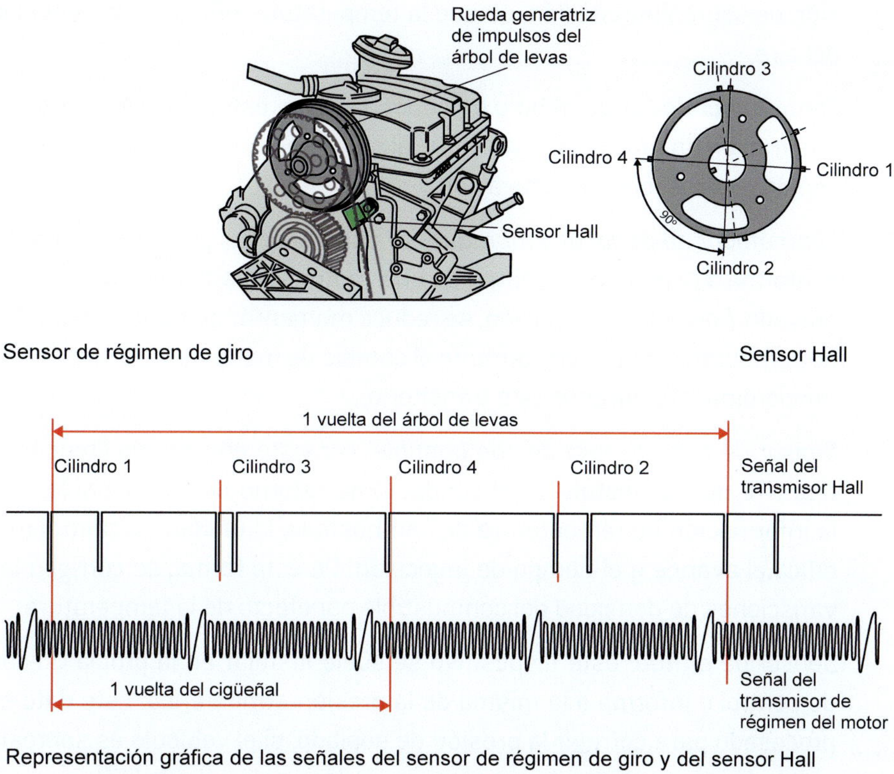

Figura 2.61. Sensor de régimen de giro, sensor Hall y sus respectivas señales.

rrespondiente. Por este motivo, la unidad de control reconoce muy rápidamente la electroválvula del inyector-bomba que tiene que excitar.

- *Sensor de posición del acelerador, de kick-down y conmutador de ralentí:* estos sensores van instalados en un único elemento, accionado por el pedal del acelerador.

- *Sensor de temperatura del líquido refrigerante:* con la información de este sensor, la unidad de control modifica la cantidad de combustible inyectado. La señal de temperatura del líquido refrigerante se utiliza también para gestionar el sistema de precalentamiento.

- *Sensor de presión y de temperatura en el colector de admisión:* estos dos sensores forman un conjunto único en el conducto de admisión. La señal de presión es procesada por la unidad de control para regular la presión de soplado, si el motor es sobrealimentado. Para ello compara el valor de presión real con el teórico que tiene programado y, en función de este cálculo, actúa sobre la electroválvula de control de presión de sobrealimentación. La señal de temperatura también sirve para corregir la presión de sobrealimentación, ya que la temperatura influye en la densidad del aire.

- *Conmutador de luz de freno y de pedal de freno:* estos dos elementos se integran en un único conjunto sobre el pedal de freno e informan a la unidad de control sobre su activación.
- *Conmutador de pedal de embrague:* se ubica sobre el pedal de embrague e informa a la unidad de control de si el motor está embragado o desembragado. Con esta información, se reduce momentáneamente la cantidad de combustible inyectado durante el cambio de marchas para suavizar el funcionamiento durante este transitorio.
- *Sensor de temperatura de combustible:* consiste en una resistencia de tipo NTC que se instala en el conducto de retorno de combustible. Con la información de temperatura de combustible, la unidad de control modifica el avance y el tiempo de inyección. De esta forma, se corrigen las variaciones de densidad del combustible por efecto de la temperatura.
- *Sensor de altitud:* este dispositivo se suele instalar en la propia unidad de control e informa a la misma de la presión atmosférica. Este dato es procesado para corregir la presión de soplado, si el vehículo es sobrealimentado, y la cantidad de gases recirculados por la válvula EGR.
- *Señales adicionales:* en función del tipo de motor y del equipamiento del vehículo, la unidad de control puede recibir señales adicionales como la de velocidad del vehículo, activación del compresor de aire acondicionado, activación del sistema de calefacción adicional o señales transmitidas entre diferentes unidades de control a través del CAN-Bus.

- **Actuadores:**
  - *Electroválvulas de los inyectores-bomba:* estas electroválvulas se montan en el conjunto del inyector-bomba. Gracias a ellas, la unidad de control puede gobernar el inicio de la inyección y la cantidad de combustible aportada. El inicio de la inyección tiene lugar cuando la unidad de control alimenta la electroválvula correspondiente que, al ser de tipo electromagnético, hace que su aguja cierre el paso de alimentación de combustible hacia la cámara de alta presión de la bomba, comenzando la inyección. La cantidad de combustible inyectado viene definida por el tiempo en el que la unidad de control esté alimentando la electroválvula. La unidad de control está monitorizando constantemente la evolución de la corriente de excitación de la electroválvula, representada en la Figura 2.62, para tener una referencia real del inicio de la inyección. Cuando se excita la

bobina, se genera un campo magnético, aumentando la intensidad de corriente, hasta que la aguja de la electroválvula se desplaza. Cuando la aguja impacta contra el tope de su asiento, se produce un cambio en la pendiente de la gráfica de intensidad, conocido como comienzo del período de inyección o BIP (*Begin of Injection Period*). Gracias a este cambio, la unidad de control reconoce el inicio real de la inyección, pudiéndolo comparar con el inicio teórico que tiene programado. El BIP ha de producirse dentro de un margen de tolerancia, si no, la unidad de control inscribe un código de avería. Una vez cerrada la válvula, la intensidad disminuye a un valor de mantenimiento constante, hasta que la unidad de control decide cuándo debe finalizar la inyección, momento en el cual deja de alimentar la electroválvula.

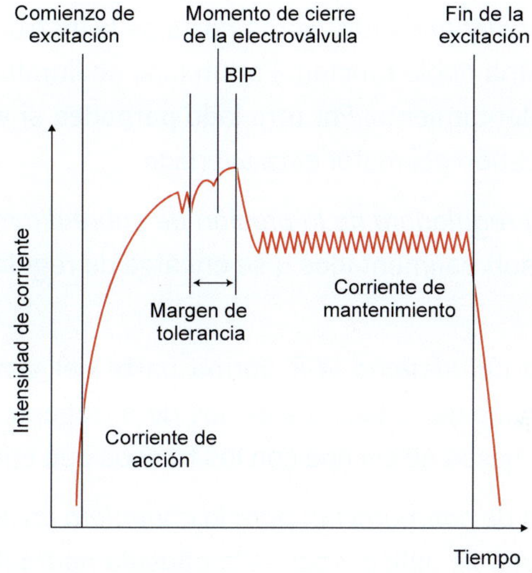

Figura 2.62. Evolución de la corriente de excitación de la electroválvula del inyector-bomba.

La unidad de control establece tres niveles de regulación:

- Regulación del inicio de la inyección: para ello estima el caudal a inyectar a partir del régimen de giro del motor, aplicando las correcciones pertinentes con la información de temperatura de combustible, temperatura del líquido refrigerante y temperatura del aire de admisión. Posteriormente, con la señal del sensor Hall, reconoce cuál es el cilindro al que hay que inyectar el combustible. Por último, gracias a la información de posición del cigüeñal, establece el momento exacto en el que debe alimentar la electroválvula del inyector-bomba.
- Regulación del caudal inyectado: esto se consigue básicamente con la información de régimen de giro y de posición del acelerador. Después

se aplica una corrección en función de las señales de masa de aire, temperatura de combustible, temperatura del refrigerante, temperatura del aire de admisión, presión de sobrealimentación, conmutador de pedal de freno y conmutador de pedal de embrague.

- Regulación del caudal inyectado en cada cilindro: esta regulación es necesaria para aumentar la regularidad cíclica del motor. Para ello, la unidad de control estima el rendimiento de cada cilindro a partir de la información de régimen de giro. Después de la combustión en un cilindro, la unidad de control calcula la aceleración experimentada por el cigüeñal y la compara con la que sufre en el resto de cilindros. Si esta aceleración difiere de unos cilindros a otros, corrige la cantidad de combustible inyectado en cada cilindro.

– *Testigo de precalentamiento:* forma parte de la instrumentación del cuadro y realiza una doble función. Por un lado se ilumina mientras dure la fase de precalentamiento. Por otro lado parpadea si algún elemento del sistema de gestión del motor está averiado.

– *Electroválvula reguladora de la presión de sobrealimentación:* se instala en vehículos sobrealimentados y se encarga de regular la presión de soplado.

– *Electroválvula del sistema EGR:* forma parte del sistema anticontaminación encargado de reducir los óxidos de nitrógeno. Para ello regula la mezcla de los gases de escape con los frescos que entran al cilindro.

– *Electroválvula de conmutación para la chapaleta en el colector de admisión:* se encarga de aplicar vacío a la cápsula neumática que acciona la chapaleta del colector de admisión. Esta chapaleta cierra el paso de aire por el conducto de admisión cuando se desea parar el vehículo. De esta forma se reducen las vibraciones del motor en el momento de su parada, ya que si no hay entrada de aire, no hay compresión de aire y la parada es más suave. La Figura 2.63 muestra este sistema.

– *Relé de la bomba de agua adicional:* se encarga de activar la bomba de agua adicional eléctrica del sistema de refrigeración del combustible.

– *Señales adicionales:* dependiendo del tipo de motor y del equipamiento del vehículo, la unidad de control puede enviar señales adicionales de mando como la de la calefacción adicional del líquido refrigerante, la de control del electroventilador, la de desactivación del compresor del aire acondicionado y otras que envían información al cuadro de instrumentos o a otras unidades de control mediante el CAN-Bus.

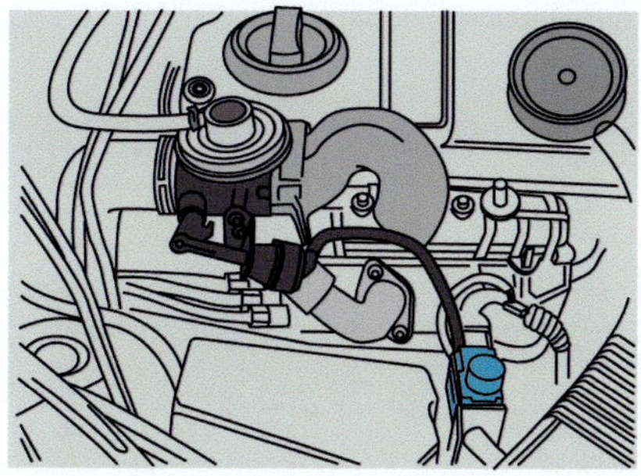

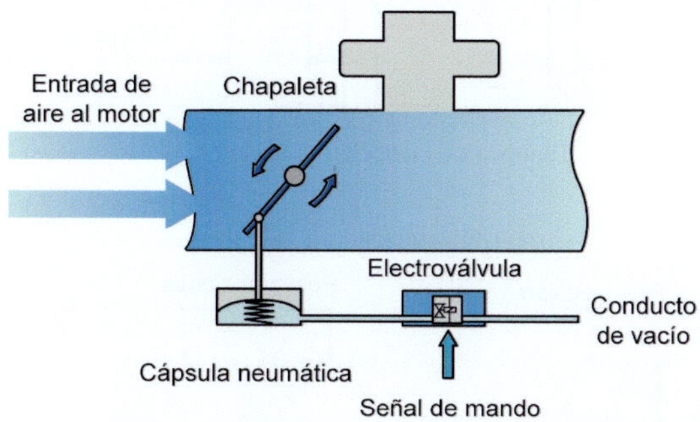

Figura 2.63. Mecanismo de la chapaleta del colector de admisión.

La última evolución de los inyectores-bomba fue la que montaba válvulas de tipo piezoeléctrico. Con esto se consigue una mejor adaptación de las fases de inyección, mejorando la formación de la mezcla, aumentando el rendimiento del motor y reduciendo las emisiones contaminantes.

El actuador piezoeléctrico permite una velocidad de apertura de la válvula cuatro veces más rápida que el electromagnético, haciendo posible su apertura y cierre varias veces por ciclo de inyección. De esta forma, se pueden hacer hasta dos preinyecciones y dos posinyecciones por ciclo, pudiendo variar su inicio y su duración. Otra ventaja es el rango de presiones de inyección, que va desde 130 hasta 2.200 bar. En el inyector-bomba piezoeléctrico se eliminan las cámaras de alta presión de la aguja del inyector y de la aguja de la válvula, así como el émbolo de evasión. Por otro lado, el diámetro del émbolo de la bomba es menor, reduciendo las fuerzas necesarias para su accionamiento y, en consecuencia, las pérdidas mecánicas. La Figura 2.64 representa a modo de ejemplo las diferentes inyecciones que se pueden hacer en un ciclo y las presiones de inyección generadas correspondientes.

La Tabla 2.1 resume las diferencias fundamentales entre un inyector-bomba de accionamiento electromagnético y otro de accionamiento piezoeléctrico.

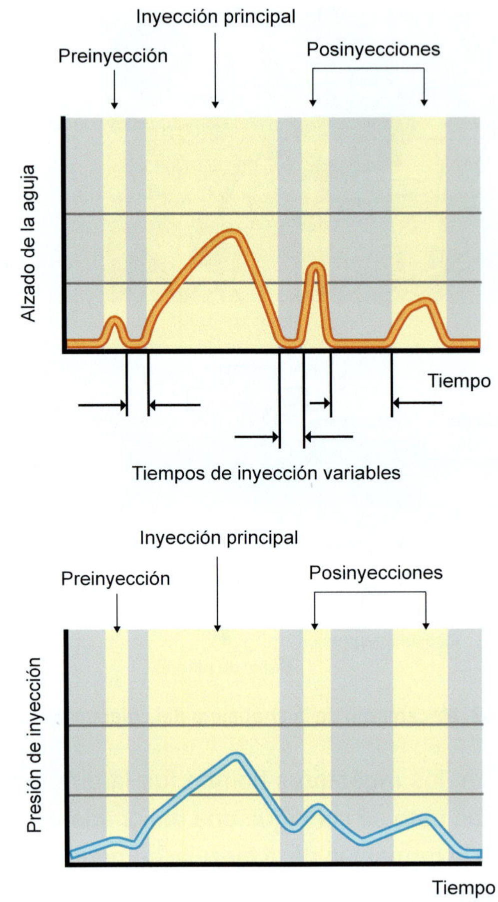

Figura 2.64. Ejemplo de inyecciones múltiples en un ciclo y presiones de inyección generadas correspondientes de un inyector-bomba piezoeléctrico.

Tabla 2.1.

Variable	Inyector-bomba de accionamiento electromagnético	Inyector-bomba de accionamiento piezoeléctrico
Diámetro del émbolo de la bomba [mm]	8,00	6,35
Presión de inyección mínimo [bar]	160	130
Presión de inyección máxima [bar]	2.050	2.200
Preinyecciones posibles	1 fija	De 0 a 2
Posinyecciones posibles	0 a 2	De 0 a 2
Volumen de preinyección [mm^2]	De 1 a 3	A partir de 0,5
Realización de la preinyección	Mecánico-hidráulica por el émbolo de evasión	Electrónica por actuador piezoeléctrico
Aumento de presión para la inyección principal	Por el émbolo de evasión	Por el émbolo de cierre y válvula de retención

La válvula piezoeléctrica se compone de dos elementos principales, que son el actuador piezoeléctrico y el conjunto de palancas de transmisión. La Figura 2.65 muestra los elementos de un inyector-bomba piezoeléctrico y el funcionamiento de su válvula. El actuador piezoeléctrico está formado por una batería de elementos piezoeléctricos de 0,08 mm de espesor, intercalando entre ellos placas de metal conductor a las que se les aplica tensión. Esta configuración es necesaria ya que cada elemento piezoeléctrico solo varía su longitud un 0,15 % al aplicarle tensión. Con la batería de elementos mencionada, la variación de longitud del conjunto es de 0,04 mm. Aún así, esta longitud es insuficiente para que la aguja realice su carrera, que es de 0,10 mm. Para convertir los 0,04 mm de desplazamiento del conjunto en 0,10 mm de la aguja es necesario un mecanismo de dos palancas conectadas entre sí, con puntos de apoyo descentrados y opuestos. Cuando el actuador no es alimentado por la unidad de control, el mecanismo de palancas está en reposo y la aguja de la válvula permanece abierta por la acción de su muelle. Cuando el actuador recibe alimentación, el mecanismo de palancas mueve la aguja de la válvula, cerrándola y separando la zona de alta y baja presión de combustible.

Hay que recordar que un material piezoeléctrico tiene la propiedad de variar la diferencia de potencial entre sus extremos cuando está sometido a una tensión mecánica. Este fenómeno es reversible y se aplica a la válvula del inyector-bomba. De esta forma, al aplicar al material una tensión, sufre una deformación

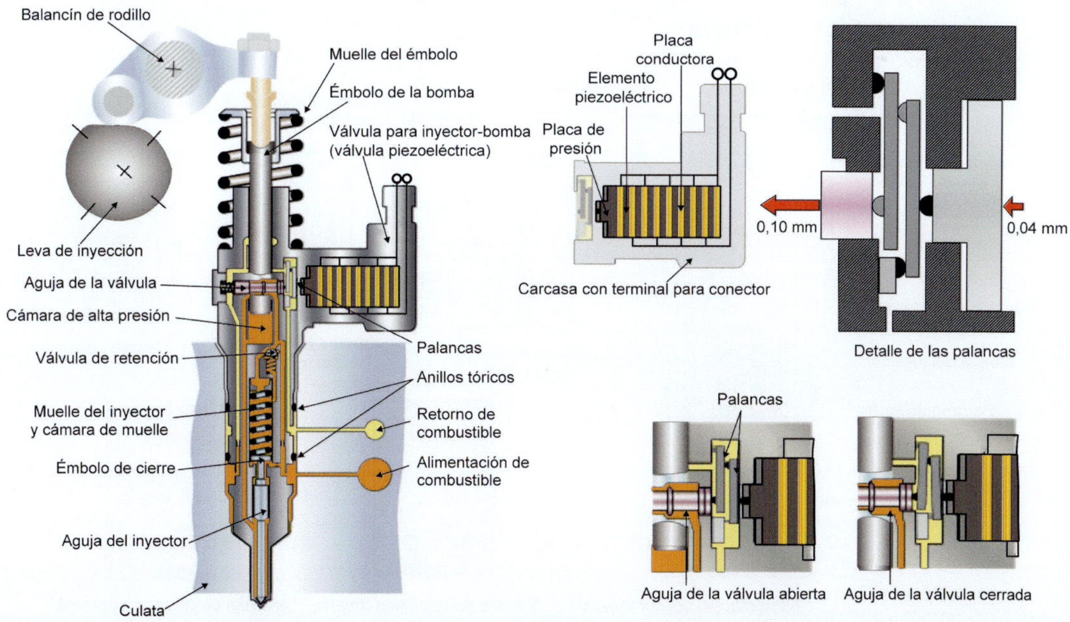

Figura 2.65. Elementos de un inyector-bomba piezoeléctrico y funcionamiento de su válvula.

variando la longitud de su estructura cristalina. El incremento de longitud del cristal piezoeléctrico es proporcional a la tensión aplicada, que en el caso del actuador del inyector-bomba varía de 100 a 200 voltios.

En la Figura 2.66 aparece detallada la cámara del muelle del inyector y su funcionamiento, que es diferente a la de los inyectores-bomba de accionamiento electromagnético, ya que se ha eliminado el émbolo de evasión y se ha rediseñado el émbolo de cierre de la parte inferior. En la cámara se encuentra el muelle que cierra la aguja del inyector e impide que abra antes de tiempo. La fuerza del muelle se refuerza con la presión del combustible dentro de la cámara. El objetivo de esto último es diferenciar dos presiones sobre la aguja del inyector, en función de si está en fase de preinyección o de inyección principal. La presión en la cámara se controla por la válvula de retención ubicada a la entrada de la misma. Por último, la despresurización se lleva a cabo por medio del émbolo de cierre. El funcionamiento de la cámara del muelle del inyector se puede dividir en tres fases:

- **Cierre de la aguja del inyector:** estando cerrada la válvula de retención, la elevada presión del combustible en el interior de la cámara empuja el émbolo de cierre, provocando que el muelle de la aguja cierre esta rápidamente. La rapidez de esta fase hace innecesario el émbolo de evasión.
- **Apertura de la aguja del inyector:** estando el inyector cerrado, la alta presión de combustible en el interior de la cámara impide que la aguja abra antes de tiempo. La apertura se realiza cuando la presión en la parte inferior de la aguja, generada por el émbolo de la bomba, sea superior a la existente en el interior de la cámara.

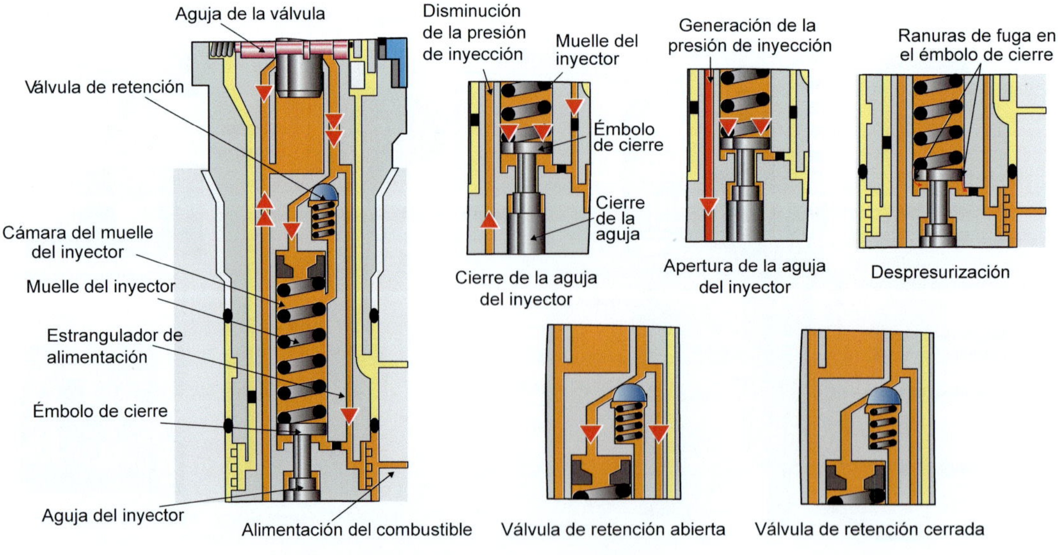

Figura 2.66. Cámara del muelle del inyector.

- **Despresurización:** después de cada fase del proceso de inyección, ya sea la preinyección, la inyección principal o la posinyección, la cámara del muelle se despresuriza por la ranura de fuga del émbolo de cierre. De esta forma, se asegura que el siguiente ciclo comienza con una baja presión de combustible y que la preinyección se da a 130 bar.

Tras finalizar cada fase de la inyección, la cámara del muelle del inyector está cargada de combustible a alta presión, que pasa a través de la válvula de retención. En la zona de alimentación de combustible, la presión disminuye por el estrangulador de alimentación, haciendo que la válvula de retención se cierre. Con la alta presión acumulada en el interior de la cámara se favorece un cierre rápido de la aguja y la generación de la alta presión de la inyección principal y de la posinyección, ya que se refuerza la acción del muelle.

La explicación anterior es necesaria para estudiar las fases de funcionamiento del inyector-bomba con actuador piezoeléctrico, mostradas en la Figura 2.67, que son las siguientes:

- **Llenado de la cámara de alta presión:** durante esta fase, la válvula está abierta y el émbolo de la bomba asciende lentamente para no formar burbujas de aire al aumentar el volumen de la cámara, que se llena de combustible.
- **Inicio de la preinyección:** el émbolo de la bomba es atacado por la leva y desciende, obligando al combustible de la cámara a fluir hacia la zona de alimentación hasta que la unidad de control excita al actuador piezoeléctrico. En ese momento, la aguja de la válvula hace que todo el combustible se dirija hacia la parte inferior de la aguja del inyector. El émbolo sigue descendiendo y aumenta la presión de combustible sobre la aguja del inyector, que cuando alcanza 130 bar, vence la fuerza del muelle de la cámara, la levanta de su asiento, iniciándose la preinyección. La carrera de la aguja durante esta fase está limitada por el colchón hidráulico que se produce entre ella y el cuerpo del inyector. Esto último se produce de la misma forma que en los inyectores-bomba de accionamiento electromagnético. Con los inyectores-bomba piezoeléctricos se puede hacer una o dos preinyecciones en cada ciclo.
- **Inicio de la inyección principal:** el émbolo de la bomba sigue descendiendo y se vuelve a excitar el actuador piezoeléctrico. De nuevo se genera alta presión, pero ahora se necesita un valor superior para la apertura de la aguja del inyector, porque en el interior de la cámara del muelle hay combustible a alta presión. Cuando se alcanza dicho valor, comienza la inyección principal. Como el volumen de combustible suministrado por la

bomba de alta presión es mucho mayor al que se puede desalojar por los orificios del inyector, la presión aumenta hasta un valor que puede llegar a los 2.200 bar.

- **Final de la inyección principal:** el actuador deja de ser excitado y la disminución de la presión de combustible se produce de la misma forma que en la fase de preinyección. El retorno de combustible ocurre de la misma forma que en el inyector-bomba de activación electromagnética, ayudando a refrigerar el conjunto y eliminando las posibles burbujas de aire.
- **Inicio de la posinyección:** las posinyecciones son necesarias cuando es necesario regenerar el filtro antipartículas, provocando un aumento de la temperatura de los gases de escape. El émbolo continúa descendiendo y de nuevo se excita el actuador piezoeléctrico. El proceso de posinyección transcurre de la misma forma que la inyección principal, pero con una duración

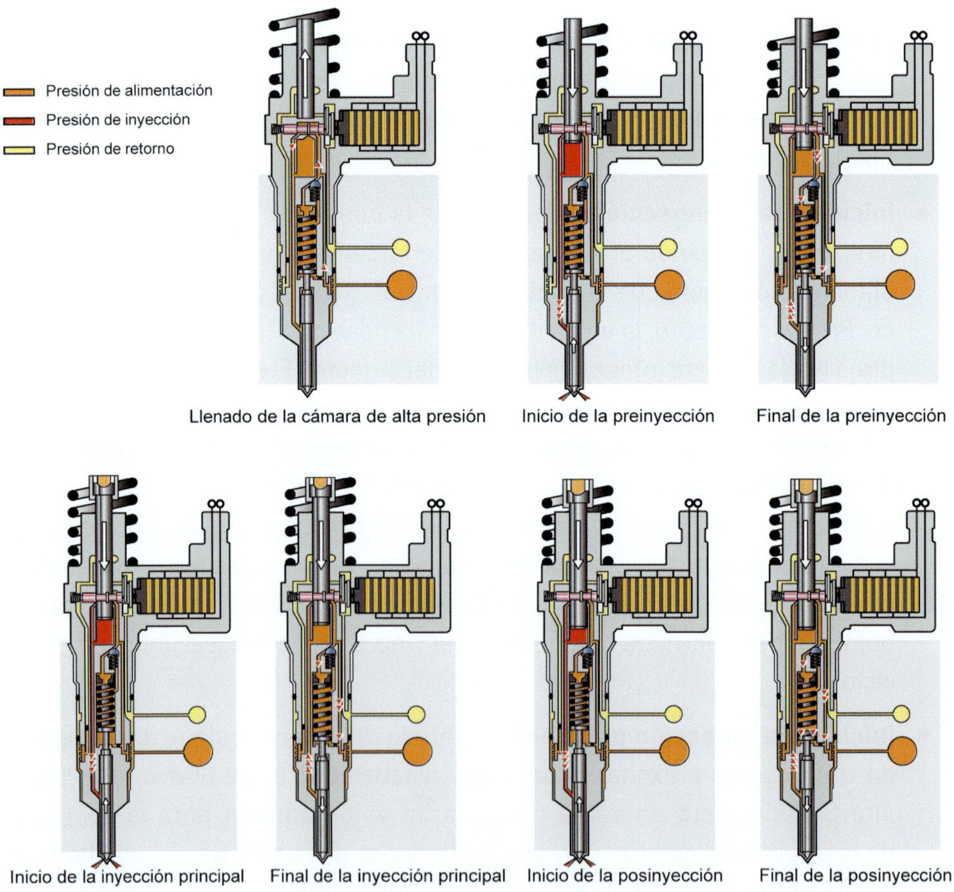

Figura 2.67. Fases de funcionamiento del inyector-bomba con actuador piezoeléctrico.

menor. Con este tipo de inyectores-bomba se pueden hacer hasta dos posinyecciones en cada ciclo.

- **Final de la posinyección:** la unidad de control deja de alimentar al actuador piezoeléctrico, disminuye la presión de combustible y el inyector cierra. En la cámara del muelle del inyector vuelve a haber una alta presión de combustible. Gracias a la ranura de fuga del émbolo de cierre y a que va a transcurrir más tiempo en producirse el siguiente ciclo de inyección que entre las fases de inyección anteriormente descritas, la cámara se despresuriza. Esto es necesario para que en el siguiente ciclo de inyección, al comenzar la preinyección, la aguja del inyector abra a una baja presión de aproximadamente 130 bar.

La gestión del sistema a través de la unidad de control se realiza prácticamente de la misma forma que con el inyector-bomba de accionamiento electromagnético.

CUESTIONES

1. Explica el funcionamiento del sensor de carrera de la aguja y en qué sistemas se encuentra.
2. Indica el objetivo del conmutador de pedal de freno, de freno y de pedal de embrague, desde el punto de vista de la gestión del motor.
3. Expón qué consecuencias tiene la avería del sensor de posición del collarín de regulación en un sistema con bomba rotativa EDC.
4. Si un código de avería según el protocolo EOBD tiene la estructura P0xxx, ¿qué información nos está dando?
5. Explica brevemente cómo monitoriza el protocolo EOBD la presión de sobrealimentación en motores diésel sobrealimentados.
6. ¿Qué tipo de red multiplexada se suele utilizar para la gestión del motor?
7. Cita las precauciones más importantes a tener en cuenta cuando se manipule un sistema de alimentación diésel *common rail.*
8. Nombra las posibilidades de regulación de la alta presión en un sistema de inyección diésel *common rail.*
9. Indica la función que tiene el desactivador del tercer pistón en algunas bombas de alta presión de sistemas *common rail.*
10. Explica la fase de apertura de un inyector electrónico de un sistema de alimentación *common rail.*
11. Nombra las partes fundamentales de un inyector piezoeléctrico de un sistema de alimentación diésel *common rail.*
12. Explica la fase de inyector principal en un sistema de alimentación mediante inyector-bomba.
13. Indica el objetivo del sensor Hall en el sistema de gestión de un motor diésel con sistema de alimentación por inyector-bomba.
14. Nombra los niveles de regulación de la unidad de control en un sistema de alimentación diésel mediante inyector-bomba, con respecto a la inyección.
15. Cita las ventajas de un inyector-bomba piezoeléctrico frente a uno electromagnético, en lo que respecta a presión máxima de inyección, posibilidad de preinyecciones y volumen de preinyección.

3. Sistemas de sobrealimentación, turbocompresores y compresores

Contenidos

INTRODUCCIÓN

Existe un limitado número de posibilidades para aumentar la potencia de un motor térmico. De entre ellas hay que destacar el aumento de la cilindrada, el aumento de ciclos por unidad de tiempo y el aumento del llenado. La construcción de motores de gran cilindrada incrementa su peso, dimensiones y rozamientos, lo que ocasiona un consumo de combustible elevado. Realizar más ciclos por unidad de tiempo significa aumentar el régimen de giro, y, como es sabido, está limitado para evitar un desgaste excesivo del motor. Por último, para mejorar el llenado del cilindro se puede aumentar la densidad del aire de admisión, presurizándolo a través de un compresor.

La sobrealimentación en motores diésel favorece la mezcla y la combustión, aumentando considerablemente el rendimiento del motor. En los motores de encendido por compresión, la regulación de la carga se lleva a cabo controlando la cantidad de combustible inyectado y admiten siempre la máxima cantidad de aire posible. Al maximizar el llenado del cilindro de aire, aumenta la presión y la temperatura del mismo al final de la compresión, iniciándose la combustión más rápidamente. Por otro lado, aumenta la turbulencia del aire, mejorando la formación de la mezcla.

Dado que en los motores diésel no existe el problema de la detonación, en principio, el grado de sobrealimentación puede ser elevado. Sin embargo, por limitaciones de las tensiones mecánicas, este valor está acotado y, además, la relación de compresión se reduce para no tener unos niveles de presión media efectiva demasiado altos.

3.1. PRINCIPIO DE FUNCIONAMIENTO, CARACTERÍSTICAS Y TIPOS, DIFERENCIAS ENTRE TURBOCOMPRESOR Y COMPRESOR

Existen dos tipos principales de sobrealimentadores, que son los siguientes:

- **Compresores mecánicos:** son movidos mecánicamente por el motor mediante correa, cadena o engranajes. Suelen ser de tipo volumétrico, es decir, mantienen la relación de compresión con el régimen de giro del motor. Tienen la ventaja de ser muy simples y que el caudal suministrado varía linealmente con las revoluciones por minuto. Como inconveniente tienen que son voluminosos y pesados, hacen bastante ruido, roban energía al motor y no consiguen grandes niveles de sobrealimentación.
- **Turbocompresores:** están compuestos por una turbina, movida por los gases de escape, y un compresor, unido rígidamente a la turbina, que comprime el aire.

En este apartado se van a clasificar y explicar los compresores mecánicos más importantes, dejando el desarrollo de los turbocompresores para el siguiente.

- **Compresores volumétricos o de desplazamiento positivo:** en este tipo de compresores, la presión se genera porque el aire entra en una cámara que disminuye su volumen. Esta cámara tiene un volumen grande en la zona de aspiración y se minimiza en la zona de impulsión. El caudal de aire suministrado es proporcional al régimen de giro del motor. La presión a la salida del compresor depende de las características del circuito después del mismo y del caudal de aire. Se pueden distinguir los siguientes tipos:
  - *De lóbulos o roots:* están formados por dos rotores simétricos, cada uno de ellos con dos o tres lóbulos, como muestra la Figura 3.1. A su vez, la disposición de los lóbulos puede ser longitudinal o helicoidal. Su funcionamiento se parece al de una bomba de aceite de motor, donde se necesita un flujo constante. El movimiento de los rotores está sincronizado mediante un engranaje, permitiendo que giren a la misma velocidad pero en sentido contrario. Los rotores no entran en contacto y deben mantener entre ellos un juego mínimo. Este tipo de compresores desplazan la masa de aire que entra en el motor, manteniendo prácticamente la misma presión a la entrada y a la salida del compresor. Así, la presión de soplado será mayor que la atmosférica si el compresor suministra un caudal de aire superior al que puede evacuar el motor. El rendimiento de un compresor de lóbulos o *roots* suele ser de un 40 %.
  - *Lysholm:* la constitución y funcionamiento de este tipo de compresores es parecida a la del compresor de lóbulos pero ahora los rotores forman un conjunto macho-hembra helicoidal, de forma que los resaltes de uno de ellos encajan en los huecos del otro, como puede verse en la Figura 3.2.

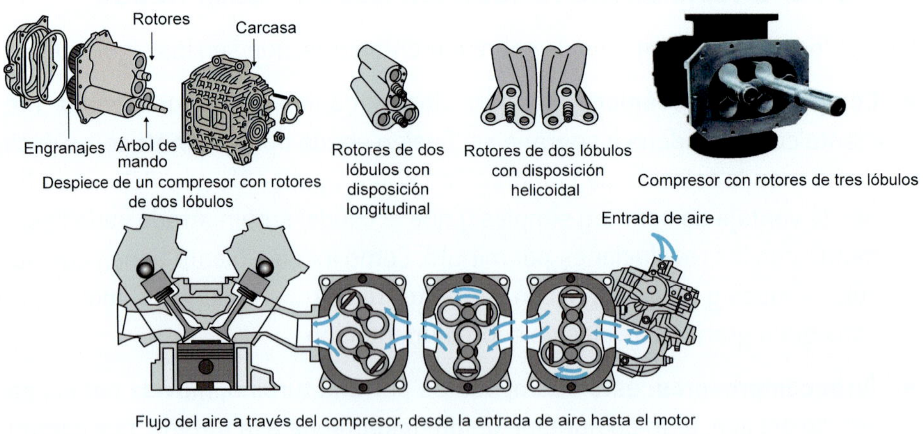

Figura 3.1. Compresor de lóbulos o *roots*.

Uno de los rotores tiene un menor número de resaltes y ambos giran sincronizadamente a través de un par de engranajes, existiendo entre ellos un juego mínimo. En su giro, el espacio creado entre ellos es reducido progresivamente, comprimiendo el aire atrapado hasta la salida del compresor. El rendimiento de este tipo de compresores es de alrededor del 80 %.

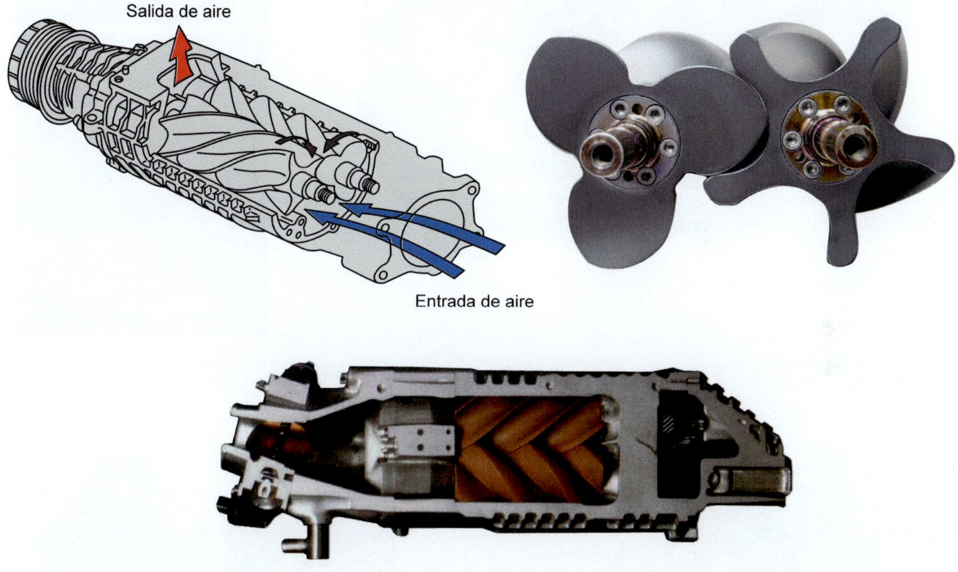

Figura 3.2. Compresor Lysholm.

- *De tornillo:* el empleo de este tipo de compresores está muy extendido actualmente. Su constitución y funcionamiento es muy similar al de los dos anteriores. Los dos rotores son iguales y sus resaltes se disponen de forma helicoidal, siendo su forma más afilada que en el compresor de lóbulos. La Figura 3.3 muestra un ejemplo de este tipo de compresor.
- *De tipo G:* los compresores denominados de tipo G fueron empleados en algunos modelos del grupo VAG. Sus componentes y modo de actuación se explican a través de la Figura 3.4. Este compresor está compuesto por unos laberintos con forma de espiral que comprimen el aire por el movimiento relativo que se produce entre ellos. Consta de dos carcasas exteriores fijas que tienen mecanizadas unos conductos en espiral. En el interior se encuentra una espiral móvil que se mueve de forma alternativa por la excéntrica que se aloja en su centro y otra excéntrica sincronizada con la primera que se introduce en un extremo de la pieza. El aire se va comprimiendo al avanzar por el espacio comprendido entre las carcasas y la espiral móvil. Este dispositivo es más silencioso y compacto que los anteriores compresores mecánicos, provocando un

Figura 3.3. Compresor de tornillo.

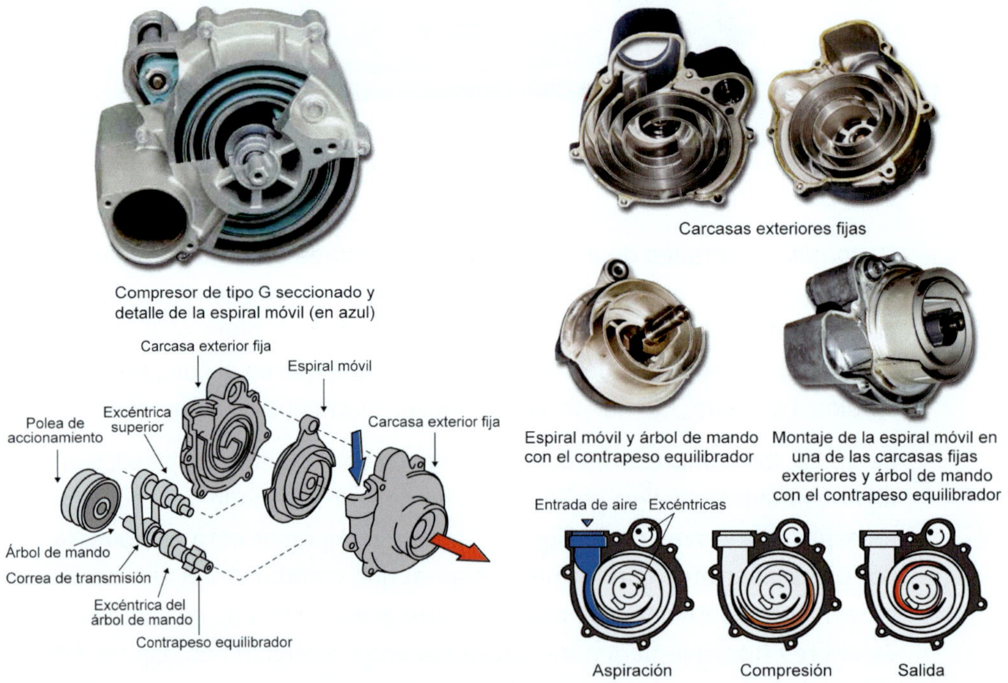

Figura 3.4. Compresor de tipo G.

reducido efecto pulsatorio. El rendimiento del mismo es de aproximadamente un 60 %. Algunos de sus inconvenientes son el elevado coste de fabricación por tener un complejo mecanizado, la lubricación y la estanqueidad.

- **Compresores dinámicos o de desplazamiento no positivo:** este tipo de compresores tienen la ventaja de proporcionar un flujo continuo y tener pocas piezas en movimiento, que además son de poca inercia, por lo que se reducen las pérdidas de energía. Cabe destacar los compresores centrífugos o de flujo radial, como el de la Figura 3.5, donde un rodete es movido por un eje que a su vez es accionado por el motor. El rodete, en su giro, genera una depresión en su centro, que provoca la aspiración del aire. Posteriormente, el aire es impulsado por la fuerza centrífuga hacia la periferia del mismo. Los compresores centrífugos necesitan regímenes de giro muy elevados para poder suministrar el caudal de aire necesario.

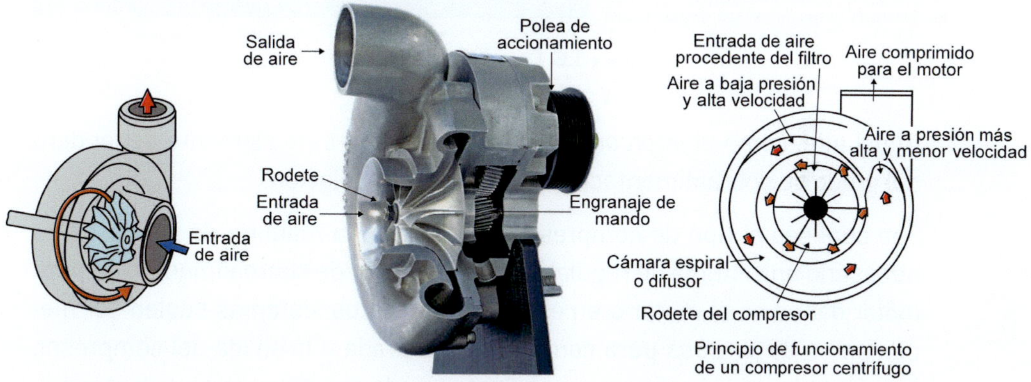

Figura 3.5. Compresor centrífugo.

- **De ondas de presión o compresor Comprex:** este dispositivo es un compresor mecánico, al ser arrastrado por el motor, pero también aprovecha la energía de los gases de escape. Su utilización en vehículos automóviles ha sido muy escasa. El funcionamiento de este compresor se describe por medio de la Figura 3.6. Consiste en un tambor giratorio arrastrado por el cigüeñal, en el que el aire de admisión es comprimido por las ondas de presión de los gases de escape. Estas ondas de presión se propagan en cada una de las celdas longitudinales del tambor que, de forma alternativa van poniendo en contacto entre sus extremos el escape con la admisión. De esta forma, en un caso se llenan de gases de escape y en el otro del fluido de admisión. Sus principales ventajas son una reducida absorción de potencia del motor y su rápida respuesta. Como inconvenientes destacan sus costes de fabricación, gran tamaño, posibles daños al estar sometidos a bruscos saltos térmicos y que parte de los gases de escape se mezclan con los de admisión.

Tras comprimir el aire, este aumenta su temperatura, por lo que la densidad del mismo disminuye. Por este motivo, se puede mejorar el rendimiento del motor si a la salida del compresor se instala algún dispositivo de enfriamien-

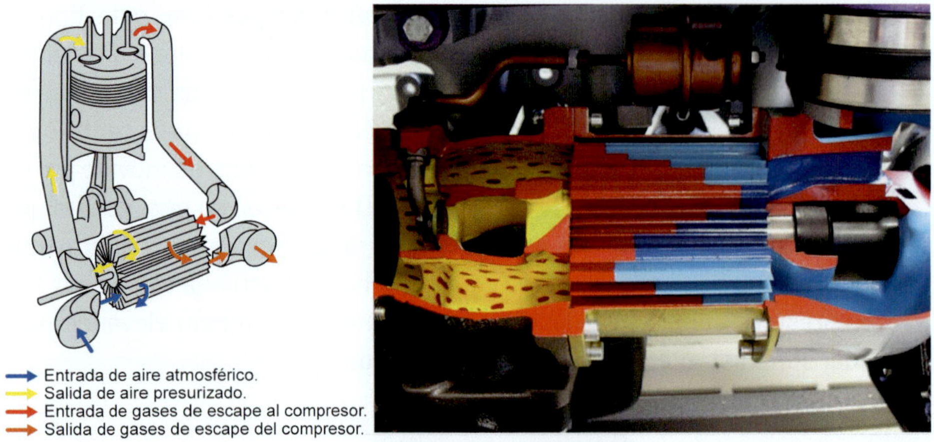

Figura 3.6. Compresor Comprex.

to del aire, como el *intercooler.* La instalación de este elemento dependerá del grado de sobrealimentación y del tipo de instalación.

Sea cual sea el tipo de compresor utilizado, en la mayoría de los casos es necesario un sistema de regulación de la presión de sobrealimentación para evitar daños en el motor o en el compresor. Estos sistemas suelen ser mecanismos de *by-pass* para comunicar la entrada y la salida del compresor, limitando la presión. Su accionamiento puede ser neumático o controlado electrónicamente por la unidad de control en los sistemas más modernos.

En general, se puede decir que las ventajas de los compresores mecánicos son las siguientes:

- El caudal de aire suministrado es proporcional al régimen de giro.
- El tiempo de respuesta, en general, es reducido.
- Desde el punto de vista constructivo, la mayoría son muy simples.

Como inconvenientes destacan los siguientes:

- Elevado peso y volumen.
- En los compresores con rotores, el ruido puede ser considerable porque entran en contacto dichos elementos por dilatación de los mismos y disminución de su juego de montaje.
- Efecto pulsatorio del aire, sobre todo en algunos tipos.
- Con el motor a plena potencia, absorben mucha energía del mismo.
- A partir de un cierto grado de sobrealimentación aumentan mucho las tensiones mecánicas y térmicas del compresor.

3.2. SISTEMAS DE REGULACIÓN DE LA PRESIÓN DE SOPLADO, GEOMETRÍA FIJA Y VARIABLE

Los turbocompresores son compresores centrífugos movidos por la energía de los gases de escape, siendo el sistema de sobrealimentación más utilizado en automóviles. Su estudio se va a dividir en dos partes, que son su constitución y funcionamiento y su clasificación según el sistema de regulación.

- **Constitución y funcionamiento.**

  Los turbocompresores se dividen en tres partes principales, como muestra la Figura 3.7, que son la turbina, el eje y el compresor. Durante el funcionamiento del motor, los gases de escape salen del mismo a elevada presión y temperatura, moviendo la turbina. El rodete del compresor está unido rígidamente a la turbina y, al girar, introduce en el motor aire a presión.

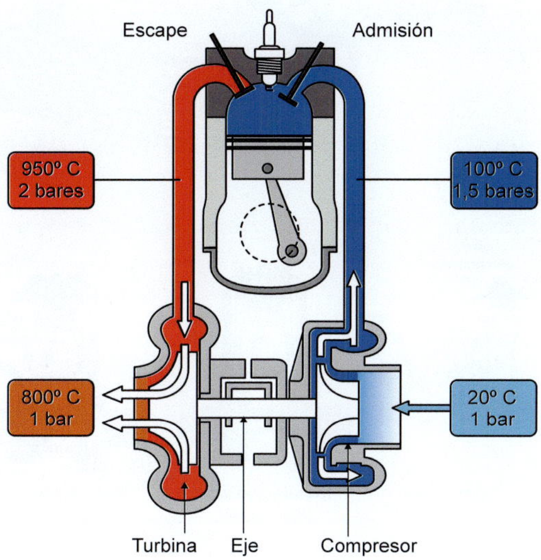

Figura 3.7. Elementos principales de un turbocompresor y principio de funcionamiento.

Los motores con turbocompresor tienen dos fases de funcionamiento. La primera es una fase de funcionamiento atmosférico y la segunda es de sobrealimentación. Para alcanzar la sobrealimentación, el turbocompresor necesita girar a un régimen llamado de acoplamiento, que depende tanto del régimen de giro del motor como del grado de carga. Por debajo de ese punto de funcionamiento, el turbocompresor tiene una velocidad de rotación escasa, denominada régimen de vigilancia.

El hecho de comprimir el aire implica un aumento de su temperatura, que dependerá del grado de sobrealimentación y del rendimiento del compresor. A su vez esto conlleva una disminución de la densidad del aire, empeorando el llenado del motor y aumentando el riesgo de detonación en motores de gasolina. Para evitar esto, en la instalación se puede montar un enfriador de aire, llamado *intercooler,* como muestra la Figura 3.8. En los motores de automoción este intercambiador suele ser de aire-aire, aunque en algunos motores es de aire-agua. El posenfriamiento del aire mejora el llenado del motor, disminuye el riesgo de detonación en motores de gasolina y optimiza el comportamiento del motor en cargas parciales.

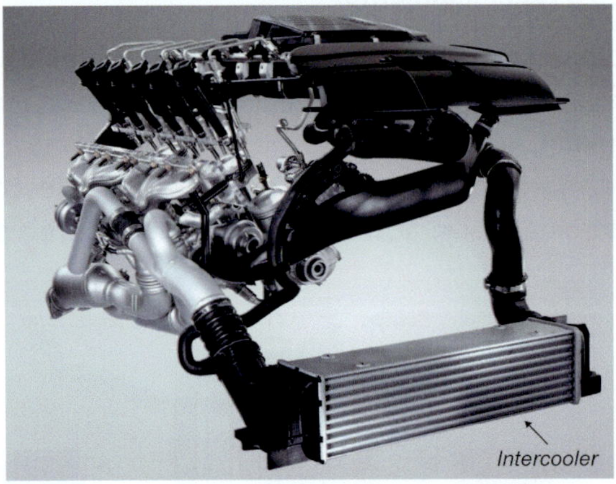

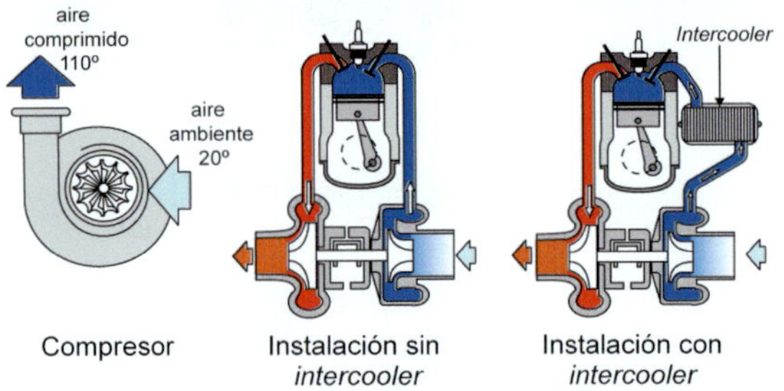

Figura 3.8. Instalación de un *intercooler*.

La instalación de un *intercooler* aumenta la potencia del motor, al mejorar el llenado por aumento de la densidad del aire. A su vez, también se reducen las emisiones de NO_X, ya que al enfriar el aire disminuye la temperatura en la cámara de combustión. Como inconvenientes, la instalación aumenta el coste de fabricación del vehículo, añade más elementos al sistema, aumenta las pérdidas de carga en los conductos presurizados y puede incrementar el ruido del motor por las turbulencias generadas en el aire de admisión a través de los manguitos, que son más largos, y el *intercooler.*

Muchos *intercooler* incorporan una válvula termostática que deja pasar el aire presurizado al *intercooler* solo cuando ha alcanzado una cierta temperatura.

La Figura 3.9 muestra con más detalle las partes de un turbocompresor y servirá como base para su posterior análisis.

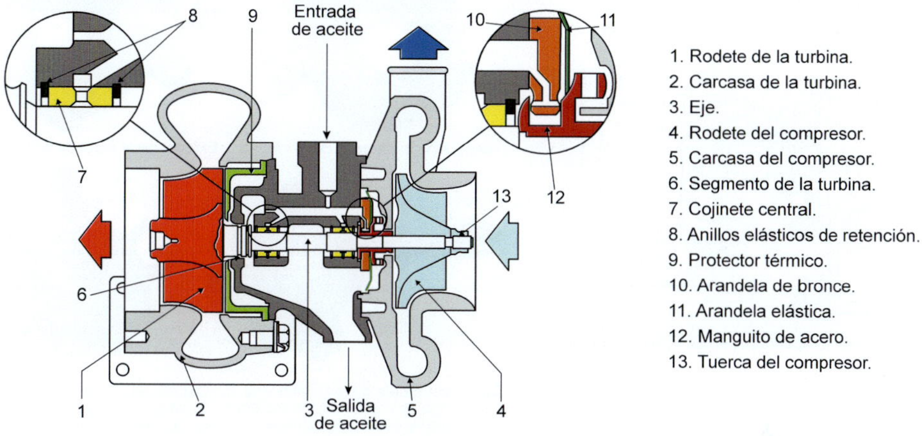

Figura 3.9. Partes de un turbocompresor.

A continuación se van a explicar pormenorizadamente las partes más importantes de un turbocompresor:

- *Turbina:* los elementos de la turbina deben ser resistentes desde el punto de vista térmico y mecánico. La carcasa se fabrica en una fundición llamada Niresist, formada por alrededor de un 25 % de níquel, para soportar altas cargas térmicas y presiones en su interior. El rodete de la turbina está sometido además a elevadas cargas mecánicas, ya que los álabes son muy finos y gira muy rápidamente. Este elemento está fabricado con una aleación especial, siendo usual la conocida como Inconel, constituida por un 80 % de níquel, un 14 % de cromo y un 6 % de hierro. El rodete se suelda al eje por un procedimiento de fricción y se equilibra eliminando material por esmerilado. La Figura 3.10 muestra un ejemplo de distribución de temperaturas en un turbocompresor y los elementos principales de la turbina.
- *Compresor:* tanto el rodete como la carcasa del compresor se fabrican en aleación de aluminio. El rodete se fija al eje a través de una tuerca y el conjunto se equilibra eliminando material de la tuerca y del rodete. En la Figura 3.11 pueden verse estos componentes.
- *Cojinete central:* este elemento ha de cumplir cuatro funciones principales:
  - Soportar al eje.
  - Aislar térmicamente el compresor de la turbina.

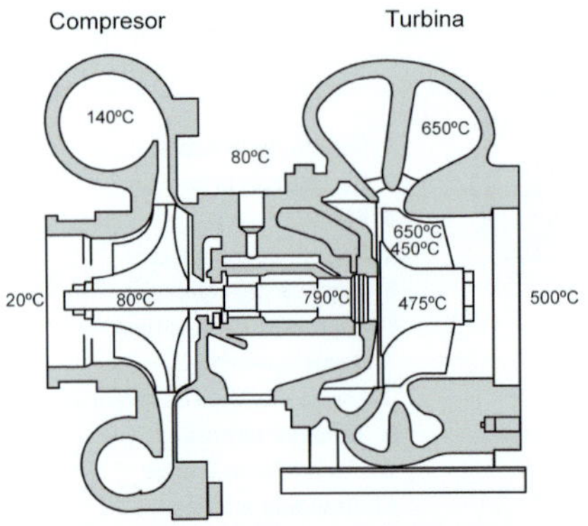

Distribución de temperaturas en un turbocompresor

Interior de la carcasa de la turbina

Exterior de la carcasa de la turbina

Detalle del rodete de la turbina y de la eliminación de material en el extremo exterior para el equilibrado

Detalle del rodete de la turbina y de la eliminación de material en su cara interior para el equilibrado

Figura 3.10. Ejemplo de distribución de temperaturas en un turbocompresor y elementos principales de la turbina.

Interior de la carcasa del compresor

Exterior de la carcasa del compresor

Exterior del rodete del compresor

Interior del rodete del compresor y detalle de la eliminación de material para el equilibrado

Tuerca de fijación del rodete del compresor y detalle de la eliminación de material para el equilibrado

Figura 3.11. Elementos principales del compresor.

- Mantener la hermeticidad.
- Absorber el empuje axial.

La Figura 3.12 muestra los elementos más importantes del cojinete central.

Según lo anteriormente expuesto, se puede deducir que la lubricación en un motor con turbocompresor adquiere especial importancia. Por ello, es necesario un buen filtrado del aceite, ya que las impurezas podrían dañar los cojinetes. Para conseguir esto, el aceite pasa al turbocompresor inmediatamente después del filtro. Además, puede ser necesaria una bomba de aceite que suministre un mayor caudal y un radiador de aceite, ya que puede alcanzar temperaturas elevadas. En la Figura 3.13 puede verse un detalle de la lubricación del turbocompresor.

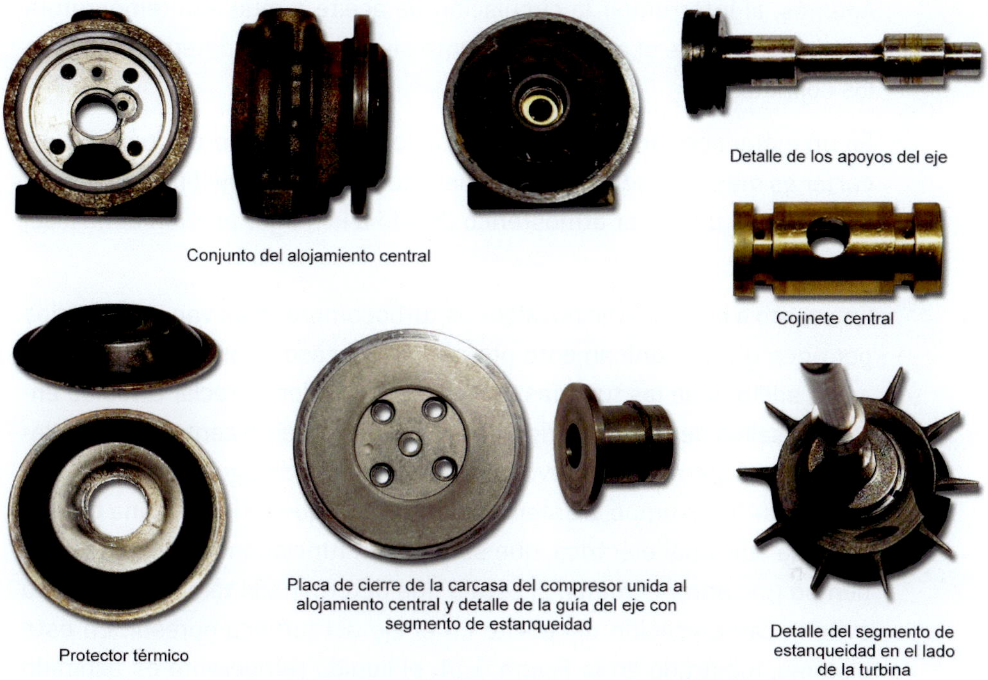

Figura 3.12. Elementos principales del cojinete central.

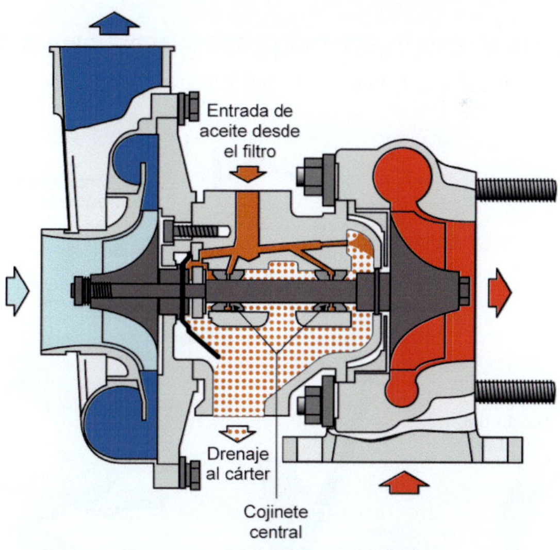

Figura 3.13. Lubricación del turbocompresor.

Aunque en muchos motores modernos está mucho más controlado, no se debe parar el motor tras haber funcionado a alto régimen de giro y carga. Esto se debe a que al parar el motor, se interrumpe el suministro de aceite aunque el turbocompresor siga en movimiento, por lo que gira sin lubricación y los cojinetes se van rayando, disminuyendo su vida útil.

Además, al interrumpir la circulación de aceite a muy alta temperatura puede ocurrir que el aceite remanente se carbonice y deteriore también los cojinetes.

En un motor con turbocompresor el reciclaje de los vapores de aceite del cárter es más delicado. Esto se debe a que el efecto *blow-by* es más acusado que en un motor atmosférico debido a la mayor presión dentro del cilindro.

En cuanto a la refrigeración, algunos turbocompresores van refrigerados por agua y otros únicamente por aire. En el caso de ir refrigerados por agua, además de las tuberías de aceite, se pueden apreciar otras de entrada y salida de líquido refrigerante en el alojamiento central. La circulación del refrigerante es provocada por la bomba de agua del motor y, al pararlo, se interrumpe. Existen motores en los que se instala una bomba de agua adicional eléctrica, que se pone en funcionamiento durante un tiempo tras parar el motor, si está a una determinada temperatura. Esto evita la carbonización del aceite en el eje del turbocompresor. En este sistema, mostrado en la Figura 3.14, el líquido refrigerante es aspirado desde el radiador por la bomba y lo hace pasar por el compresor y de ahí al motor. Posteriormente, vuelve al radiador para ser enfriado.

Los turbocompresores son máquinas susceptibles de generar ruidos que, a ciertas frecuencias, son perceptibles y molestas para el oído humano.

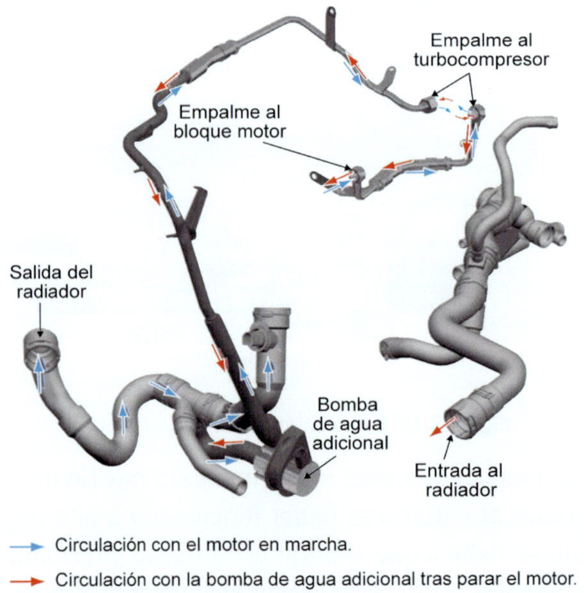

Figura 3.14. Sistema de refrigeración del turbocompresor con bomba de agua adicional.

Por este motivo, muchos motores sobrealimentados incorporan a la salida del compresor un silenciador como el representado en la Figura 3.15. Suele estar fabricado en acero inoxidable y en su interior tiene dos cámaras de resonancia. Las variaciones de flujo de aire producen ondas sonoras que entran por el interior del silenciador a una determinada intensidad, frecuencia y fase. Las cámaras de resonancia hacen que el aire oscile a una frecuencia igual a la que lo hace por el conducto interior, pero rebota en ellas con fase opuesta. De esta forma, la superposición de los dos tipos de ondas hace que se anulen o minimicen, reduciendo el nivel de ruido.

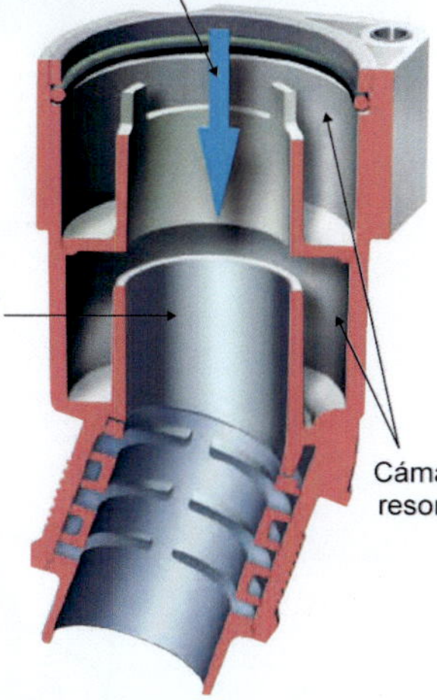

Figura 3.15. Silenciador a la salida del compresor.

- **Clasificación según su sistema de regulación.**
  - *Sin regulación:* en este tipo de turbocompresores no se instala ningún sistema de regulación de la velocidad, ya que esta se autolimita por el balance energético de la turbina y el compresor. De esta forma se obtiene un compromiso entre la presión de soplado y la presión de los gases de escape. La Figura 3.16 muestra un turbocompresor sin regulación y su aplicación más usual es en grandes motores diésel que funcionan a pocas revoluciones o estacionarios.
  - *Con válvula de descarga wastegate:* una vez que se ha alcanzado la presión de sobrealimentación deseada, hay que limitar el régimen de giro del turbocompresor. Una de las formas de hacerlo es mediante una válvula de descarga, que, en un momento dado, se abre y comunica la salida de los gases de escape a la entrada de la turbina, con la línea de escape. Así, se mantiene un nivel de presión y velocidad, ya que no todos los gases de escape inciden sobre la turbina. La Figura 3.17 muestra un turbocompresor con válvula de descarga y, a modo de ejemplo, la evolución de la curva de presión de sobrealimentación en función del régimen de giro y a plena carga.

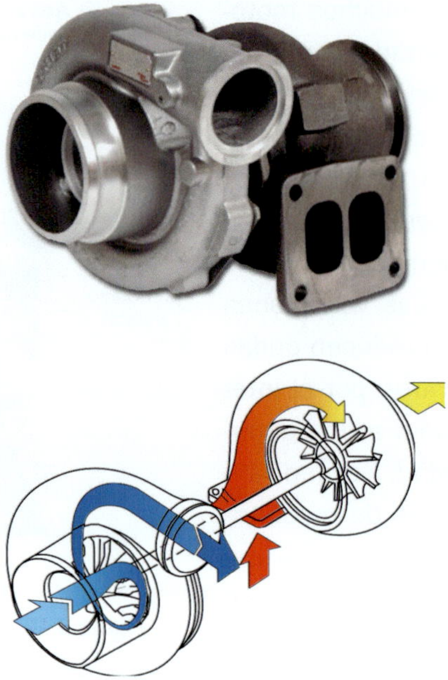

Figura 3.16. Turbocompresor sin regulación.

Figura 3.17. Turbocompresor con válvula de descarga y evolución de la curva de presión de sobrealimentación en función del régimen de giro y a plena carga.

La válvula de descarga puede ser de diferentes tipos, siendo los más importantes los siguientes:

- *Neumática sometida a la presión de los gases de escape:* un ejemplo de esta válvula es la que aparece en la Figura 3.18. La presión de los gases de escape actúa sobre un lado de la membrana y, a partir de una cierta presión, vencerá la fuerza de su muelle y se abrirá la válvula de platillo, comunicando la salida de gases del motor con la línea de escape. La apertura dependerá de la presión de los gases de escape y del tarado del muelle de la membrana. En el otro lado de la membrana actúa la depresión existente a la entrada del compresor, ayudando a la regulación.

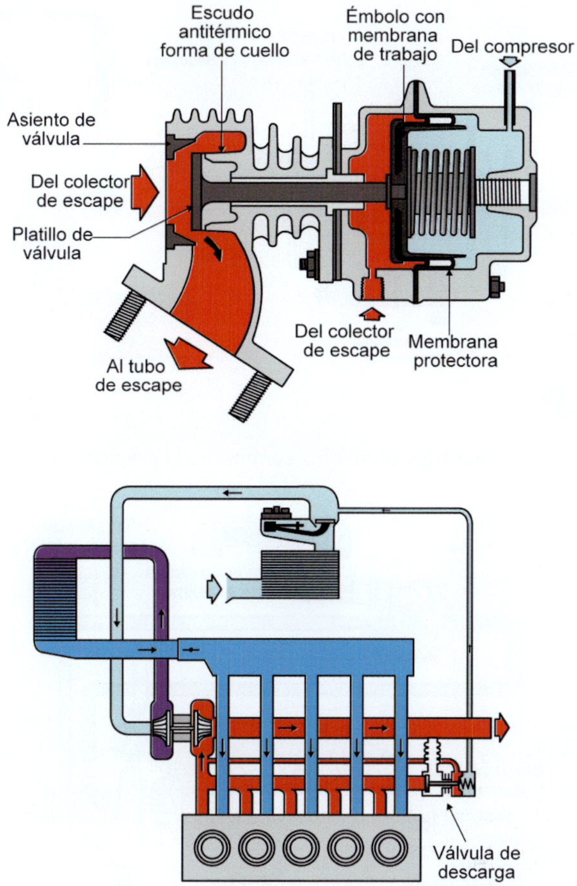

Figura 3.18. Válvula de descarga neumática sometida a la presión de los gases de escape.

- *Neumática sometida a la presión del colector de admisión:* el funcionamiento es similar al caso anterior, pero ahora la válvula se desplaza por la presión del fluido de admisión a la salida del compresor, que incide sobre la membrana, como indica la Figura 3.19.
- *Neumática controlada por una electroválvula gobernada por la unidad de control:* en este caso, la presión que actúa sobre el pulmón de la válvula de descarga es modulada por una electroválvula gobernada por la unidad de control del motor. En la Figura 3.20 puede verse un ejemplo de esta electroválvula en un sistema de sobrealimentación. Su funcionamiento es regulado a través de una señal PWM enviada por la unidad de control, donde la frecuencia es modificada en función de la información recibida de diferentes sensores. Con esto se consigue mantener un par motor más uniforme en un rango de revoluciones más amplio, una entrega de potencia más progresiva y unas

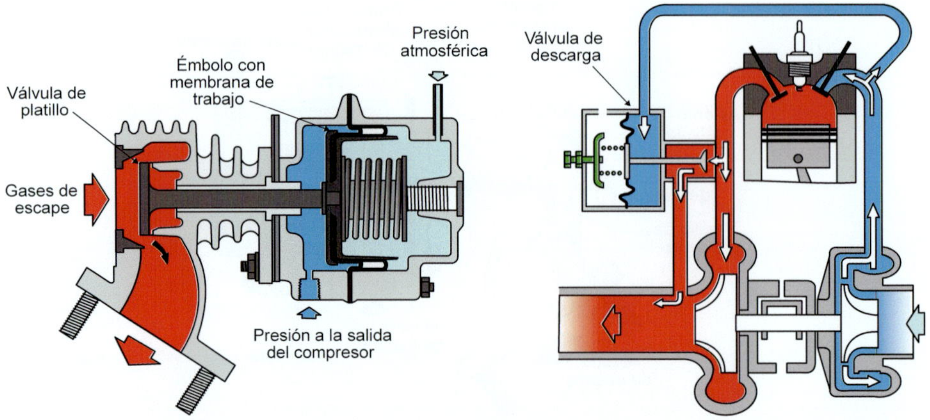

Figura 3.19. Válvula de descarga neumática sometida a la presión del colector de admisión.

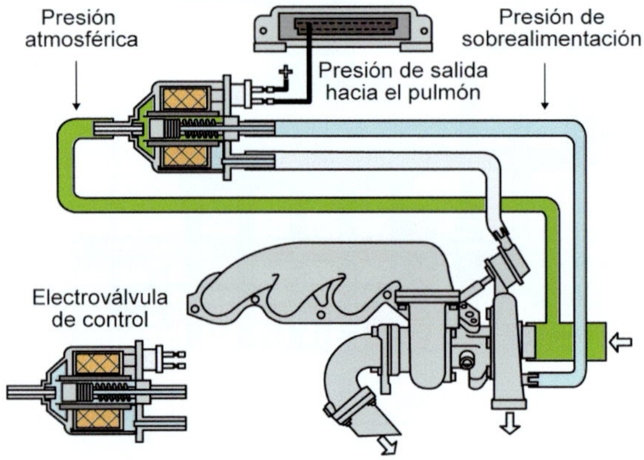

Figura 3.20. Válvula de descarga neumática controlada por una electroválvula gobernada por la unidad de control.

prestaciones invariables con el tiempo, ya que se compensa el desgaste de la membrana y del muelle del pulmón.

En muchos motores diésel, en vez de utilizar presión de aire para controlar el pulmón de la válvula de descarga, se utiliza la depresión generada por la bomba de vacío, siendo esta controlada por una electroválvula como la de la Figura 3.21. La electroválvula establece un nivel de depresión en el pulmón comprendido entre la depresión generada por la bomba de vacío y la presión atmosférica. Cuando está en reposo y sin depresión porque el motor está parado, conmuta la toma hacia la bomba de vacío con la salida hacia el pulmón de regulación. Cuando el motor está en marcha, la depresión cierra el paso del vacío y al pulmón le llega presión atmosférica. La excitación de la electroválvula por la unidad de control hace que el émbolo descienda

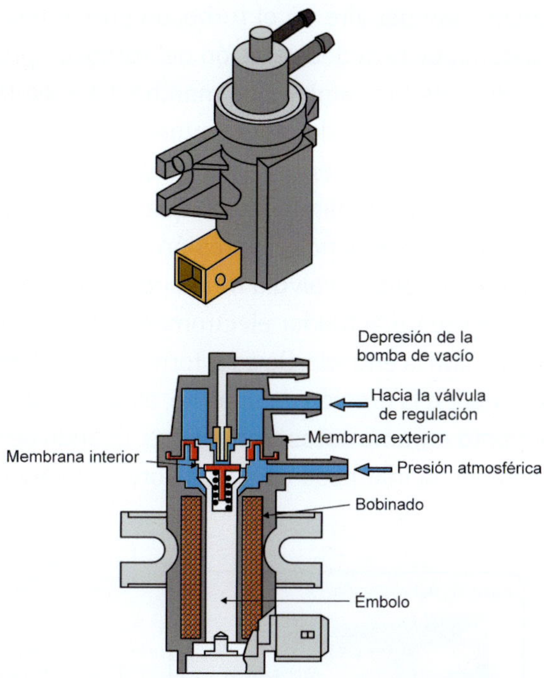

Figura 3.21. Electroválvula de control de la presión de sobrealimentación mediante vacío.

y obstruya la toma de presión atmosférica, comunicando el pulmón con la depresión proveniente de la bomba de vacío. La regulación precisa se hace mediante una señal de mando de tipo PWM.

El control electrónico de la presión de sobrealimentación mediante electroválvula permite implementar una función denominada *overboost,* que consiste en obtener una presión de sobrealimentación superior a la normal, durante un periodo de tiempo determinado, cuando el motor funciona bajo ciertas condiciones. Esta función es útil, por ejemplo, cuando se desea realizar un adelantamiento. Así, la unidad de control detecta que el conductor solicita plena carga por la posición del acelerador y, tras un tiempo prudencial que asegura que la maniobra ha terminado, desactiva la función *overboost.*

- *Accionada por un motor eléctrico gobernado por la unidad de control:* en muchos sistemas modernos se instala un motor eléctrico que acciona la varilla de la válvula de descarga. El sistema es controlado por la unidad de control, realimentándose a través de un sensor de posición de la varilla. De esta forma, en función de la información de este sensor y otros parámetros del motor, actuará sobre el motor eléctrico.

En algunos motores de gasolina con sobrealimentación mediante turbocompresor se instala una válvula amortiguadora o *dumper,* que permite la recirculación del aire en el turbocompresor bajo ciertas condiciones. Este sistema evita la deceleración del turbocompresor al soltar el acelerador y durante los cambios de marcha. La válvula puede ser neumática o electrónica, estando representada esta última en la Figura 3.22. Al soltar el acelerador y cerrar la mariposa de gases, en el compresor aún hay presión de sobrealimentación que provoca un frenado brusco de la turbina y, en consecuencia, la presión de soplado disminuye rápidamente. Para evitar esto, la válvula de recirculación de aire del compresor se abre mediante un actuador electromagnético, conmutando la salida del compresor con la entrada. De esta forma se mantiene la velocidad del turbocompresor y la presión de soplado, evitando un cierto bache en el funcionamiento durante estos transitorios. Cuando se vuelve a actuar sobre el acelerador, la mariposa de gases abre y la válvula de recirculación se cierra.

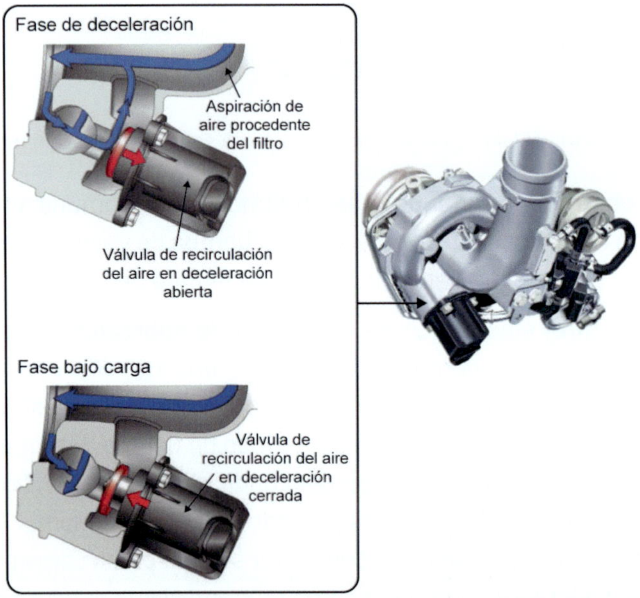

Figura 3.22. Válvula amortiguadora del turbocompresor accionada electrónicamente.

– *De geometría variable:* aunque en los turbocompresores más modernos con válvula de descarga se tiene un control preciso de la misma, las posibilidades de regulación son limitadas. Por otro lado, en función de la geometría de los rodetes, se distinguen turbocompresores de baja inercia o de alta inercia. Los primeros ofrecen una buena presión de sobrealimentación a bajas revoluciones del motor, aunque su rendimiento disminuye a medida que aumenta el régimen. En los segundos ocurre lo contrario, tendrá que alcanzarse un determinado régimen de giro hasta que el compresor empiece a generar la presión de sobrealimentación, aumentando el tiempo de retardo denominado *turbo lag*. Los turbocompresores de geometría variable o VNT (*Variable Nozzle Turbine*) pueden modificar constantemente la incidencia de los gases de escape sobre los álabes de la turbina, para que el turbocompresor gire al régimen óptimo que ofrece la presión de sobrealimentación idónea. Estos turbocompresores tienen unos álabes orientables que varían el flujo de entrada de gases de escape a la turbina, como muestra la Figura 3.23. De esta forma, el dispositivo regulador acciona una palanca que, mediante un mecanismo de manivela, hace girar un anillo guía al que están eslabonados los brazos que mueven los álabes orientables.

El funcionamiento de este tipo de turbocompresores se explica a través de la Figura 3.24. Su modo de operación se basa en que si un fluido atraviesa una tubería y esta disminuye su sección, aumenta la velocidad del fluido. De esta forma, cuando se desea acelerar la turbina, los álabes orientables adoptan una posición cerrada, disminuyendo la sección de paso del flujo de los gases de escape hacia la turbina, aumentando su

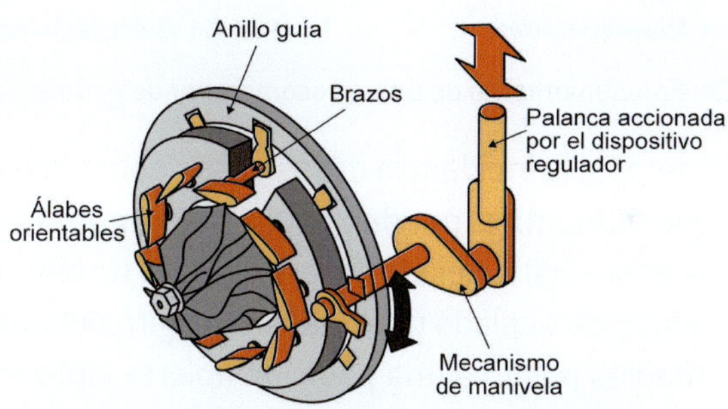

Mecanismo de modificación de la orientación de los álabes

Figura 3.23. Mecanismo de modificación de la orientación de los álabes y turbocompresor de geometría variable seccionado.

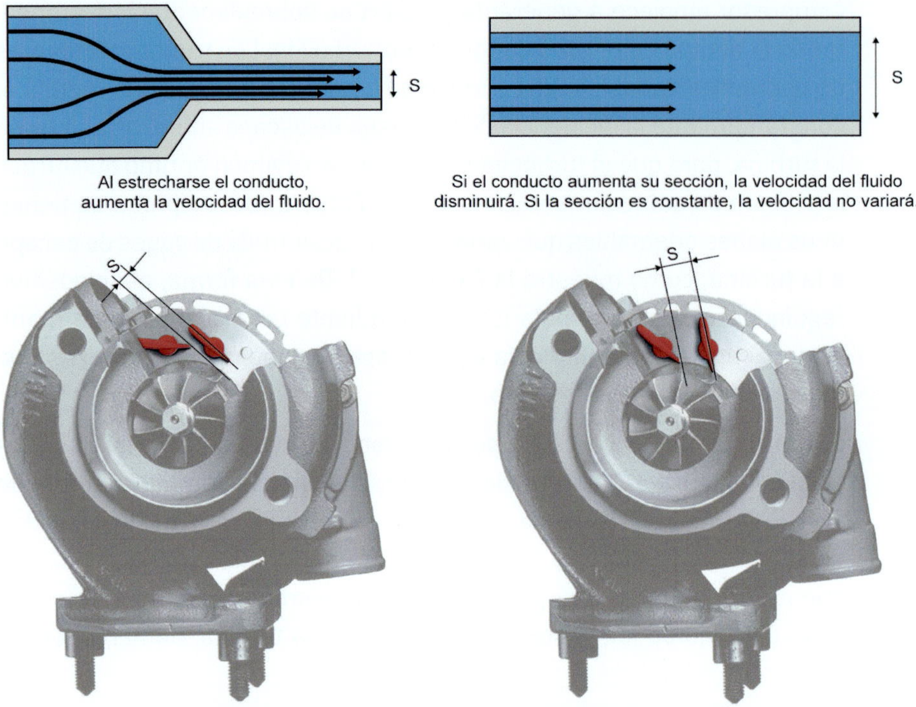

Al estrecharse el conducto, aumenta la velocidad del fluido.

Si el conducto aumenta su sección, la velocidad del fluido disminuirá. Si la sección es constante, la velocidad no variará.

Posición cerrada de los álabes orientables.

Posición abierta de los álabes orientables.

Figura 3.24. Funcionamiento de un turbocompresor de geometría variable.

velocidad. Además, la incidencia de los gases sobre los álabes es tangencial, por lo que aumenta el par de giro, ya que el punto de aplicación de la fuerza de los gases está alejado del centro de la turbina. Cuando se desea limitar la presión de soplado y el régimen de giro del turbocompresor, los álabes orientables pasan a una posición abierta, aumentando la sección de paso del flujo de gases de escape, disminuyendo su velocidad, y, al tener una incidencia prácticamente radial, el punto de aplicación de la fuerza de los gases está muy próxima al centro de la turbina, disminuyendo el par generado. En consecuencia, el turbocompresor aprovecha mejor la energía de los gases de escape, reduciendo la velocidad mínima necesaria para que se empiece a generar una presión de soplado adecuada.

El dispositivo de regulación de la posición de los álabes orientables puede ser de los mismos tipos que los explicados en los turbocompresores con regulación mediante válvula de descarga. Los más usuales son los dispositivos neumáticos controlados por una electroválvula gobernada por la unidad de control, utilizando la depresión generada por la bomba de vacío, al tratarse mayoritariamente de motores diésel. En los sistemas más modernos, para tener un control más preciso, se incorpora un sensor de posición de la palanca de mando que mueve el anillo guía de los álabes, que informa a la unidad de control de la posición real de los mismos. Este sensor de posición suele ser de efecto Hall. Por último, la posición de los álabes también se puede controlar con un motor eléctrico. En este caso, un servomotor mueve la palanca de mando a través de un engranaje en forma de tornillo sinfín. La unidad de control gobierna el servomotor a través de una señal de mando de tipo PWM y la interpretación de esta señal se lleva a cabo en el sistema electrónico integrado junto al motor eléctrico. La unidad de control suele verificar el funcionamiento del sistema a través del sensor de presión de sobrealimentación. La Figura 3.25 muestra un dispositivo regulador neumático con sensor de posición de la palanca de mando y otro accionado por un servomotor.

Existe otro tipo de turbocompresor de geometría variable, menos utilizado, llamado de una pieza o VNT OP (*Variable Nozzle Turbine One Piece*). Este turbocompresor tiene un rendimiento mayor que uno con válvula de descarga y menor que los de geometría variable anteriormente expuestos, siendo más barato de fabricar que estos últimos. Su constitución y funcionamiento se explica por medio de la Figura 3.26. El dispositivo regulador, de accionamiento neumático, mueve una única pieza que modifica la sección de paso de los gases de escape hacia la turbina. Cuando

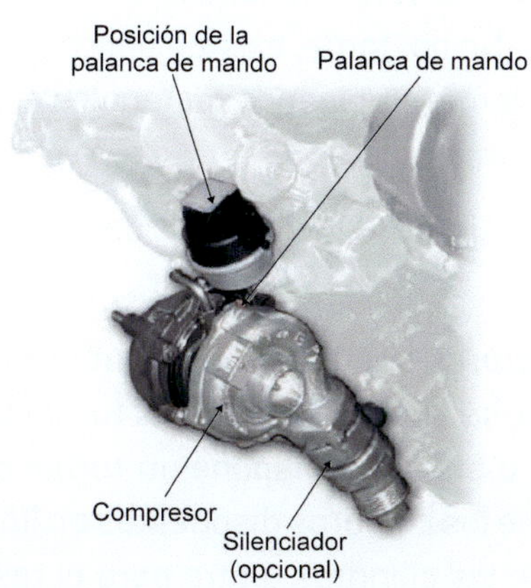

Dispositivo de regulación neumático con sensor de posición de la palanca de mando.

Dispositivo de regulación electrónico con servomotor.

Figura 3.25. Dispositivos reguladores de la posición de los álabes orientables de un turbocompresor de geometría variable: neumático con sensor de posición de la palanca de mando y eléctrico con servomotor.

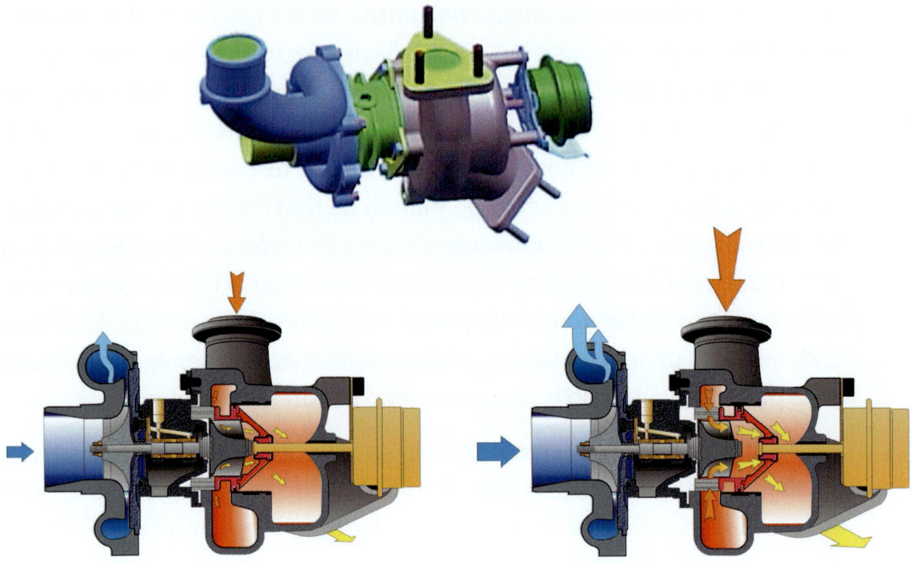

Figura 3.26. Turbocompresor de geometría variable de una pieza (VNT OP).

la sección de paso es pequeña o está cerrada, hay poco flujo a través de la turbina y a medida que se va haciendo más grande, el flujo va aumentando.

Los turbocompresores de geometría variable se usan en motores diésel. Esto se debe a que la temperatura de los gases de escape en los motores de gasolina es muy elevada y hace inviable el funcionamiento del mecanismo de accionamiento de los álabes. No obstante, existen aplicaciones en vehículos de gasolina de muy alta gama, empleando materiales como el titanio para el mecanismo de accionamiento.

En algunos motores se pueden encontrar las siguientes combinaciones de sobrealimentadores:

- **Turbocompresores en paralelo:** para motores que tienen un gran número de cilindros, normalmente más de cuatro, se suelen instalar dos turbocompresores. En motores con cilindros en V o bóxer, se dispone un turbocompresor para cada bancada. Si el motor tiene los cilindros dispuestos en línea, se instala un compresor para la mitad de los cilindros y otro para el resto. La Figura 3.27 muestra diferentes disposiciones de turbocompresores en paralelo.
- **Turbocompresores en serie:** como es sabido, en función del tamaño del turbocompresor, el rendimiento está optimizado para un rango de funcionamiento determinado del motor. Normalmente, turbocompresores de baja inercia hacen que el motor tenga unas buenas prestaciones a bajo y medio

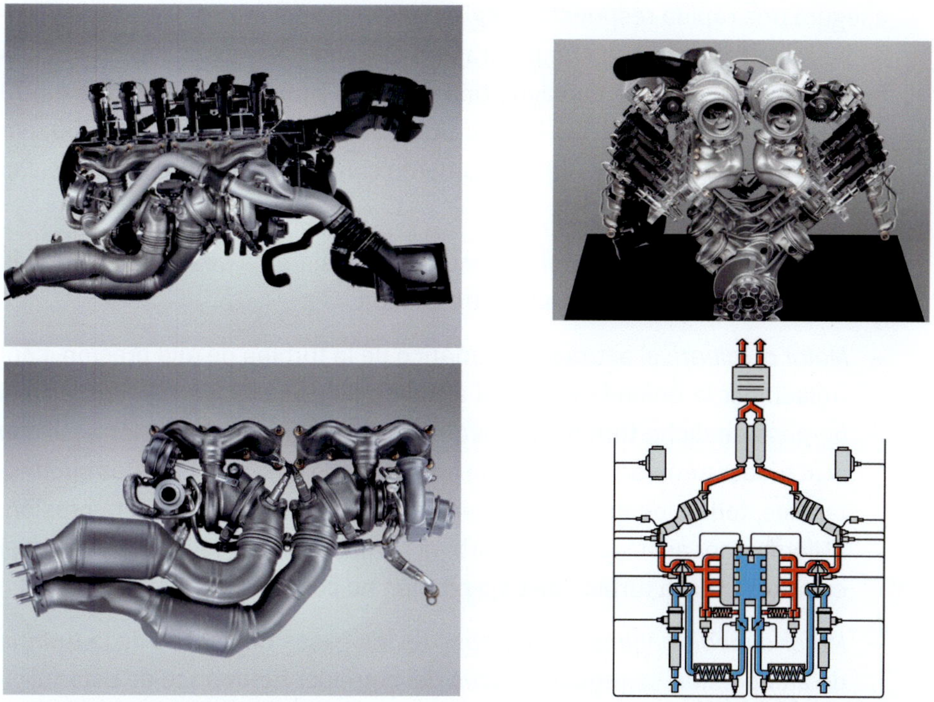

Dos turbocompresores en paralelo para un motor de 6 cilindros en linea

Dos turbocompresores en paralelo para un motor de 8 cilindros en V

Figura 3.27. Turbocompresores en paralelo.

régimen. Por el contrario, los turbocompresores de alta inercia ofrecen las mejores prestaciones a partir de regímenes medios y altos. Una solución, aparte de las ya conocidas, como la regulación electrónica o turbocompresores de geometría variable, es el empleo de turbocompresores en serie que realizan la sobrealimentación en dos etapas. A continuación se va a explicar el funcionamiento de este sistema tomando como ejemplo el motor diésel 1.9 Twinturbo Multijet del grupo FIAT. Como muestra la Figura 3.28, se disponen dos turbocompresores en serie, uno compacto de baja inercia que

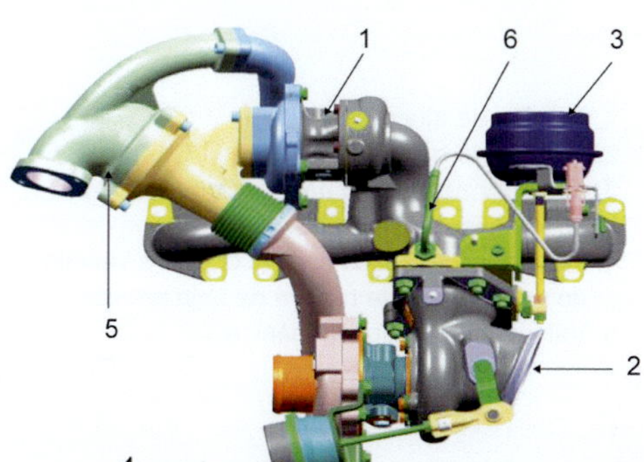

1. Turbina de alta presión.
2. Turbina de baja presión.
3. Actuador neumático para accionar el *by-pass* de los gases de escape.
4. Actuador neumático para accionar la válvula de descarga de la turbina de baja presión.
5. Válvula automática mecánica.
6. Sensor de temperatura de los gases de escape.

Figura 3.28. Sistema de sobrealimentación con dos turbocompresores en serie.

asegura una rápida respuesta a regímenes bajos del motor y otro más grande de mayor inercia que suministra una elevada potencia a alto régimen. A modo de referencia, se consigue una potencia máxima de 190 CV a 4.000 rpm y un par máximo de 400 Nm a 2.000 rpm. Además, a tan solo 1.250 rpm entrega un par de 300 Nm, lo que aumenta considerablemente la elasticidad del motor.

Las distintas fases de funcionamiento de este sistema se explican a través de la Figura 3.29, distinguiéndose tres casos:

- *Motor al ralentí:* el actuador neumático de la turbina de alta presión, controlado por la unidad de control a través de una electroválvula, cierra el *by-pass* de dicha turbina. La electroválvula regula la depresión aplicada al actuador neumático, generada por la bomba de vacío. En estas circunstancias, todos los gases de escape entran en la turbina de alta presión. El compresor asociado a esta turbina suministra la presión necesaria y el compresor de la turbina de baja presión no comprime aire.
- *Motor a medio régimen:* el *by-pass* de los gases de escape de la turbina de alta presión se regula a través del actuador neumático de esta turbina. Así, las turbinas de alta y baja presión son movidas por los gases de escape. El compresor de la turbina de baja presión precomprime el aire

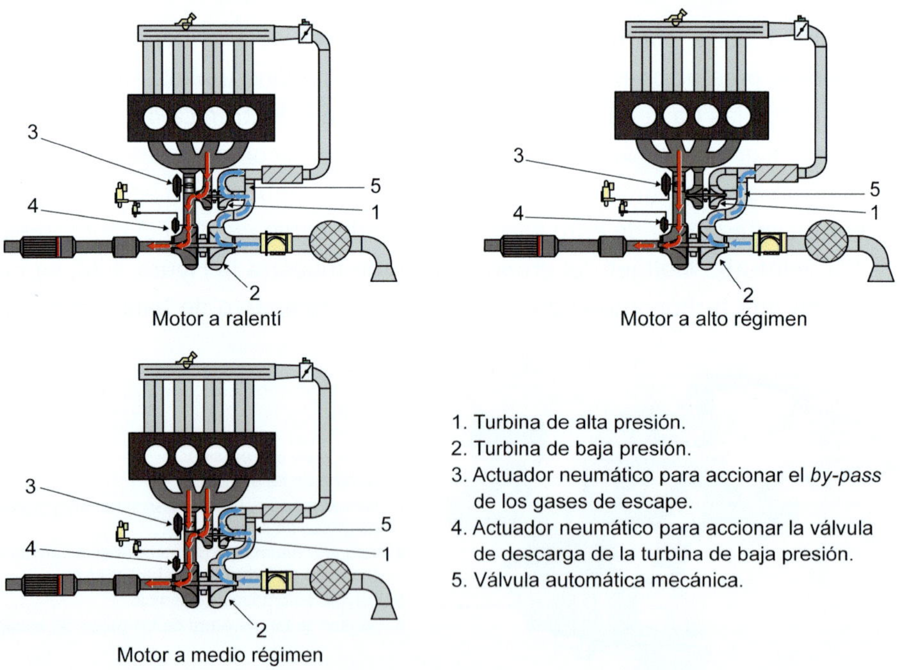

1. Turbina de alta presión.
2. Turbina de baja presión.
3. Actuador neumático para accionar el *by-pass* de los gases de escape.
4. Actuador neumático para accionar la válvula de descarga de la turbina de baja presión.
5. Válvula automática mecánica.

Figura 3.29. Funcionamiento de un sistema de sobrealimentación con dos turbocompresores en serie.

que luego se comprimirá a una presión mayor en el de la turbina de alta presión. La válvula automática mecánica está cerrada, porque la presión generada por el compresor de la turbina de baja presión es inferior a la generada por el compresor de alta presión.

– *Motor a alto régimen:* el *by-pass* de los gases de escape está abierto plenamente para que la totalidad de los mismos incida sobre la turbina de baja presión. Ahora, la válvula automática mecánica está abierta. Para controlar la presión máxima de sobrealimentación, la unidad de control gobierna la electroválvula que regula el actuador neumático que manda sobre la válvula de descarga. Para proteger el grupo sobrealimentador y el motor, en la salida de los gases de escape del colector se instala un sensor de temperatura. Cuando la temperatura de los gases de escape supera los 825 °C aproximadamente, la unidad de control limita las prestaciones modificando el tiempo de inyección.

- **Combinación de compresor mecánico y turbocompresor:** otra forma de obtener una presión de sobrealimentación adecuada para un rango amplio de funcionamiento del motor es instalando un sistema combinado de compresor mecánico y turbocompresor. Esta disposición es más apropiada para motores de gasolina.

3.3. PRINCIPALES COMPROBACIONES DEL SISTEMA Y DE SUS COMPONENTES

Los compresores y los turbocompresores no requieren ninguna operación de mantenimiento especial. En el caso de motores con turbocompresor, es aún más importante la sustitución del aceite y del filtro de aceite que en los motores atmosféricos. Esto se debe a las condiciones de trabajo del turbocompresor y a las ya estudiadas funciones del lubricante, que debe estar perfectamente filtrado y mantener sus cualidades. Por este motivo hay que respetar los intervalos de mantenimiento prescritos por el fabricante y sustituir el aceite y el filtro de aceite por otros iguales o equivalentes. La estanqueidad del circuito de admisión y el buen estado del filtro del aire es muy importante, ya que si entran partículas en el compresor podría dañarse gravemente al impactar contra sus álabes, como muestra la Figura 3.30.

Dado que los turbocompresores tienen unas condiciones de funcionamiento más críticas que los compresores mecánicos, a continuación se van a citar las averías más frecuentes y sus posibles causas:

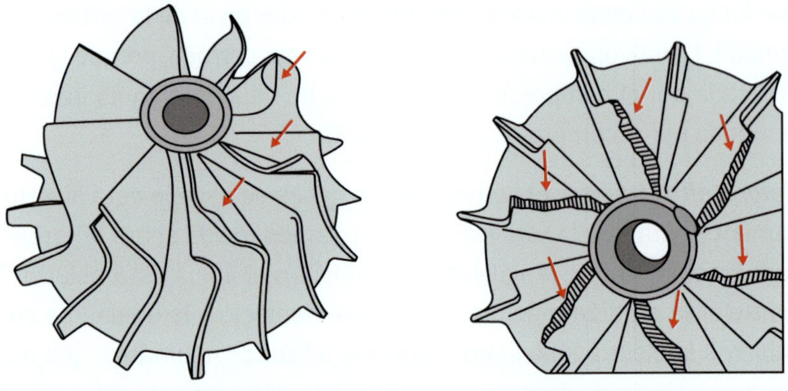

Figura 3.30. Daños en los álabes del compresor.

- Falta de potencia del motor:
  - Avería en el motor o algún sistema auxiliar del mismo.
  - Fuga de aire en el conducto de admisión o en el *intercooler.*
  - Acumulación de suciedad en el turbocompresor.
  - Rodetes defectuosos.
  - Agarrotamiento del eje.
  - Fallo en el sistema de regulación de la presión de sobrealimentación.
- Humo negro en el tubo de escape:
  - Filtro de aire colmatado.
  - Conducto de admisión obstruido.
  - Otras causas similares al caso de falta de potencia del motor, que suele ir asociada a la emisión de humos negros.
- Humo azul en el tubo de escape:
  - Falta de estanqueidad de los cojinetes.
  - Falta de estanqueidad de las juntas del compresor y de la turbina.
  - Obstrucción del conducto de drenaje de aceite al cárter.
- Ruidos y vibraciones en el turbocompresor:
  - Existe una fuga de aire.
  - El eje del turbocompresor está desequilibrado por deterioro de los cojinetes.
  - Los álabes de la turbina o del compresor están dañados.

- Los rodetes rozan con sus carcasas.
- Hay algún cuerpo extraño en el turbocompresor.

- Presión de sobrealimentación inadecuada:
  - Defecto del sistema de regulación de la presión de sobrealimentación.

Los compresores mecánicos, principalmente los volumétricos, pueden generar un ruido excesivo. Esto puede deberse a un exceso juego de los cojinetes y al roce entre los rotores, por lo que habría que proceder a su desmontaje y verificación. Si el motor acusa una falta de potencia, puede ser que el juego entre los rotores sea excesivo o que el sistema de regulación de la presión de sobrealimentación esté defectuoso.

A continuación se van a explicar las operaciones más habituales sobre los turbocompresores, por ser un sistema de sobrealimentación más extendido que los compresores mecánicos.

- **Comprobación de la presión de sobrealimentación:** suponiendo un motor con turbocompresor regulado por válvula de descarga sin gestión electrónica, para llevar a cabo esta operación hay que instalar un manómetro de la escala adecuada en el tubo de conexión al actuador neumático de regulación de la válvula de descarga. Posteriormente, se arranca el motor y se lleva a la temperatura de régimen. Después se comprueba que el turbocompresor suministra la presión de sobrealimentación prescrita por el fabricante. Para ello, hay que someter el motor a plena carga, bien sea en marcha o sobre un banco de rodillos, siendo esta última operación más segura. Si la presión es inferior al valor prescrito debe comprobarse que no existen fugas por los manguitos de aire. Muchos vehículos incorporan en la instrumentación del cuadro un manómetro, como el mostrado en la Figura 3.31, para que el conductor observe la evolución de la presión de sobrealimentación y que en ningún caso supere el límite de seguridad.
- **Comprobación de la estanqueidad en general:** hay que comprobar visualmente que no existen fugas en las tuberías y entradas de aceite y líquido refrigerante al turbocompresor. También se verificará el apriete de las abrazaderas de los manguitos de aire, a la salida del compresor, a la entrada y salida del *intercooler* y a la entrada del colector de admisión. La Figura 3.32 muestra alguno de estos puntos críticos.
- **Comprobación del mecanismo de regulación neumático:** en el caso de no obtener un valor de presión de sobrealimentación conforme con las especificaciones del fabricante, habiendo comprobado que el motor funciona correctamente y que no existen fugas de aire, se procederá a la comprobación

Figura 3.31. Manómetro del cuadro de instrumentos.

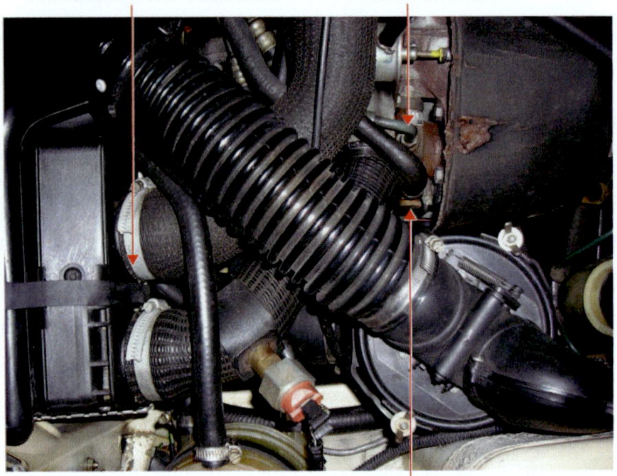

Figura 3.32. Puntos susceptibles de fugas de aire, aceite o líquido refrigerante.

y reglaje del mecanismo de regulación neumático, como muestra la Figura 3.33. Esto es posible hacerlo principalmente en sistemas que no disponen de regulación electrónica de la presión de soplado. Puede hacerse sin desmontar el turbocompresor. Es necesario un manómetro con reductor de presión incorporado, si se va a conectar a una instalación de aire comprimido, o bien una bomba manual con manómetro. Además, hay que emplear un reloj comparador sostenido por una base magnética, por ejemplo. Se aplica presión al actuador neumático y en función del valor de la misma, se mide el desplazamiento del vástago que mueve el actuador, comparando los valores de presión y desplazamiento con los prescritos por el fabricante. Un ejemplo

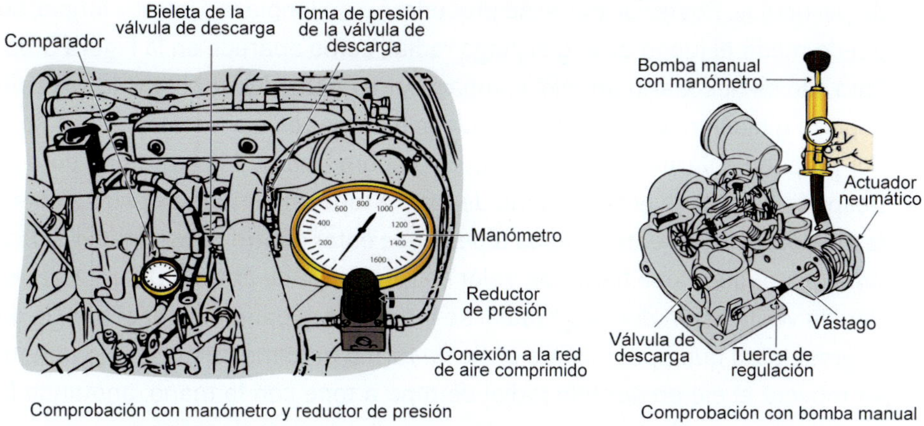

Figura 3.33. Comprobación del mecanismo de regulación neumático.

podría ser un desplazamiento de 4,2 mm para 0,5 bar de presión. Si el valor no es correcto, se ajusta la longitud del vástago actuando sobre la tuerca de su prolongador roscado, como muestra la Figura 3.34. Esta operación suele ser necesaria para compensar el envejecimiento de la membrana del actuador neumático. La tuerca de regulación de la longitud del vástago viene precintada de fábrica, normalmente con una marca de pintura. Su manipulación debe hacerse solo en caso necesario y nunca sobrepasar el valor de presión de sobrealimentación prescrito, ya que se obtendría más potencia a cambio de aumentar el riesgo de daños en el motor y en el turbocompresor.

- **Desmontaje del turbocompresor:** cuando es necesario sustituir el turbocompresor, realizar otras comprobaciones o proceder a su desarmado, hay que desmontarlo del motor. Para ello se seguirán las instrucciones del manual del fabricante y se taponarán los conductos de aire, aceite y líquido refrigerante que queden acoplados en el motor, con el fin de evitar la entrada

Figura 3.34. Tuerca para la modificación de la longitud del vástago del actuador neumático.

de partículas. Posteriormente se procederá a su limpieza. Una vez limpio, se puede medir el juego axial y el juego radial, como aparece en la Figura 3.35. Para ello es necesario un reloj comparador y algún elemento que le sirva de soporte y fijación. La medición del juego axial se realiza instalando el palpador perpendicularmente a los rodetes y sobre uno de los extremos del eje. Después se mueve el eje a mano de tope a tope en sentido axial y se anota la medida. El juego entre ambos topes debe estar dentro de los límites del fabricante, pudiéndose tomar un valor de referencia de entre 0,02 y 0,10 mm. Para la verificación del juego radial se introduce el palpador por el orificio de engrase para que apoye sobre el eje de forma perpendicular. Seguidamente se moverá el eje en sentido radial de tope a tope con la mano, anotando la medida y comparándola con el valor prescrito. A modo de referencia, el juego radial estará comprendido entre 0,07 y 0,2 mm.

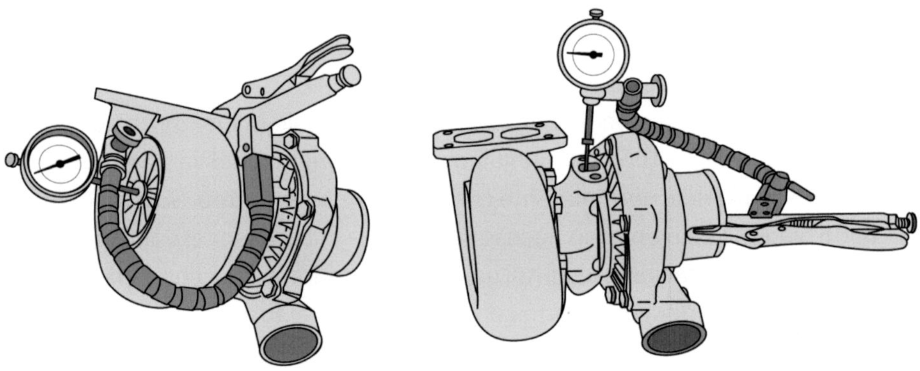

Figura 3.35. Comprobación del juego axial y radial.

- **Desarmado del turbocompresor:** si las medidas del juego axial y del juego radial se encuentran fuera de los valores especificados, o en caso de que se fugue aceite a través del eje del compresor, es necesario cambiar los cojinetes o los sellos de estanqueidad. Para ello hay que desarmar el turbocompresor. El proceso de desarmado debe hacerse muy cuidadosamente, por la precisión de las piezas y por el equilibrado del conjunto. Por este motivo, esta operación suele ser llevada a cabo por talleres especializados que, tras la sustitución, equilibran el turbocompresor en unas máquinas especiales destinadas a ese fin. En cualquier caso, siempre que se desarme el turbocompresor, la operación más delicada es la separación del rodete del compresor del eje, para que este último y el rodete de la turbina se puedan extraer por el lado contrario. Antes de aflojar la tuerca del rodete del compresor es necesario marcar la posición relativa entre la misma, el rodete y el eje, de cara al equilibrado. Cuando esté desmontado, se puede verificar la excentricidad del eje y de cada uno de los rodetes, como indica la Figura 3.36. Para llevar a cabo esta operación se necesita un reloj comparador y los soportes correspondientes para este y las piezas a medir. Si el eje y los rodetes están correctos, se puede reconstruir el turbocompresor sustituyendo los cojinetes y los sellos de estanqueidad.

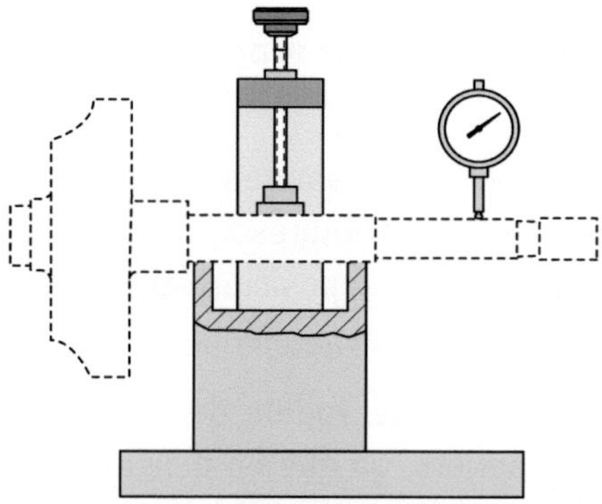

Medición de la excentricidad del eje

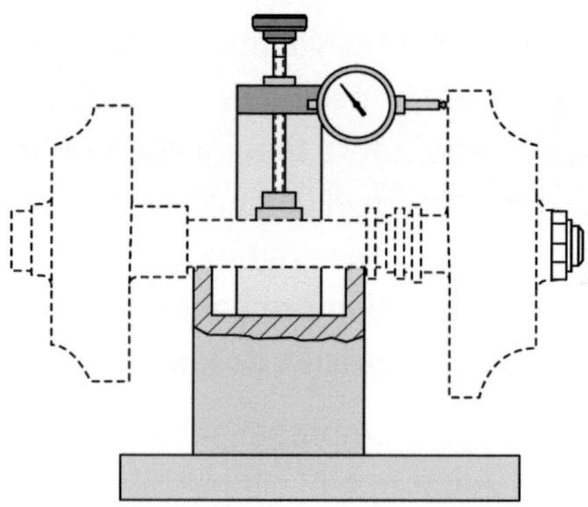

Medición de la excentricidad del rodete

Figura 3.36. Comprobación de la excentricidad del eje y del rodete.

- **Comprobaciones de los elementos de gestión electrónica:** en los sistemas de sobrealimentación que dispongan de gestión electrónica de la presión de soplado hay que hacer determinadas comprobaciones eléctricas. Los elementos más importantes son las electroválvulas de control de la presión de sobrealimentación y la electroválvula de alivio para la recirculación de aire por el compresor. Habrá que comprobar la alimentación a las electroválvulas procedente de la unidad de control. Después se verificará su funcionamiento. En el caso de las electroválvulas de control por presión, se instalarán dos manómetros, uno a la salida regulada de la electroválvula y otro a la entrada de presión de la misma. Cuando la unidad de control excite la electroválvula, la presión a la salida ha de ser menor que la presión a la entrada, siendo iguales cuando no la excite. Para el caso de las electroválvulas de control por depresión, una vez comprobado el funcionamiento de la bomba de vacío, se instala un vacuómetro a la salida regulada de la electroválvula y con un voltímetro u osciloscopio se comprueba que la depresión aumenta según lo hace la tensión de alimentación de la electroválvula.

- **Algunas consideraciones respecto al proceso de desmontaje, verificación y montaje:**
  - Cuando se desarme el turbocompresor, además de marcar la posición relativa entre la tuerca del compresor, el rodete del compresor y el eje, puede ser necesario marcar la posición relativa de las carcasas del compresor y de la turbina con el alojamiento central.
  - Antes de aflojar la tuerca del rodete del compresor hay que conocer el sentido de giro de apriete, ya que en ocasiones estas tuercas aprietan a izquierdas para no aflojarse por la inercia del movimiento. A la hora de apretar, siempre hay que hacerlo al par especificado.
  - En el caso de los compresores volumétricos como los de lóbulos o los de tornillo, también puede ser necesaria la sustitución de los cojinetes de los rotores con el tiempo, sobre todo cuando su sonoridad empieza a aumentar progresivamente. En el desarmado habrá que marcar la posición relativa entre los rotores y sus engranajes para colocarlos correctamente en el montaje. Además, siempre habrá que comprobar que no existan marcas o daños en las superficies de los rotores.
  - Al volver a montar el turbocompresor en el motor, se debe cebar el circuito de lubricación para evitar que el eje gire en seco y se dañe. Para ello se acciona el motor de arranque sin llegar a la puesta en marcha del motor térmico, por ejemplo, desconectando el sistema de encendido en un motor de gasolina o la electroválvula de corte de combustible de la bomba de inyección en un motor diésel.

CUESTIONES

1. Describe las ventajas que tiene la sobrealimentación en los motores diésel.
2. Define el concepto de compresor volumétrico o de desplazamiento positivo.
3. Nombra cuatro tipos de compresores mecánicos.
4. Justifica la necesidad de instalar un *intercooler* en algunos motores sobrealimentados.
5. Explica en qué consiste la válvula de descarga o *wastegate* en los turbocompresores que la incorporan.
6. Indica el objetivo de un turbocompresor de geometría variable.
7. Enumera las posibles causas que pueden originar la presencia de humo azul en el escape, debidas al turbocompresor.
8. Describe qué precaución hay que tener en cuenta a la hora de instalar el turbocompresor en el motor.

4. Sistemas anticontaminación en motores diésel

Contenidos

INTRODUCCIÓN

Los motores diésel han sufrido una gran evolución tecnológica en los últimos años. El primer salto evolutivo fue la mejora del sistema de alimentación, extendiéndose el uso de la inyección directa de gestión electrónica, generalizándose a día de hoy el sistema *common rail*. Por otro lado, dadas las características de la combustión de un motor diésel y la cada vez más restrictiva normativa anticontaminación, ha sido necesario implementar dispositivos que reduzcan el nivel de emisiones contaminantes.

A lo largo de este capítulo se van a explicar los sistemas anticontaminación más importantes de los motores diésel.

4.1. EL OPACÍMETRO, INTERPRETACIÓN DE PARÁMETROS

Para determinar si la combustión de un motor diésel es correcta se emplea un dispositivo llamado opacímetro, que mide la opacidad de los gases de escape. Este aparato calcula la cantidad de combustible no quemado que se expulsa por el tubo de escape en forma de partículas carbonosas. Estas partículas son las que originan el humo negro típico de un motor diésel. El opacímetro mide el coeficiente de absorción luminosa de los gases de escape, conocido como valor K, que se expresa en m^{-1}. Otro valor que puede ofrecer es el valor de ennegrecimiento de los gases, conocido como valor N, que se expresa con respecto a una escala de 0 a 10, en porcentaje. Para iniciar el procedimiento de medida, representado en la Figura 4.1, el motor debe funcionar correctamente, la línea de escape no ha de presentar fugas, el aceite se encontrará en el nivel correcto y el motor habrá alcanzado su temperatura de régimen. Posteriormente, se introduce la sonda del opacímetro y se realizan una serie de aceleraciones en vacío, desde ralentí hasta el corte de inyección, de forma lenta y progresiva, con el fin de limpiar la línea de escape. Después se lleva a cabo la prueba en sí, que consiste en acelerar a plena carga desde ralentí hasta el corte de inyección, durante unos dos segundos, registrando esta medida en el opacímetro. El valor observado debe estar comprendido entre los límites marcados por la ley para cada tipo de vehículo. Los opacímetros pueden ser analógicos o digitales.

Los opacímetros actuales permiten programar el procedimiento de medida, en cuanto a los ciclos de limpieza a realizar, el número de medidas a tomar y el tiempo de cada operación.

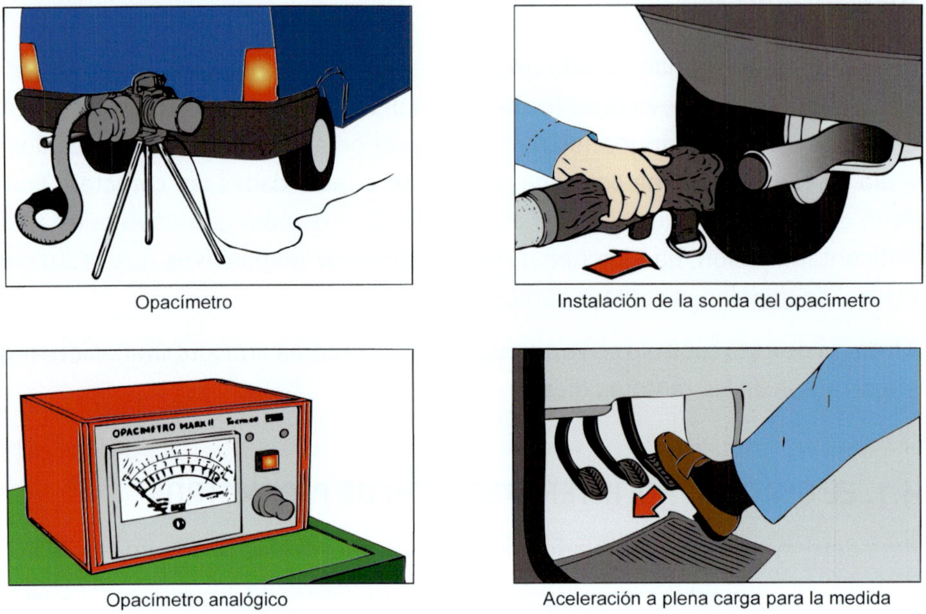

Figura 4.1. Procedimiento de medida de la opacidad de los gases de escape en un motor diésel.

4.2. NORMATIVA REFERENTE A GASES DE ESCAPE EN MOTORES DIÉSEL, LA NORMA EURO V

En Europa, la contaminación producida por los vehículos automóviles empezó a ser regulada a partir de 1970. Posteriormente, surgieron las diferentes normas EURO que regulan las cantidades máximas admisibles, en gramos por kilómetro, que pueden emitir los vehículos. La Figura 4.2 muestra la evolución de las normas EURO para motores diésel. Hay que destacar que a partir de la norma EURO V, se establece un valor límite más restrictivo para las emisiones de material particulado o partículas (MP), haciendo necesaria la instalación de un filtro de partículas en determinados motores.

Uno de los gases contaminantes, el CO_2, no está reflejado en las normas EURO. Por este motivo surge la propuesta del Reglamento del Parlamento Europeo y del Consejo, de 19 de diciembre de 2007, por el que se establecen normas de comportamiento en materia de emisiones de los turismos nuevos como parte del enfoque integrado de la Comunidad para reducir las emisiones de CO_2 de los vehículos ligeros. Esta propuesta fija un límite medio de emisión de CO_2 aplicable a los fabricantes de automóviles, a fin de alcanzar en el año 2012 el objetivo de 130 gramos de CO_2 por kilómetro para los vehículos nuevos matriculados en la Unión Europea.

VALORES LÍMITE DE EMISIONES CONTAMINANTES PARA MOTORES DIÉSEL (g/km)						
NORMA	VÁLIDA DESDE	CO	HC	NO_X	HC + NO_X	MP
EURO I	1/1992	2,72	-	-	0,97	0,140
EURO II	1/1996	1,00	0,15	0,55	0,70	0,080
EURO III	1/2000	0,64	0,06	0,50	0,56	0,050
EURO IV	1/2005	0,50	0,05	0,25	0,30	0,025
EURO V	9/2009	0,50	0,05	0,18	0,23	0,005
EURO VI	8/2014	0,50	0,09	0,08	0,17	0,005

Figura 4.2. Evolución de las normas EURO.

4.3. EL SISTEMA DE RECIRCULACIÓN DE GASES DE ESCAPE (EGR, AGR)

El sistema de recirculación de los gases de escape EGR (*Exhaust Gas Recirculation*) se encarga de reducir las emisiones contaminantes de NO_X. En los motores diésel es imprescindible, ya que emplean un catalizador de oxidación que no puede tratar los NO_X. Los NO_X se producen por altas presiones y temperaturas en la cámara de combustión. El sistema EGR introduce en la admisión parte de los gases de escape, bajo ciertas condiciones, con el fin de reducir la concentración de oxígeno del aire aspirado. De esta forma, disminuye la temperatura de combustión en el cilindro, reduciéndose la formación de NO_X.

Con la recirculación de los gases de escape se consigue disminuir los NO_X por disminución de la temperatura máxima del frente de llama gracias a la reducción de:

- El contenido en oxígeno.
- La velocidad de combustión.

Un exceso de recirculación de los gases de escape puede provocar:

- Una disminución de las prestaciones y de la suavidad de funcionamiento del motor.
- Un incremento del consumo de combustible.
- Un aumento de las emisiones de HC, CO y partículas.

El sistema EGR debe asegurar en todas las condiciones operativas del motor un equilibrio entre prestaciones, consumo, suavidad de marcha y emisiones contaminantes.

Debido a las mayores exigencias de la normativa anticontaminación, los motores que trabajan con mezcla pobre, como los motores diésel, no pueden tratar la totalidad de las emisiones de NO_X con los sistemas ya conocidos. Esto se agrava a partir de ciertas cilindradas y potencias en motores de vehículos de turismo y de vehículos industriales. Con el sistema EGR, a partir de un determinado porcentaje de gases de escape recirculados, el motor pierde mucho rendimiento, incrementándose el consumo de combustible y las emisiones de partículas. De esta forma, al intentar reducir las emisiones de NO_X, aumentan las de partículas al producirse una combustión de peor calidad. Si se pretende mejorar la combustión, aumentan las emisiones de NO_X y disminuyen las de partículas. Para optimizar todas estas variables, hay que realizar una combustión de calidad para mejorar el rendimiento del motor y disminuir el consumo de combustible, tratando posteriormente los gases de escape para reducir los NO_X y las partículas. Por este motivo, se ha desarrollado un sistema de reducción catalítica selectiva SCR (*Selective Catalytic Reduction*).

La implantación del sistema SCR en cada vehículo dependerá de si es necesario o no para cumplir con los valores de emisiones límite para la normativa anticontaminación concreta a la que esté sujeto.

4.4. PRINCIPIO DE FUNCIONAMIENTO E IDENTIFICACIÓN DE LOS COMPONENTES

Existen diferentes configuraciones en los sistemas EGR. A continuación se van a explicar las más importantes, que son las de accionamiento por vacío y las de accionamiento eléctrico.

- **Sistema EGR accionado por vacío:** dos ejemplos de este tipo son los siguientes:
  - *Con electroválvula gobernada por relé:* la Figura 4.3 muestra un ejemplo de este sistema aplicado a un motor diésel con bomba rotativa. Un relé es el encargado de regular la recirculación de los gases de escape en función de tres parámetros de entrada, que son el régimen de giro del motor, la temperatura del líquido refrigerante y la altitud con respecto al nivel del mar. El funcionamiento del sistema se explica a través de sus elementos, que son los siguientes:
    - *Relé con interruptor altimétrico incorporado:* el relé contiene una electrónica que se encarga de procesar los parámetros de entrada. Cuando el interruptor altimétrico detecta que el vehículo circula por encima de 1.000 m sobre el nivel del mar, desconecta el sistema EGR.

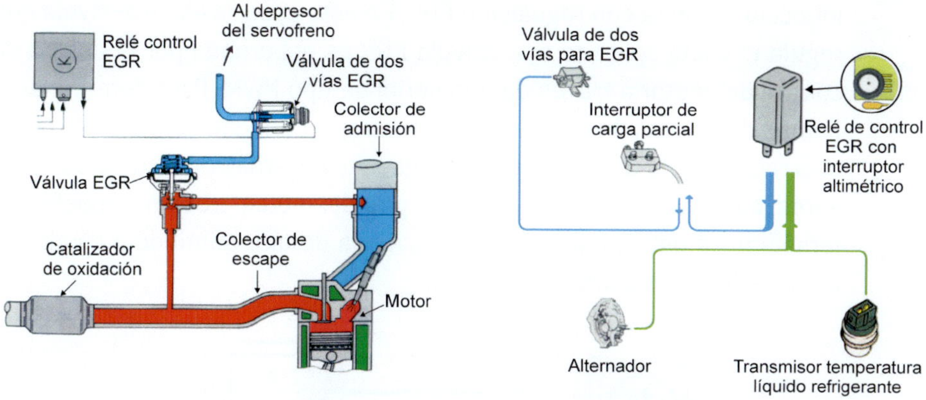

Figura 4.3. Sistema EGR accionado por vacío con electroválvula gobernada por relé.

- *Sensor de temperatura del líquido refrigerante:* es de tipo NTC y el relé emplea su señal de forma que activa el sistema EGR cuando el líquido refrigerante supera 50 °C.
- *Alternador:* informa del régimen de giro del motor al relé, que procesa la información de la siguiente manera. Cuando el motor supera 1.200 rpm, desconecta el sistema EGR durante dos segundos, volviéndose a conectar posteriormente. Mientras el motor esté girando por encima de 3.200 rpm, desconecta permanentemente el sistema EGR.
- *Interruptor de carga parcial:* está unido a la parte superior de la bomba de inyección. Su posición es de normalmente cerrado y se abre cuando la palanca del acelerador supera la posición de carga parcial. Si la electrónica del relé estima que hay que recircular gases de escape, alimenta la electroválvula de dos vías a través del interruptor de carga parcial. Si está abierto, no se recirculan gases de escape, ya que la electroválvula no es alimentada. Si está cerrado, en posición de carga parcial, se recirculan gases de escape en función de los parámetros de entrada del relé.
- *Electroválvula de dos vías:* en función de la alimentación proveniente del relé, permite o no el paso de vacío desde el depresor hasta la válvula EGR.
- *Válvula EGR:* está formada por una membrana a la que se le une un vástago que permite o no el paso de gases de escape a la admisión. Estará abierta cuando le llegue el vacío procedente del depresor, estando la electroválvula abierta.

– *Con electroválvula gobernada por la unidad de control:* en la Figura 4.4 aparece un esquema de este sistema instalado en un motor diésel de inyección directa con regulación EDC. En este caso, la electroválvula que regula el vacío aplicado a la válvula EGR es gobernada por la unidad de control del motor a través de una señal de tipo PWM. Para determinar el tiempo de activación de la electroválvula y la cantidad de gases de escape a recircular, la unidad de control necesita información de diversos sensores, como por ejemplo régimen de giro del motor, presión atmosférica, temperatura del líquido refrigerante, masa de aire admitido o caudal de combustible inyectado, entre otras.

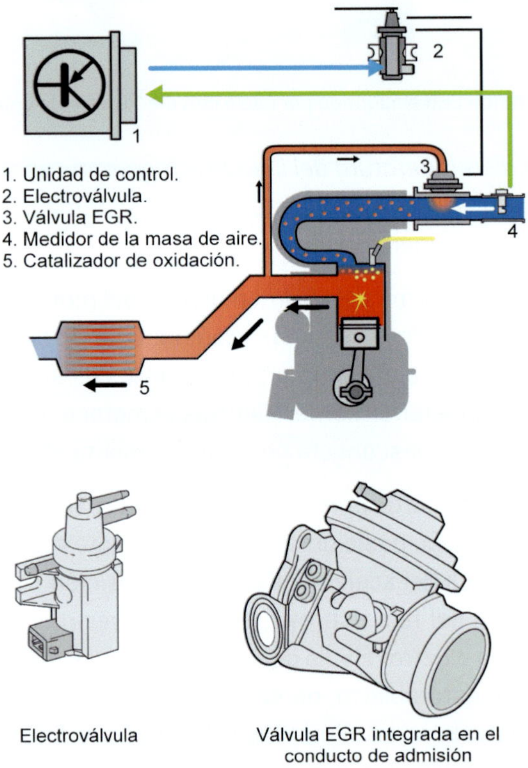

Figura 4.4. Sistema EGR accionado por vacío con electroválvula gobernada por la unidad de control.

- **Sistema EGR accionado eléctricamente:**
  - *Con válvula controlada mediante una señal de tipo PWM:* este sistema aparece representado en la Figura 4.5. La unidad de control excita directamente la válvula EGR, que es una electroválvula. Su funcionamiento se gobierna a través de una señal de tipo PWM, en función de la cual se modifica la carrera de apertura para la recirculación. En el conjunto de la válvula EGR se incorpora un potenciómetro o un sensor Hall que informa a la unidad de control de la carrera de apertura efectiva de la válvula. De esta

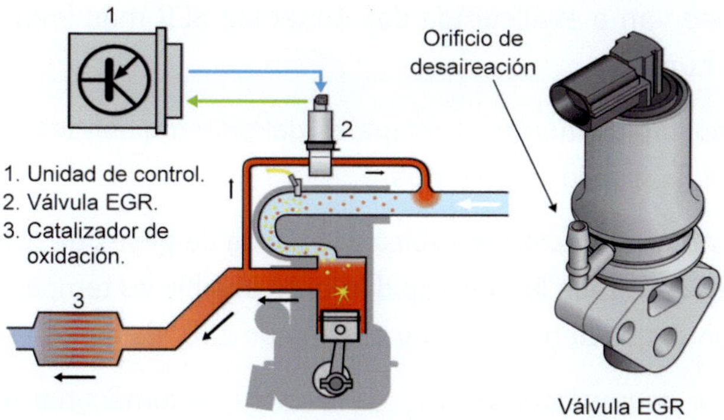

Figura 4.5. Sistema EGR accionado eléctricamente mediante una señal de tipo PWM.

forma se realiza una regulación más rápida y precisa de la recirculación de los gases de escape.

- *Con válvula de mariposa accionada por un motor eléctrico:* en este caso, la válvula EGR consiste en una mariposa accionada por un motor eléctrico que es controlado por la unidad de control del motor, mediante una señal de tipo PWM. La Figura 4.6 muestra la ubicación y los componentes básicos de este sistema. Este tipo de válvulas EGR incorporan un sensor de ángulo de apertura de la mariposa, que consiste en un potenciómetro o en un sensor Hall. De esta forma, se detecta el ángulo de giro del imán permanente fijado al eje del sector dentado que mueve la mariposa. Con esta información de posición, la unidad de control regula de forma precisa la cantidad de gases de escape recirculados.

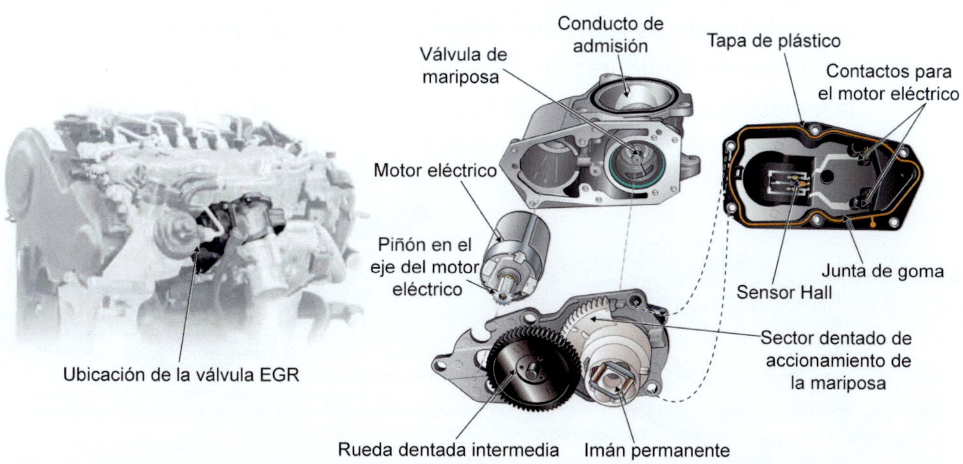

Figura 4.6. Sistema EGR accionado eléctricamente por un motor eléctrico.

A continuación se van a explicar los dos sistemas SCR más importantes, que son el seco y el húmedo.

- **Sistema seco:** los elementos principales del sistema son los que aparecen en la Figura 4.7 y son los siguientes:
  - *Catalizador de oxidación:* se ubica a la salida de gases de escape del motor para que alcance lo más rápidamente posible su temperatura de funcionamiento, que debe estar por encima de 150 °C.
  - *Catalizador-acumulador de NO_X:* se encarga de almacenar los óxidos de nitrógeno para luego transformarlos en nitrógeno molecular (N_2), bajo ciertas condiciones. Su estructura es similar al catalizador de oxidación. Contiene metales nobles como sustancias catalizadoras para oxidar los HC, el CO y el NO. El recubrimiento de óxido de bario acumula los NO_X. Cuando oxida el NO, lo convierte en NO_2 y se acumula en el óxido de bario formando nitrato de bario ($Ba(NO_3)_2$). Para llevar a cabo la regeneración del catalizador-acumulador, el motor funciona periódicamente con mezcla rica ($\lambda < 1$), disolviéndose el nitrato de bario y convirtiéndose los óxidos de nitrógeno almacenados en CO_2, N_2 y H_2O, gracias a las sustancias reductoras CO, H_2 y HC. La fase de regeneración dura entre 2 y 5 segundos y se realiza cada pocos kilómetros, cuando los gases de escape están entre 200 y 450 °C. En la fase de regeneración se produce amoníaco (NH_3), debido al exceso de H_2 que hay en los gases de escape. El amoníaco se acumula en el catalizador SCR para seguir tratando los óxidos de nitrógeno. Debido al contenido en azufre del combustible y del aceite, se acumulan sulfatos (SO_X) que deben ser eliminados periódicamente con el proceso de desulfuración. Para la desulfuración es necesario aumentar la temperatura de los gases de escape por encima de 650 °C, enriqueciendo la mezcla durante unos dos minutos y en varias fases.

Figura 4.7. Elementos del sistema SCR seco.

– *Filtro de partículas diésel DPF:* reduce las emisiones de partículas y normalmente funciona sin aditivo. Acumula las partículas para después quemarlas en el ciclo de regeneración, que se produce cuando la unidad de control lo estima preciso. Para producir la regeneración se realizan posinyecciones que aumentan la temperatura de los gases de escape. Aunque las regeneraciones del DPF son menos frecuentes que las del catalizador-acumulador de NO_X, se hacen coincidir para disminuir el tiempo en el que el sistema está a alta temperatura, superior a 650 °C. Un recubrimiento catalítico de metales nobles ayuda a tratar los HC y el CO en las fases de regeneración y disminuye la temperatura de combustión de las partículas.

– *Catalizador SCR:* se encarga de reducir el NO_X con el amoníaco acumulado tras el proceso de regeneración del catalizador-acumulador de NO_X. En su interior tiene un recubrimiento mineral de zeolita. La reducción de los NO_X produce N_2 y H_2O. Además, disminuye los olores en el proceso de desulfuración del catalizador acumulador de NO_X.

- **Sistema húmedo:** se denomina húmedo porque para la reducción de los NO_X es necesario un aditivo conocido comercialmente con el nombre de AdBlue®. En la Figura 4.8 se muestran los componentes de este sistema, explicándose a continuación los más importantes.

  – *Catalizador de oxidación y filtro de partículas: funcionan de* la misma forma que en el sistema seco, pudiendo estar integrados ambos en una misma carcasa.

  – *Aditivo AdBlue®:* es una solución de agua destilada y urea [$CO(NH_2)_2$] al 32,5 %. Tiene aspecto transparente, olor característico, de inflamación no espontánea y no es tóxico. Es fácilmente biodegradable y de poco peligro para el agua y el suelo. Se emplea para la reducción de los óxidos de

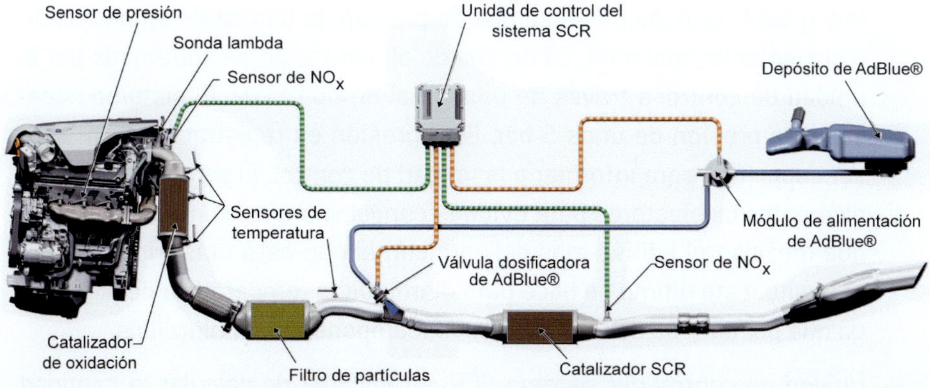

Figura 4.8. Elementos del sistema SCR húmedo.

nitrógeno de los gases de escape, transformándose en amoníaco por hidrólisis, reaccionando con los NO_X y transformándolos en N_2 y H_2O. Las características de este aditivo quedan reguladas en la norma ISO 70070. El AdBlue® se cristaliza con el aire a −11 °C, por lo que el sistema incorpora un dispositivo calefactor. Por otro lado, conserva sus propiedades durante un cierto tiempo, por lo que habrá que tener en cuenta su fecha de caducidad.

- *Depósito de AdBlue®:* es de plástico y suele incorporar el módulo de alimentación con sensor de presión, el sensor de temperatura del aditivo, el elemento calefactor y el sensor de nivel. Un ejemplo de ubicación del depósito, junto con otros elementos del sistema, puede verse en la Figura 4.9. En el cuadro de instrumentos va instalado un indicador permanente de nivel de AdBlue®, que informa al conductor de la cantidad de aditivo que hay en el depósito.

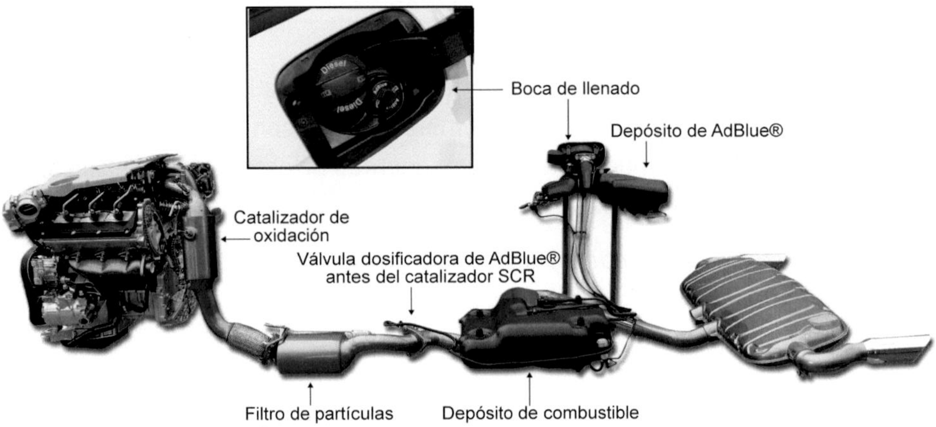

Figura 4.9. Disposición del depósito de AdBlue® y otros elementos del sistema.

- *Módulo de alimentación de AdBlue®:* se sitúa próximo al depósito de aditivo y está formado por el sensor de presión, la bomba de alimentación y el elemento calefactor. La bomba de alimentación es gobernada por la unidad de control a través de una señal de tipo PWM. El sistema necesita una presión de unos 5 bar. Esta presión es registrada por un sensor específico para informar a la unidad de control. El sistema incorpora elementos calefactores para evitar la congelación, así como dispositivos que mezclan el aditivo más caliente con el que está más frío cerca del depósito. Esto último se hace para disminuir la temperatura del AdBlue®, ya que por encima de 30 °C puede descomponerse por hidrólisis.
- *Unidad de control del sistema SCR:* se encarga de calcular la cantidad exacta de aditivo que debe inyectarse a la entrada del catalizador SCR.

Para ello toma la información de dos sensores de NO_X, uno de ellos situado antes del catalizador SCR y otro después. Así, determina la cantidad a inyectar y el momento de hacerlo. Por otro lado, se encarga de la realimentación de aditivo para mantener su temperatura y de gobernar los elementos calefactores contra la congelación.

- *Válvula dosificadora de AdBlue®:* consiste en un inyector que introduce el aditivo en el tubo de escape, a la entrada del catalizador SCR. Es activada por la unidad de control a través de una señal de tipo PWM.
- *Catalizador SCR:* desde que el AdBlue® es inyectado hasta que llega a la entrada del catalizador SCR sufre un proceso de hidrólisis, donde la urea ($CO(NH_2)_2$) y el agua destilada (H_2O) se transforman en amoníaco (NH_3) y dióxido de carbono (CO_2). El NH_3 se almacena en el catalizador SCR y el CO_2 sale por el tubo de escape al exterior. Por otro lado, al catalizador SCR le llega más CO_2 y H_2O procedentes de la reacción del catalizador de oxidación, además de los NO_X aún no tratados. El amoníaco actúa como agente reductor de los óxidos de nitrógeno, dando lugar a la reducción catalítica selectiva, que termina en nitrógeno molecular (N_2) y H_2O, por una oxidación final producida en presencia de oxígeno molecular (O_2). La Figura 4.10 muestra con detalle estas reacciones.

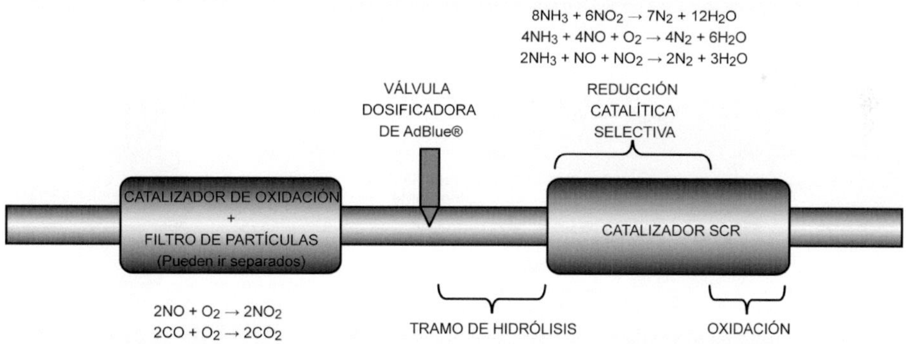

Figura 4.10. Reacciones que intervienen en el sistema SCR húmedo.

El número de elementos, así como el funcionamiento del sistema SCR, puede variar de unos vehículos a otros, debiéndose consultar la documentación técnica específica para cada caso.

4.5. REFRIGERACIÓN DE LOS GASES DE ESCAPE RECIRCULANTES

Algunos sistemas EGR incorporan un enfriador de los gases de escape para disminuir su temperatura antes de entrar en el conducto de admisión. En este intercambiador, los gases de escape ceden calor al líquido refrigerante, de forma que aumentan su densidad y con ella la tasa de gases recirculados, disminuyendo las emisiones de NO_X. Algunos sistemas modernos incorporan una válvula de mariposa que regula el paso de los gases de escape a través del intercambiador en función de la temperatura del líquido refrigerante. Esta mariposa es movida por un actuador neumático al que le llega un cierto nivel de depresión regulado por una electroválvula. La Figura 4.11 muestra un ejemplo de enfriador de los gases de escape con regulación de paso en función de la temperatura del refrigerante. Cuando la temperatura es inferior a 30 °C, la válvula de mariposa está cerrada y los gases de escape no se refrigeran. Cuando se superan los 30 °C, la válvula de mariposa permite el paso de gases de escape por el intercambiador, refrigerándose.

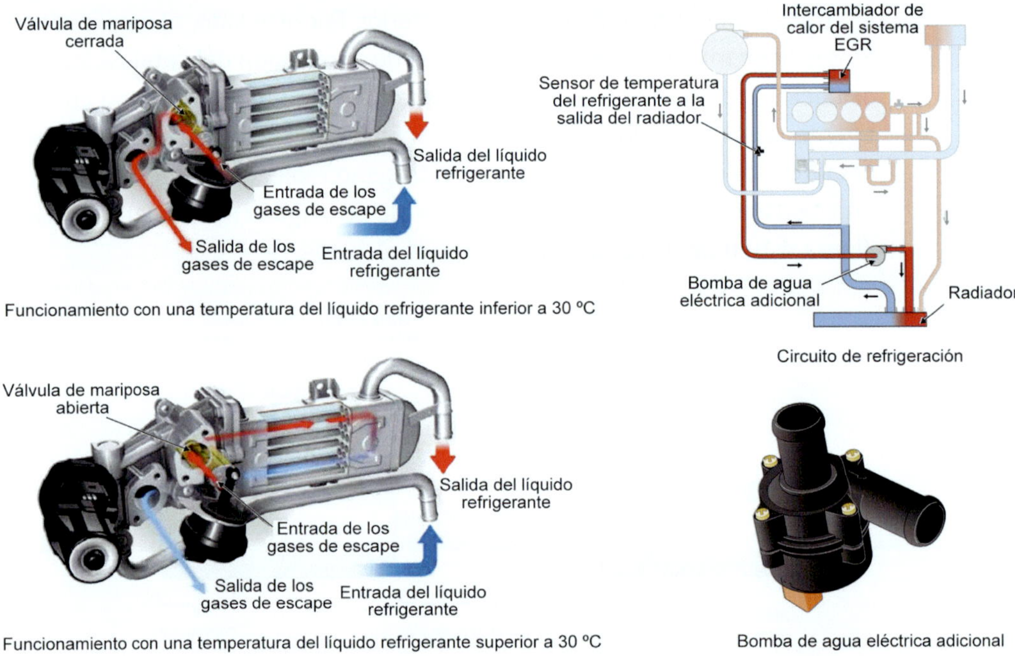

Funcionamiento con una temperatura del líquido refrigerante inferior a 30 °C

Circuito de refrigeración

Funcionamiento con una temperatura del líquido refrigerante superior a 30 °C

Bomba de agua eléctrica adicional

Figura 4.11. Enfriador de los gases de escape con regulación de paso en función de la temperatura del refrigerante.

Muchos sistemas incorporan una bomba de agua eléctrica adicional para hacer circular el líquido refrigerante por el intercambiador de calor de los gases de escape. La bomba es controlada por la unidad de control y se mantiene accionada constantemente una vez el motor ha arrancado.

4.6. EL CATALIZADOR DE OXIDACIÓN

Dado que los motores diésel trabajan con exceso de oxígeno, resulta imposible emplear un catalizador de tres vías. La reducción de los óxidos de nitrógeno no se puede llevar a cabo mediante catálisis, por lo que será necesario utilizar otros sistemas, como por ejemplo la recirculación de los gases de escape y otros más sofisticados dependiendo del tipo de motor y la norma anticontaminación que debe cumplir. Los catalizadores empleados en los motores diésel son de oxidación, que tratan los hidrocarburos no quemados y el monóxido de carbono. La estructura del conjunto es similar al caso del catalizador de tres vías. El monolito se aloja en una carcasa de acero inoxidable y se recubre de óxido de aluminio (*washcoat*), que, dada su rugosidad, consigue aumentar la superficie de contacto con los gases de escape unas 7.000 veces. Sobre el *washcoat* se depositan los metales nobles como el platino o el paladio. El catalizador de oxidación puede depurar más del 90 % del CO pero menos de un 70 % de los HC, ya que si van adheridos a partículas sólidas no pueden ser tratados.

Dadas las condiciones de mezcla en las que trabaja el motor diésel, siempre pobres, no es necesario regular el contenido en oxígeno mediante sondas lambda. No obstante, puede ser necesario conocer la concentración de oxígeno presente en los gases de escape, como por ejemplo, para determinar la cantidad de gases de escape a recircular mediante el sistema EGR. Esto no se puede realizar con las sondas lambda convencionales, ya que su margen de medición es muy estrecho, siempre en torno a la mezcla estequiométrica. Por este motivo, es necesario emplear otro tipo de sondas lambda, denominadas de banda ancha, que amplían el rango de medición.

4.7. EL FILTRO DE PARTÍCULAS (FAP)

El filtro de partículas en los motores diésel, conocido como FAP (filtro antipartículas) o DPF (*Diesel Particulate Filter*), es un dispositivo que se instala en vehículos diésel para poder cumplir las actuales normas anticontaminación en cuanto a emisiones de partículas se refiere. Las partículas están compuestas por un pequeño núcleo de carbono, de aproximadamente 0,5 µm de diámetro, al que se le adhieren ciertas combinaciones de hidrocarburos, sulfatos, óxidos metálicos, azufre y agua. Determinadas combinaciones de hidrocarburos resultan tóxicas. El objetivo del filtro de partículas es almacenarlas para posteriormente quemarlas, reduciéndolas hasta un tamaño en el que se consideran no contaminantes.

4.8. SONDAS DE TEMPERATURA Y DE PRESIÓN DIFERENCIAL

Algunos de los elementos principales del sistema con filtro de partículas son las sondas de temperatura y el sensor de presión diferencial. A continuación se explican estos componentes.

- **Sensores de temperatura de los gases de escape anterior y posterior al filtro de partículas:** son de tipo PTC y su información es procesada por la unidad de control para gestionar el ciclo de regeneración. En caso de avería o falta de señal, ocurre lo mismo que con el sensor de presión diferencial.
- **Sensor de temperatura de los gases de escape antes del turbocompresor:** es de tipo PTC y su señal es necesaria para que la unidad de control gestione las posinyecciones y proteja al turbocompresor de un exceso de temperatura en la fase de regeneración. Si se avería este sensor, el turbocompresor queda desprotegido y las regeneraciones son periódicas, como en los otros sensores.
- **Sensor de presión diferencial de los gases de escape:** mide la presión de los gases de escape antes y después del filtro de partículas. Está formado por un diafragma con elementos piezoeléctricos que modifican su resistencia en función de la presión. Cuando el filtro está vacío, la presión es la misma a ambos lados del diafragma. Según se va saturando, el diafragma se deforma y la variación de resistencia es interpretada por la unidad de control. Si se avería este sensor, el sistema practica regeneraciones periódicas en función del recorrido realizado, aunque si esta situación se prolonga mucho en el tiempo la regeneración deja de ser efectiva. Tras un cierto número de ciclos con esta avería, se enciende el testigo del filtro de partículas y parpadea el testigo de precalentamiento. La Figura 4.12 muestra los elementos principales del sensor de presión diferencial.

4.9. EL CICLO DE REGENERACIÓN, ADITIVACIÓN DEL COMBUSTIBLE

El filtro de partículas sin aditivo tiene dos modos de regeneración, explicadas a continuación.

- **Regeneración pasiva o continua:** durante esta fase, las partículas se queman de forma continua y sin que intervenga el sistema de gestión del motor. Esto es posible mientras el vehículo circula por carretera y los gases de escape alcanzan más de 350 °C, temperatura a la que el platino funciona como catalizador de una reacción lenta y continua representada en la Figura 4.13.
- **Regeneración activa o intermitente:** se produce cuando la unidad de control del motor lo estima oportuno, aumentando la temperatura de los gases

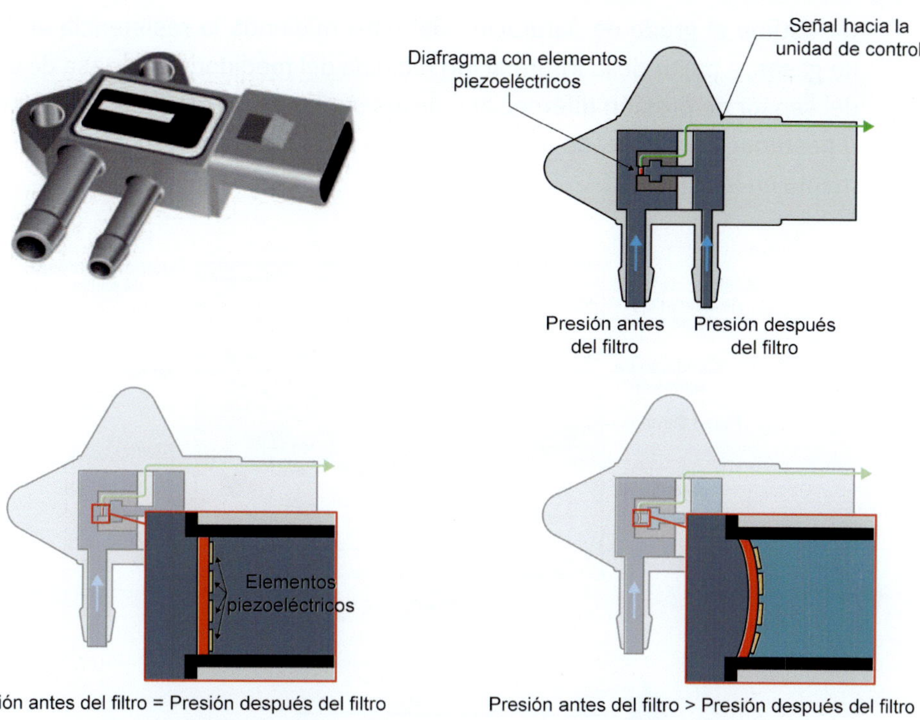

Figura 4.12. Sensor de presión diferencial de los gases de escape.

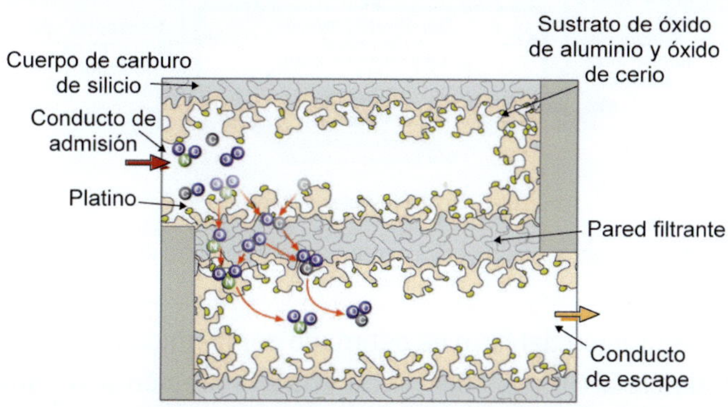

$NO_x + O_2 \rightarrow NO_2$ en presencia del platino
$NO_2 + C \rightarrow NO + CO$ tomando el carbono de la partícula
$NO + CO + CO_2 \rightarrow NO_2 + CO_2$

Figura 4.13. Regeneración pasiva o continua del filtro de partículas sin aditivo.

de escape. Suele ser necesario cuando el vehículo circula por ciudad, con poca carga, ya que la temperatura de los gases de escape no es lo suficientemente alta como para quemar las partículas. La temperatura de los gases de escape se eleva por encima de los 600 °C, transformando las partículas en dióxido de carbono, por oxidación de las mismas. Para poder llevar a cabo este proceso de regeneración, es necesario que la unidad de control del motor estime el grado de saturación del filtro midiendo la resistencia al flujo de gases, a partir de la información recibida del medidor de la masa de aire, del sensor de presión diferencial y de los sensores de temperatura anterior y posterior. Este proceso de regeneración está representado esquemáticamente en la Figura 4.14.

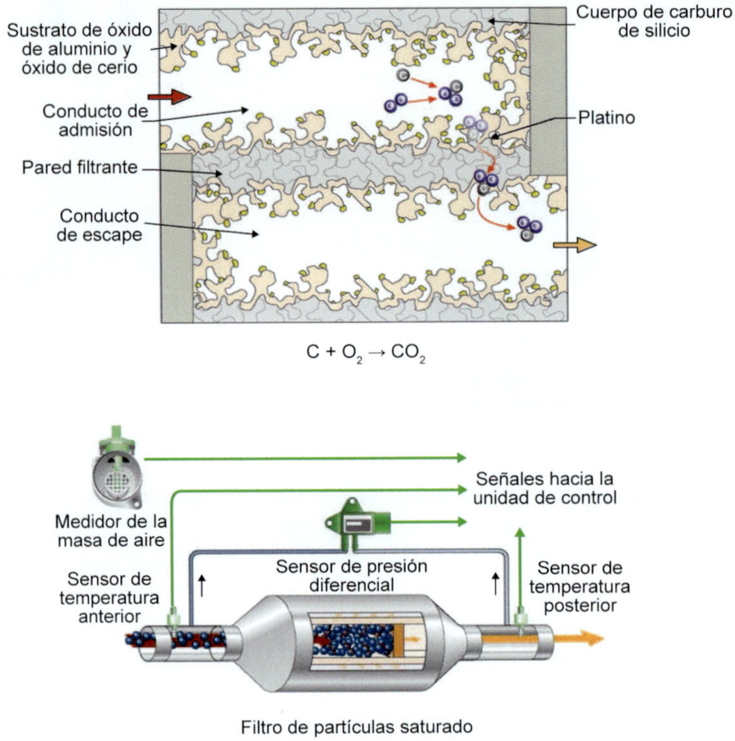

Figura 4.14. Regeneración activa o intermitente del filtro antipartículas.

El grado de saturación del filtro es estimado por la unidad de control midiendo su resistencia al flujo. La diferencia entre la presión a la entrada y a la salida del filtro se mide con el sensor de presión diferencial. Por otro lado, calcula el caudal volumétrico de los gases de escape que, como es aproximadamente el mismo que el caudal de aire fresco en el conducto de admisión, toma la referencia del medidor de la masa de aire. Esta aproximación es válida aplicando una corrección de temperatura para los gases de escape, que se toma de los sensores de temperatura anterior y posterior. La resistencia al flujo se obtiene relacionando la diferencia de presiones antes y después del filtro con el caudal volumétrico de los gases de escape.

Una vez que la unidad de control determina que hay que realizar la regeneración activa, lleva a cabo las siguientes operaciones:

- Desactivación del sistema EGR para aumentar la temperatura de combustión.
- Realización de posinyecciones para aumentar la temperatura de los gases de escape.
- Regulación de la entrada de aire en el motor a través de una mariposa eléctrica.
- Adaptación de la presión de sobrealimentación para que el conductor no perciba una diferencia del par entregado.

Durante el proceso de regeneración puede producirse una mayor emisión de sustancias contaminantes, ya que el oxígeno oxida las partículas transformándolas en CO_2, pero si no hay una cantidad de oxígeno suficiente se produce también CO. Por otro lado, al interrumpir el funcionamiento del sistema EGR, los NO_X también se incrementan.

Cuando el vehículo circula por ciudad, la temperatura de los gases de escape es demasiado baja para la regeneración del filtro. Por este motivo se realizan posinyecciones en las fases de deceleración. Al inyectar después del PMS se consigue que el combustible no se queme en el cilindro y se evapore. El combustible evaporado se quema en el filtro de partículas, aumentando la temperatura y regenerándolo. Es imprescindible la información del sensor de temperatura a la salida del filtro para regular este tipo de posinyecciones.

4.10. IDENTIFICACIÓN DE COMPONENTES Y PRINCIPALES COMPROBACIONES

A continuación se va a explicar la estructura, los elementos más importantes y las principales precauciones de los sistemas que incorporan filtro de partículas, sin aditivo y con aditivo.

- **Filtro de partículas sin aditivo:** este tipo de filtro se instala en una zona próxima al motor, para que los gases de escape tengan temperatura suficiente para el quemado de las partículas. La Figura 4.15 muestra el esquema general y los componentes principales del sistema. Estos sistemas incorporan en un mismo conjunto el catalizador de oxidación y el filtro de partículas. Si hubiera dos líneas de escape, se instalaría un filtro de partículas en cada una.

  Su estructura aparece representada en la Figura 4.16, donde puede verse que cuenta con un cuerpo cerámico alveolar de carburo de silicio, dividido en canales longitudinales paralelos y cerrados alternativamente, generan-

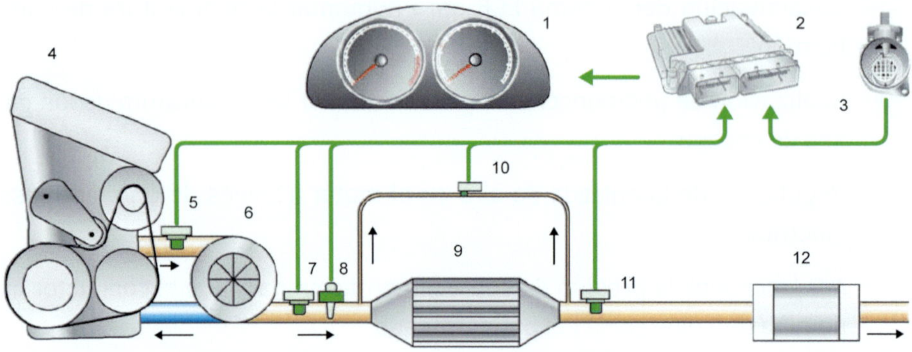

1. Cuadro de instrumentos y su unidad de control.
2. Unidad de control del motor.
3. Medidor de la masa de aire.
4. Motor.
5. Sensor de temperatura de los gases de escape antes del turbocompresor.
6. Turbocompresor.
7. Sensor de temperatura antes del filtro de partículas.
8. Sonda lambda.
9. Filtro de partículas.
10. Sensor de presión diferencial.
11. Sensor de temperatura después del filtro de partículas.
12. Silenciador.

Figura 4.15. Esquema general y componentes principales del sistema con filtro de partículas sin aditivo.

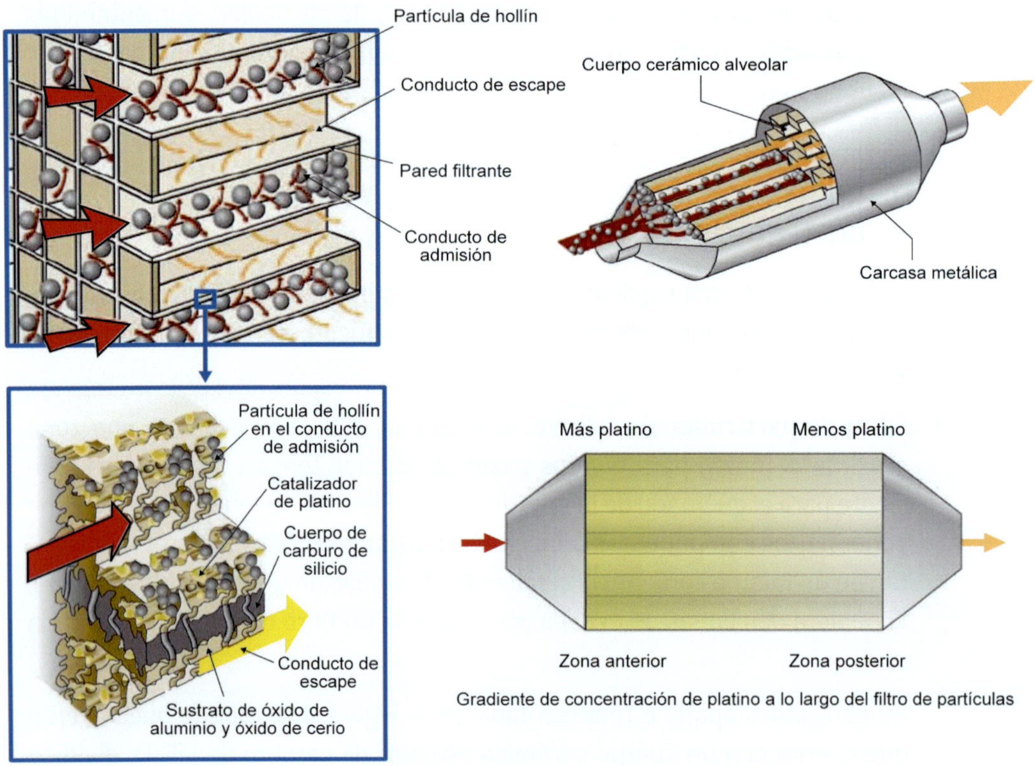

Figura 4.16. Estructura de un filtro de partículas sin aditivo.

do conductos de admisión y escape separados por las paredes filtrantes de carburo de silicio. Estas paredes están recubiertas de óxido de aluminio y óxido de cerio, formando un sustrato para que se deposite el elemento catalizador, que es el platino. En la zona anterior hay una mayor concentración de platino que en la zona posterior. Gracias a esto, el filtro de partículas se calienta más rápido, por las reacciones de oxidación en el proceso de catálisis. Por otro lado, las altas temperaturas en las fases de regeneración podrían destruir el recubrimiento de platino, por lo que se elimina concentración del mismo en la parte posterior, que es la más caliente durante la regeneración. Por último, la concentración de platino es menor en la parte posterior porque el envejecimiento del filtro comienza desde la zona posterior hasta la anterior y los residuos depositados van cubriendo el platino, dejándolo inactivo.

Dado que los canales longitudinales están cerrados en sentido de entrada y de salida de forma alternativa, los gases de escape son forzados a pasar por las paredes porosas de carburo de silicio, quedando retenidas las partículas. Para eliminar las partículas y evitar la saturación, el filtro debe regenerarse.

A continuación se van a explicar los elementos más destacables de este sistema, a excepción de las sondas de temperatura y el sensor de presión diferencial, que ya se han explicado anteriormente.

- *Sonda lambda:* es de banda ancha y sirve para determinar la cantidad de oxígeno presente en los gases de escape. Con esta información, la unidad de control gestiona las posinyecciones necesarias para la regeneración. En caso de avería, la regeneración es menos precisa y aumentan las emisiones de óxidos de nitrógeno.
- *Medidor de la masa de aire:* es de película caliente y se emplea para calcular el volumen de los gases de escape y estimar el nivel de saturación del filtro de partículas. En caso de avería, el sistema reacciona llevando a cabo regeneraciones cíclicas e iluminando los testigos correspondientes del cuadro.
- *Testigo de exceso de contaminación (MIL):* dado que los componentes importantes para la composición de los gases de escape están vigilados por el diagnóstico de a bordo, el testigo, mostrado en la Figura 4.17, se iluminará en caso de avería de los mismos, bajo ciertas condiciones.
- *Testigo para el filtro de partículas diésel:* va ubicado en el cuadro de instrumentos y se enciende cuando el vehículo ha circulado durante mucho

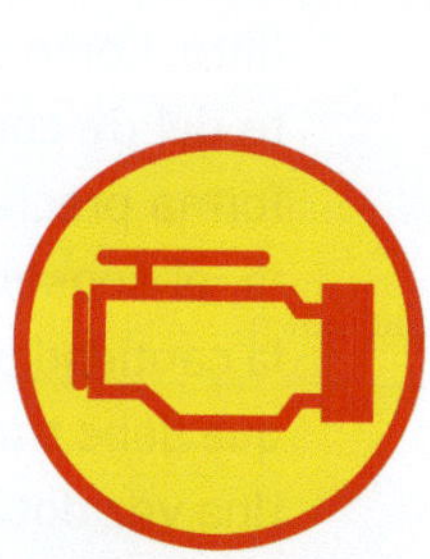

Figura 4.17. Testigo de exceso de contaminación (MIL).

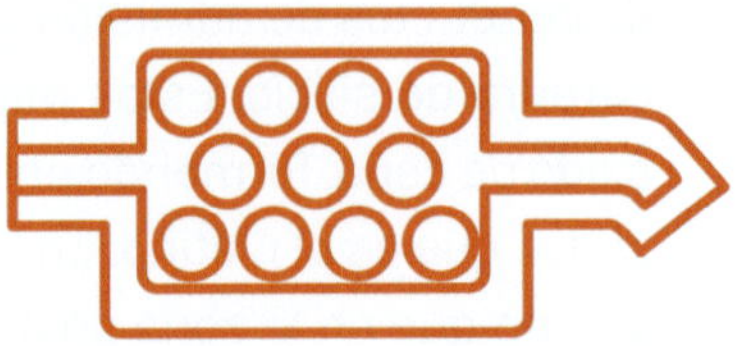

Figura 4.18. Testigo para el filtro de partículas diésel.

tiempo en trayectos cortos y breves. Por este motivo, los gases de escape no han alcanzado la temperatura suficiente para la regeneración y el filtro se ha saturado. Para que el nivel de saturación no llegue a obstruir el filtro, el testigo, representado en la Figura 4.18, se ilumina indicando al conductor que debe conducir durante unos 15 minutos a una velocidad lo más constante posible, superior a 60 km/h, en cuarta o quinta marcha y por encima de 2.000 rpm. Después de esta operación el testigo debe apagarse. Si no lo hace, se enciende el testigo de precalentamiento o de indicación de avería, debiendo acudir a un taller. El modo de proceder concreto en caso de iluminarse el testigo para el filtro de partículas diésel debe consultarse en el manual del propietario del vehículo.

- **Filtro de partículas con aditivo:** en el caso de vehículos en los que el filtro de partículas se instala lejos de la salida de gases de escape del motor o cuando es necesario aumentar la eficiencia del filtro, se añade un aditivo al combustible. Los elementos principales de este sistema son los que aparecen en el esquema de la Figura 4.19.

  Los componentes y el funcionamiento de este sistema son muy parecidos a los del filtro sin aditivo. A continuación se van a explicar solo los elementos diferenciadores.

  - *Filtro de partículas:* es similar al caso en el que no lleva aditivo. Se puede montar la misma carcasa después del catalizador de oxidación o en una carcasa aparte, también después del catalizador de oxidación. La Figura 4.20 muestra estas dos posibles disposiciones.
  - *Aditivo:* es un activador con moléculas de hierro cuya función es la de reducir la temperatura de combustión de las partículas acumuladas en el filtro. Como muestra la Figura 4.21, está contenido en un depósito aparte del de combustible y una bomba eléctrica lo trasvasa a este de una forma precisa por medio del inyector de aditivo. Cada vez que se reposta, el sensor de nivel de combustible informa a la unidad de control de la cantidad de combustible introducido, calculando la cantidad de aditivo que debe trasvasarse al depósito para que se mezcle con el combustible. Una vez dosificado el aditivo, la concentración de moléculas de hierro en el combustible es de aproximadamente 10 ppm (partes por millón), o lo que es lo mismo, 1 litro de aditivo equivale a 2.800 litros de combustible. El aditivo se deposita entre las partículas dentro del filtro.

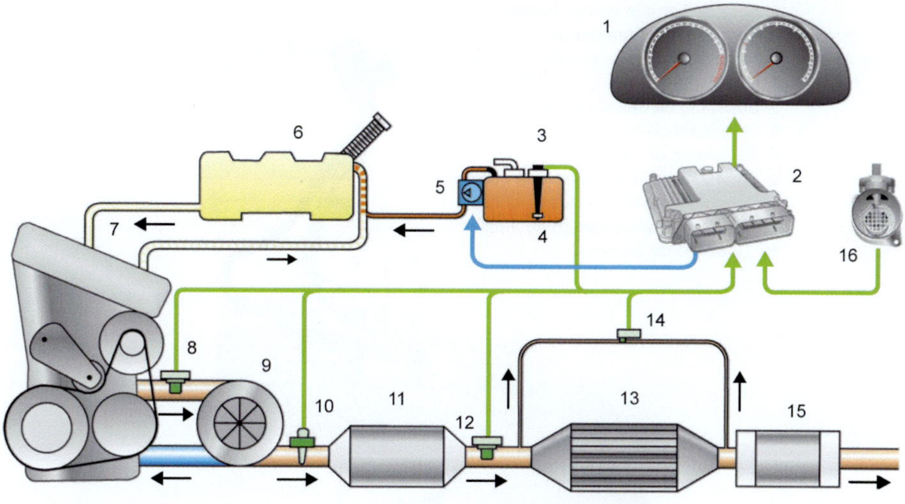

1. Cuadro de instrumentos y su unidad de control.
2. Unidad de control del motor.
3. Depósito de aditivo.
4. Sensor de falta de aditivo.
5. Bomba de aditivo .
6. Depósito de combustible.
7. Motor.
8. Sensor de temperatura de los gases de escape antes del turbocompresor.
9. Turbocompresor.
10. Sonda lambda.
11. Catalizador de oxidación.
12. Sensor de temperatura antes del filtro de partículas.
13. Filtro de partículas.
14. Sensor de presión diferencial.
15. Silenciador.
16. Medidor de la masa de aire.

Figura 4.19. Esquema general y componentes principales del sistema con filtro de partículas con aditivo.

Filtro de partículas después del catalizador en la misma carcasa

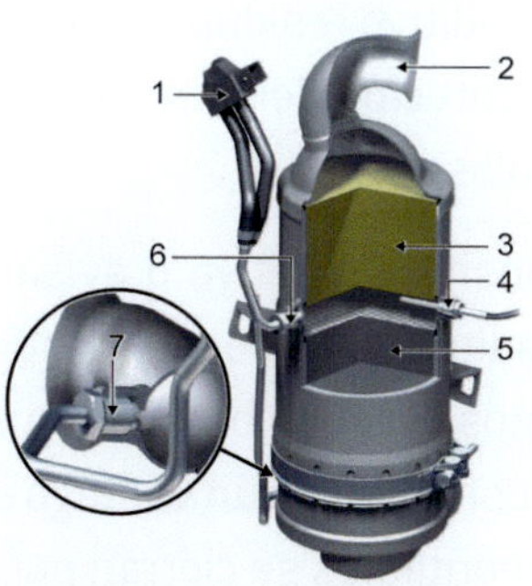

1. Sensor de presión diferencial.
2. Entrada de gases de escape.
3. Catalizador.
4. Sensor de temperatura del catalizador.
5. Filtro de partículas.
6. Toma de presión de gases de escape antes del filtro de partículas.
7. Toma de presión de gases de escape después del filtro de partículas.

Filtro de partículas después del catalizador en una carcasa distinta

1. Precatalizador (puede no llevarlo).
2. Sonda lambda.
3. Catalizador.
4. Sensor de temperatura del catalizador.
5. Sensor de temperatura antes del filtro de partículas.
6. Toma de presión de gases de escape antes del filtro de partículas.
7. Entradas al sensor de presión diferencial.
8. Filtro de partículas.
9. Toma de presión de gases de escape después del filtro de partículas.
10. Silenciador de escape.

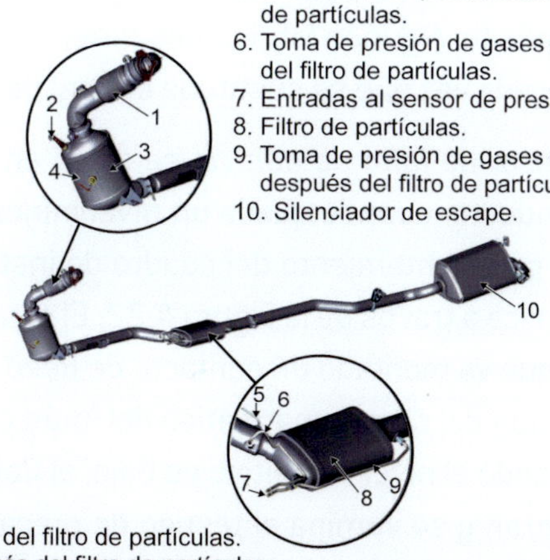

Figura 4.20. Diferentes disposiciones del filtro de partículas.

Figura 4.21. Sistema de alimentación de combustible con depósito para el aditivo del filtro de partículas.

Si el nivel de aditivo es excesivamente bajo, normalmente inferior a 0,3 litros, además de encenderse el testigo de precalentamiento, se suprimen los ciclos de regeneración del filtro y se reduce la potencia del motor.

El depósito de aditivo tiene una capacidad para cubrir un kilometraje de entre 80.000 y 120.000 km, según la marca y el modelo del vehículo. El aditivo conserva su estabilidad química durante unos cuatro años. Tras superar ese periodo, un cierto kilometraje o cuando se enciende el testigo del cuadro de instrumentos, hay que recoger el aditivo residual y llenar el depósito. Algunos fabricantes prescriben la sustitución del filtro de aditivo cada vez que se sustituye el filtro de partículas.

- *Sensor de falta de aditivo:* se ubica en el depósito de aditivo y avisa al conductor cuando queda un nivel mínimo de aditivo, a través del testigo de precalentamiento del cuadro de instrumentos. Su funcionamiento se explica a través de la Figura 4.22. El sensor se compone de un vástago en el que va montado un contacto de Reed cuyos contactos se cierran por la acción del campo magnético del imán colocado en el interior del flotador. Cuando el nivel de aditivo es bajo, el flotador desciende, los contactos se cierran y se ilumina el testigo de precalentamiento. Si el sensor de falta de aditivo falla, se inscribe una avería en la memoria de la unidad de control.

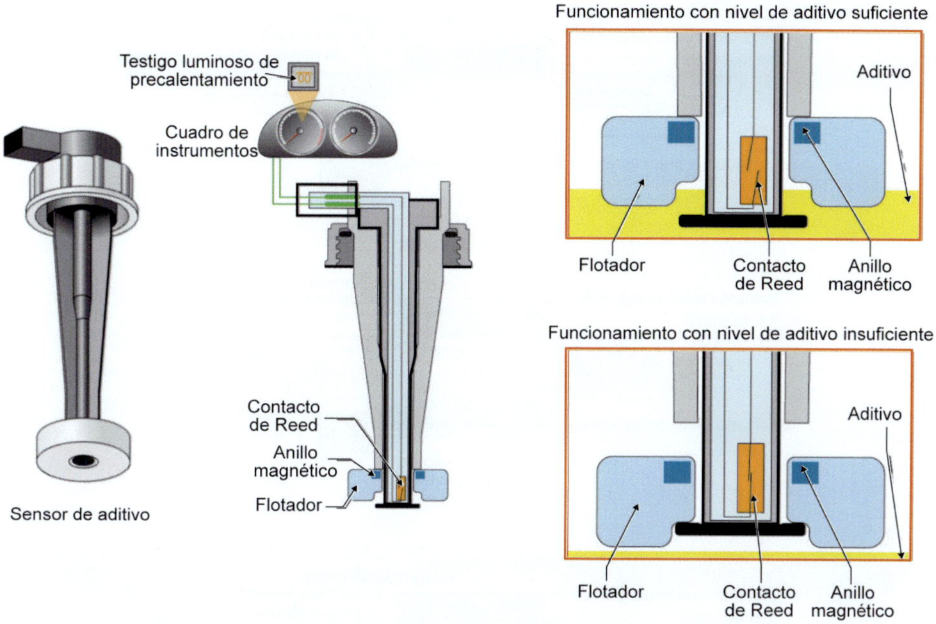

Figura 4.22. Sensor de falta de aditivo.

- *Bomba de aditivo:* va unida al depósito de aditivo y consiste en una bomba de émbolo alternativo que es excitada por la unidad de control tras introducir combustible en el depósito principal. El tiempo de excitación es función de la cantidad de combustible repostado. Su funcionamiento se explica por medio de la Figura 4.23. Antes de que la unidad de control excite la bomba, esta se halla cargada de aditivo. Cuando es excitada, el bobinado electromagnético desplaza el inducido y con él el émbolo de la bomba, venciendo la fuerza de su muelle. El émbolo obtura el taladro de afluencia hacia la cámara interior de la bomba e impulsa a presión el aditivo a través de la válvula de bola. De esta forma, el aditivo fluye hacia el depósito de combustible en una cantidad controlada por el volumen de la cámara inferior. Cuando el bobinado electromagnético deja de ser excitado, se produce la fase de aspiración de aditivo, entrando en la cámara del inducido. El muelle empuja al émbolo de la bomba en sentido contrario y la válvula de bola obtura la salida de la cámara interior. Cuando el émbolo retorna a su posición inicial, se genera una depresión por la que se aspira el aditivo por el taladro de afluencia, que ahora está abierto, hacia la cámara interior de la bomba.

El funcionamiento del testigo luminoso para el filtro de partículas y el de exceso de contaminación (MIL) funcionan de la misma forma que en el caso del filtro sin aditivo, debiendo consultar en el manual del conductor las condiciones en las que se iluminan.

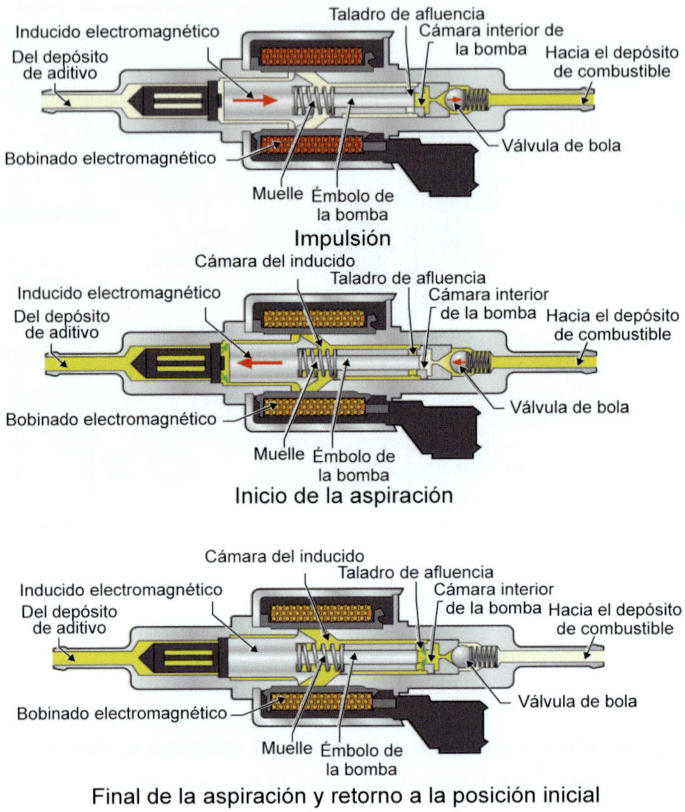

Figura 4.23. Bomba de aditivo.

El filtro de partículas también retiene cenizas, procedentes de la combustión de aceite y de aditivo, que van disminuyendo la capacidad del filtro. La cantidad de cenizas acumulada es calculada por la unidad de control. Dado que las cenizas no son combustibles, el filtro de partículas debe sustituirse con una periodicidad comprendida entre los 120.000 y los 180.000 km, según la marca y el modelo del vehículo.

El biodiésel actual no está indicado para motores que incorporen filtro de partículas. Esto se debe a que en las posinyecciones se puede condensar combustible en las paredes del cilindro y luego descender al cárter, mezclándose con el aceite. El gasóleo convencional se separa del aceite evaporándose, mientras que el biodiésel, al tener una temperatura de ebullición mayor, no se evapora totalmente y diluye el aceite haciéndole perder sus propiedades. Además, el biodiésel es más inestable frente a la oxidación. Por otro lado, un gasóleo con alto contenido en azufre disminuye la capacidad filtrante del sistema, aumentando el consumo de combustible y los ciclos de regeneración.

CUESTIONES

1. Explica cuál es la función del opacímetro y qué parámetros mide.
2. Indica cuáles son los valores límite, en g/km según la norma EURO V para el CO, los HC, los NO_X y las partículas.
3. Nombra los tipos de sistemas EGR que existen.
4. ¿Cuál es el objetivo de enfriar los gases de escape recirculados en el sistema EGR?
5. ¿Qué sustancias contaminantes depura el catalizador de oxidación?
6. ¿Por qué es necesaria la instalación de un filtro de partículas en un motor diésel?
7. Explica el funcionamiento del sensor de presión diferencial en un sistema con DPF.
8. Explica el proceso de regeneración activa o intermitente en un sistema con filtro de partículas sin aditivo.